普通高等教育"十三五"应用型规划教材

建筑力学

主 编 潘桢橚 靳帮虎
副主编 肖 虹 李 静 石 静

东南大学出版社
·南京·

内 容 简 介

本书编写以应用为目的，以必需、够用为度，主要内容包括 14 个部分：静力学的基本概念、平面力系的简化及平衡、刚体系统在平面力系作用下的平衡、空间力系、轴向拉伸与压缩、扭转、梁的内力、梁的应力、梁的变形、应力应变分析和强度理论、组合变形、压杆稳定、平面静定结构及超静定结构内力计算。

本书不涉及高深的数学知识，通俗易懂，各章配有本章小结、课后思考与练习，帮助读者巩固所学知识并掌握其在工程实际中的相关应用。

本书除作为应用技术型院校土建类专业教材外，也可作为成人教育的土建类及相关专业的力学课程教材，还可以供相关的工程技术人员参考。

图书在版编目(CIP)数据

建筑力学 / 潘桂橡，靳帮虎主编. — 南京：东南大学出版社，2017.7(2019.10 重印)
 ISBN 978-7-5641-7328-9

Ⅰ.①建… Ⅱ.①潘… ②靳… Ⅲ.①建筑科学-力学 Ⅳ.①TU311

中国版本图书馆 CIP 数据核字(2017)第 172063 号

建筑力学

出版发行：东南大学出版社
社　　址：南京市四牌楼 2 号　邮编：210096
出版人：江建中
责任编辑：史建农　戴坚敏
网　　址：http://www.seupress.com
电子邮箱：press@seupress.com
经　　销：全国各地新华书店
印　　刷：南京工大印务有限公司
开　　本：787mm×1092mm　1/16
印　　张：19
字　　数：487 千字
版　　次：2017 年 7 月第 1 版
印　　次：2019 年 10 月第 2 次印刷
书　　号：ISBN 978-7-5641-7328-9
印　　数：3001—4000 册
定　　价：56.00 元

本社图书若有印装质量问题，请直接与营销部联系。电话：025-83791830

前　言

本书是为了更好地适应我国高等教育的改革和发展，满足高等学校对应用型人才的培养模式、培养目标、教学内容和课程体系的要求编写而成。本书适用于工科院校建筑学、城市规划、工程管理、工程造价、建筑材料等专业，也可作为成人教育相关专业的力学教材，还可以供相关行业的工程技术人员参考使用。

"建筑力学"是土建类相关专业一门重要的专业技术基础课程。本书在编写过程中注重教材的实用性，理论讲解简明扼要，强化案例式教学，突出工程应用能力的培养；本着"必需、够用为度"的原则，精选了"理论力学"的静力学、"材料力学""结构力学"中的重要内容，并对之进行了有机整合，尽量做到循序渐进、由浅入深、通俗易懂、利于教学、便于自学。讲授本书全部内容需要80学时左右，使用者可根据学校的教学计划以及专业需要酌情调整教学内容。

本书由武汉华夏理工学院潘梽橼、靳帮虎主编，湖南城市学院肖虹、武汉华夏理工学院李静、南阳师范学院石静副主编。具体编写分工如下：潘梽橼（绪论、第1、2、3、4、6、7、8、9、12章），靳帮虎（第10章），肖虹（第11章），李静（第5章），石静（第13、14章、附录部分）。本书参考了已出版的一些教材并选用了部分经典插图和习题，在此对原作者表示感谢。

由于编者水平有限，书中错误及不足之处在所难免，欢迎广大读者批评指正。

编者

目 录

0 绪论 ……………………………………………………………………………… 1
   0.1 建筑力学的研究对象 …………………………………………………… 1
   0.2 建筑力学的研究内容 …………………………………………………… 1
   0.3 变形固体的基本假设 …………………………………………………… 2
   0.4 外力及其分类 …………………………………………………………… 2

1 静力学的基本概念 ……………………………………………………………… 3
   1.1 力与力矩,力偶与力偶矩 ……………………………………………… 3
   1.2 静力学公理 ……………………………………………………………… 6
   1.3 约束与约束反力 ………………………………………………………… 8
   1.4 刚体的受力分析、受力图 ……………………………………………… 11

2 平面力系的简化及平衡 ……………………………………………………… 15
   2.1 平面力系及平面力偶系 ………………………………………………… 15
   2.2 摩擦问题 ………………………………………………………………… 25

3 刚体系统在平面力系作用下的平衡 ………………………………………… 34
   3.1 静定与静不定系统的概念 ……………………………………………… 34
   3.2 刚体系统在平面力系作用下的平衡 …………………………………… 35

4 空间力系 ……………………………………………………………………… 42
   4.1 空间力系的概念 ………………………………………………………… 42
   4.2 力在直角坐标轴上的投影 ……………………………………………… 42
   4.3 力对轴之矩 ……………………………………………………………… 43
   4.4 空间力系的平衡方程 …………………………………………………… 44
   4.5 空间平行力系 …………………………………………………………… 46
   4.6 重心的确定 ……………………………………………………………… 46

5 轴向拉伸与压缩 ……………………………………………………………… 51
   5.1 轴向拉伸与压缩的概念 ………………………………………………… 51
   5.2 轴向拉伸或压缩时的应力及强度计算 ………………………………… 51
   5.4 材料在压缩时的力学性能 ……………………………………………… 61
   5.5 轴向拉伸或压缩时的变形 ……………………………………………… 61
   5.6 拉压超静定问题 ………………………………………………………… 64
   5.7 联接件的实用计算 ……………………………………………………… 68

6 扭转 79
6.1 扭转的概念及实例 79
6.2 外力偶矩的计算 79
6.3 扭矩、扭矩图 80
6.4 薄壁圆筒的扭转、剪应力互等定理和剪切胡克定律 81
6.5 圆轴扭转时的应力与强度条件 83
6.6 圆轴扭转时的变形与刚度条件 86

7 梁的内力 93
7.1 平面弯曲的概念 93
7.2 弯曲内力——剪力和弯矩 94
7.3 剪力、弯矩方程和剪力、弯矩图 96
7.4 荷载集度、剪力和弯矩间的微分关系及其应用 97
7.5 用叠加法作弯矩图 99

8 梁的应力 108
8.1 概述 108
8.2 梁在平面弯曲时横截面上的正应力及强度条件 108
8.3 弯曲剪应力及强度校核 117
8.4 梁的合理设计 119

9 梁的变形 130
9.1 概述 130
9.2 挠曲线近似微分方程 131
9.3 用积分法求挠度和转角 131
9.4 用叠加法求挠度和转角 136
9.5 平面弯曲梁的刚度校核 139

10 应力应变分析和强度理论 147
10.1 应力状态的概念 147
10.2 二向应力状态分析 148
10.3 三向应力状态的最大应力 152
10.4 广义胡克定律 152
10.5 强度理论 154

11 组合变形 164
11.1 组合变形的概念 164
11.2 斜弯曲 164
11.3 拉伸(压缩)与弯曲的组合 168
11.4 弯曲与扭转的组合 173

12 压杆稳定 184
12.1 压杆稳定的概念 184
12.2 细长压杆的临界力 186
12.3 压杆的临界应力总图 188

12.4	压杆的稳定计算	191
12.5	提高压杆稳定性的措施	194

13 平面静定结构 202
- 13.1 平面杆件结构的几何组成规律 202
- 13.2 多跨静定梁 205
- 13.3 平面静定刚架 207
- 13.4 平面静定桁架 210
- 13.5 三铰拱 214
- 13.6 组合结构 217
- 13.7 影响线 219
- 13.8 影响线的应用 224
- 13.9 结构的位移计算 227

14 超静定结构内力计算 236
- 14.1 超静定结构概述 236
- 14.2 力法 238
- 14.3 位移法 243
- 14.4 力矩分配法 252
- 14.5 应用举例 254

附录Ⅰ 截面图形的几何性质 263
- Ⅰ.1 静矩和形心 263
- Ⅰ.2 惯性矩、惯性积和惯性半径 265

附录Ⅱ 型钢表 273

参考答案 285

参考文献 296

0 绪 论

0.1 建筑力学的研究对象

建筑力学是将理论力学中的静力学、材料力学、结构力学等课程中的主要内容,依据知识自身的连续性和相关性,重新组织形成的力学知识体系。

建筑物中用于承受荷载、传递荷载并起骨架作用的物体或物体系统称为**建筑结构**,简称**结构**。组成结构的单个物体称为构件,根据构件的几何特征通常将结构分为三种类型:

(1) 杆系结构　一个方向的几何尺寸远大于另外两个方向的尺寸的构件称为杆件,由杆件组成的结构称为杆系结构,如梁、柱、屋架等都属于杆系结构。

(2) 薄壁结构　一个方向的几何尺寸远小于另外两个方向的尺寸的构件称为薄壁(又称为板或壳),由薄壁组成的结构称为薄壁结构,如屋面、墙面等都属于薄壁结构。

(3) 实体结构　三个方向的几何尺寸为同一个量级的构件称为块,由块组成的结构称为实体结构,如块式基础、挡土墙、堤坝等都属于实体结构。

建筑力学以杆系结构作为主要研究对象。

0.2 建筑力学的研究内容

为使建筑结构安全、正常地工作且经济,建筑力学的内容主要包含以下几个部分:

(1) 静力学基础　研究物体的受力分析、力系简化与平衡的理论。

(2) 内力分析　研究静定结构内力的计算方法及其分布规律。

(3) 构件的承载能力问题　即**强度**、**刚度**、**稳定性**问题。

① 构件应有足够的强度,即要求构件在一定的外力作用下不发生破坏,即指构件在外力作用下抵抗破坏的能力。

② 构件应有足够的刚度,即要求构件在一定的外力作用下所产生的变形(形状的变化)不超过正常工作允许的限度。所谓刚度是指构件在外力作用下抵抗变形的能力。

③ 构件应有足够的稳定性,即要求构件在一定的外力作用下,不会突然改变原有的形状,以致发生过大的变形而导致破坏。所谓稳定性即保持其原有的平衡状态的能力。

(4) 超静定结构问题　　只应用静力学平衡条件不能完全确定超静定结构的支反力和内力,必须考虑结构的变形条件,补充方程才能求解。

0.3　变形固体的基本假设

在建筑力学中将研究物体抽象化为两种计算模型:刚体模型和理想变形固体模型。

刚体是指受力作用而不变形的物体。这是一种理想化的模型,实际上任何物体受力作用都会发生变形,但当分析问题时,物体变形与所研究的问题无关或对所研究的问题影响较小时,可以不考虑物体的变形,视为刚体,从而使研究的问题得到简化。

在物体变形这一因素不可忽略时,物体就视为理想变形固体。所谓理想变形固体,是根据研究问题的主要方面,常常略去一些次要的因素,对可变形固体作出某些假设,将它抽象为理想的模型。对可变形固体作如下基本假设:

(1) **均匀连续性假设**　　该假设认为,固体整个体积内部毫无空隙地充满着物质,而且物体内任何部分的力学性质完全相同。从物质结构来说,组成固体的粒子之间并不连续,而且各个晶粒的力学性质也并不完全相同。但晶粒之间的空隙与构件的尺寸相比极其微小,而且晶粒的排列错综复杂,从统计学的观点来看,这些空隙和非均匀性可不考虑。根据该假设可将物体中的某些物理量当作位置的连续函数,从而可从物体中切取任一无限小的单元,在理论分析中应用极限、微分和积分等数学工具来研究,并将所得结果引用到物体的各个部分。

(2) **各向同性假设**　　该假设认为,固体在各个方向上的力学性质完全相同。具有这种属性的材料称为各向同性材料。就金属而言,每个晶粒在不同方向上的力学性质并不相同,即具有方向性。但金属物体包含许多晶粒,而且其排列很不规则,从统计学的观点来看,它们在各方向上的性质基本接近相同。工程中还有各向异性的材料,即材料在各方向上的力学性质不同。例如,木材、拉拔过的钢丝等。

(3) **小变形假设**　　构件在外力作用下所引起的变形远小于构件的原始尺寸。在研究构件的平衡和运动时,可忽略变形的影响,而按构件变形前的尺寸来计算。

0.4　外力及其分类

所谓外力,是指其他物体对所研究构件的作用。外力包括荷载和约束反力。

外力按其作用方式可分为体积力和表面力。体积力是分布在物体体积内的力,例如惯性力和重力。表面力是分布在物体表面上的力,例如流体压力和接触力,它又可分为集中力和分布力。

荷载按其作用性质可分为静荷载和动荷载。前者是指荷载缓慢地由零增加到一定值,以后保持不变或变动极不显著。例如物体在静止状态所受的重力,建筑物中的支柱、房梁在正常情况下所承受的荷载,均属静荷载。后者是指大小或方向随时间而变化的荷载,例如汽锤对工件的打击,物体振动时各部分所承受的荷载均属动荷载。由于材料在动荷载与在静荷载下的力学性质大不相同,因此,在以后所讨论的问题中,应当十分重视荷载的性质。

1 静力学的基本概念

静力学的任务,是研究处于静止或匀速直线运动状态的刚体或刚体系统所受外力的平衡规律。因此,我们首先要在物理学的基础上,统一对力学基本概念的认识。

1.1 力与力矩,力偶与力偶矩

1.1.1 力的概念

由物理学中我们已经了解了力的概念。所谓力是指物体之间的相互机械作用,这种作用的效应使物体的机械运动状态发生变化,而对于弹性物体,这种作用还使之产生变形。在理论力学中我们将不考虑力的来源,而只分析力对刚体的运动状态的效应。因此,我们提到力的时候,必须分清施力者与受力者。

我们也已经知道力的三要素:大小、方向和作用点。既然是相互独立的三个基本要素,任何一个要素变化就不是同一个力。这样,在几何上我们可以用一个矢量图形表示一个力,参见图 1-1,矢量的长度为力的大小,矢量的起点或终点表示其作用点,矢量的箭头表示它的方向。

力对刚体的作用效果是使该刚体沿力的作用方向产生移动或具有沿该方向移动的趋势。

为了描述力的大小,可以将力向坐标轴上投影,如图 1-2 所示,只要已知力的方向与轴的夹角 α,则力 $\boldsymbol{F}$ 在 x 轴上的投影(或称为 x 轴的分量)为 $F_x = F\cos\alpha$,在 y 轴上的投影(或称为 y 轴的分量)为 $F_y = F\sin\alpha$。

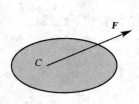

图 1-1 力的三要素

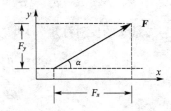

图 1-2 力在坐标轴上的投影

力在坐标轴上投影的正负号规定为:从力矢量起点的垂足到力矢量终点的垂足,与坐标轴同向为正,反向为负。

1.1.2 力矢量的表示及其运算

1) 力矢量的矩阵表示

由力的概念可以知道,力是一个空间矢量。一个空间矢量 $\boldsymbol{a}$ 可以用一个列矩阵表示为 $\boldsymbol{a} = (a_1 \quad a_2 \quad a_3)^{\mathrm{T}}$,其中,$a_1$、$a_2$、$a_3$ 分别表示矢量 $\boldsymbol{a}$ 在笛卡儿坐标系 x、y、z 轴上的投影或称坐标,也称为分量。因此,力 $\boldsymbol{F}$ 可以表示为 $\boldsymbol{F} = (F_x \quad F_y \quad F_z)^{\mathrm{T}}$ 或者 $\boldsymbol{F} = (F_1 \quad F_2 \quad F_3)^{\mathrm{T}}$,如果该力位于 xOy 坐标平面内,则为 $\boldsymbol{F} = (F_x \quad F_y \quad 0)^{\mathrm{T}}$,参见图 1-2。

2) 力矢量的代数表示

由代数学,一个空间矢量 $\boldsymbol{a}$ 可以用其在笛卡儿直角坐标系 x、y、z 轴上的投影及坐标轴的单位矢量 $\boldsymbol{i}$、$\boldsymbol{j}$、$\boldsymbol{k}$ 表示为

$$\boldsymbol{a} = a_1 \boldsymbol{i} + a_2 \boldsymbol{j} + a_3 \boldsymbol{k}$$

如图 1-3 所示。因此,空间力矢量 $\boldsymbol{F}$ 也可以表示为

$$\boldsymbol{F} = F_x \boldsymbol{i} + F_y \boldsymbol{j} + F_z \boldsymbol{k}$$

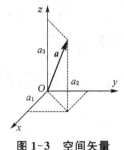

图 1-3 空间矢量

3) 力矢量的运算

(1) 矢量的点积(标量积)

今有两个矢量 $\boldsymbol{a}$ 与 $\boldsymbol{b}$,它们的点积为 $\boldsymbol{a} \cdot \boldsymbol{b} = C$,结果为一个标量。该运算的矩阵形式为

$$C = \boldsymbol{a}^{\mathrm{T}} \boldsymbol{b} = (a_1 \quad a_2 \quad a_3) \cdot \begin{Bmatrix} b_1 \\ b_2 \\ b_3 \end{Bmatrix} = a_1 b_1 + a_2 b_2 + a_3 b_3 \tag{1-1}$$

这里,黑体字母 $\boldsymbol{a}$、$\boldsymbol{b}$ 分别表示矢量 $\boldsymbol{a}$ 与 $\boldsymbol{b}$ 的矩阵表达形式,即由它们的三个坐标组成的列矩阵。

(2) 矢量的叉积(矢量积)

两个矢量 $\boldsymbol{a}$ 与 $\boldsymbol{b}$ 的叉积为 $\boldsymbol{a} \times \boldsymbol{b} = \boldsymbol{c}$,结果为一个矢量。该运算的矩阵形式为

$$\boldsymbol{c} = \tilde{\boldsymbol{a}} \boldsymbol{b} = \begin{pmatrix} 0 & -a_3 & a_2 \\ a_3 & 0 & -a_1 \\ -a_2 & a_1 & 0 \end{pmatrix} \begin{Bmatrix} b_1 \\ b_2 \\ b_3 \end{Bmatrix} = \begin{Bmatrix} a_2 b_3 - a_3 b_2 \\ a_3 b_1 - a_1 b_3 \\ a_1 b_2 - a_2 b_1 \end{Bmatrix} \tag{1-2}$$

其中,矩阵 $\tilde{\boldsymbol{a}}$ 称为矢量 $\boldsymbol{a}$ 的反对称矩阵,可以证明,该矩阵具有如下性质:

$$\tilde{\boldsymbol{a}}^{\mathrm{T}} = -\tilde{\boldsymbol{a}} \tag{1-3}$$

$$\tilde{\boldsymbol{a}} \boldsymbol{b} = -\tilde{\boldsymbol{b}} \boldsymbol{a} \tag{1-4}$$

$$\tilde{\boldsymbol{a}} \boldsymbol{a} = \boldsymbol{0} \tag{1-5}$$

$$\tilde{\boldsymbol{a}} \tilde{\boldsymbol{b}} = \boldsymbol{b} \boldsymbol{a}^{\mathrm{T}} - \boldsymbol{a}^{\mathrm{T}} \boldsymbol{b} \boldsymbol{E} \quad (\boldsymbol{E} \text{ 为同阶单位矩阵}) \tag{1-6}$$

矢量 $\boldsymbol{c}$ 写成代数形式为

$$c = (a_2b_3 - a_3b_2)\boldsymbol{i} + (a_3b_1 - a_1b_3)\boldsymbol{j} + (a_1b_2 - a_2b_1)\boldsymbol{k} \tag{1-7}$$

1.1.3 力偶、力偶矩与力矩

1) 力偶

我们把一对大小相等、方向相反、作用线相互平行的力合称为**力偶**。如图 1-4 所示,力偶与单个力对刚体的效应不同,它的作用是使得刚体发生转动或具有转动趋势,该转动发生在这一对力的作用线所构成的平面内。

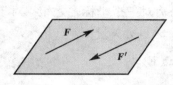

图 1-4 力偶及其作用面

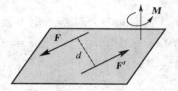

图 1-5 力偶矩

2) 力偶矩

力偶对刚体的转动效应用**力偶矩** M 表示,参见图 1-5,它的大小等于构成该力偶的一个力的大小与该对力的作用线之间的距离 d 的乘积,即

$$M = F \cdot d \tag{1-8}$$

力偶矩 M 的方向与该力偶的作用面垂直,力偶矩的方向按照右手法则确定,即四个手指跟随力偶转动,大拇指为力偶矩的指向。由此可知,力偶矩也是一个矢量。

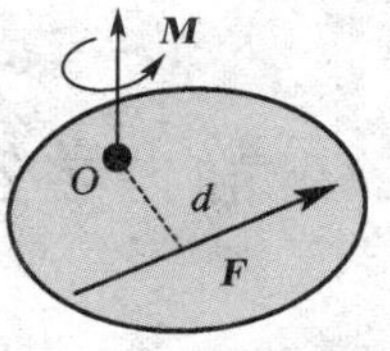

3) 力对点之矩

前面提到,力对刚体的作用效果是使该刚体沿力的作用方向产生移动或具有沿该方向移动的趋势。但是,如果刚体在该力的作用线以外某一点由于某种限制使之不能移动时,力对刚体的作用将使刚体发生绕该点的转动或转动趋势,如图 1-6。衡量该力的效应可用**力矩**描述,记为 $M_O(\boldsymbol{F})$,表示力 $\boldsymbol{F}$ 对 O 点之矩,其大小等于力的大小与该限制点到该力作用线的距离的乘积,其数学描述为

$$M_O(\boldsymbol{F}) = Fd \tag{1-9}$$

图 1-6 力对点之矩

力 $\boldsymbol{F}$ 与矩心 O 确定的平面,力矩使刚体绕该平面的矩心法向轴转动,转动方向符合右手法则。

力对点之矩也可以用矢量的叉积表示,图 1-7 中,设点 P 上作用有力 $\boldsymbol{F}$,该力对其作用线外某点 O 的矩定义为

$$M_O(\boldsymbol{F}) = \boldsymbol{r} \times \boldsymbol{F} \tag{1-10}$$

这里,$\boldsymbol{r}$ 表示从 O 到 P 的矢径,也称向径;O 称为矩心。

根据物理学的知识,我们已经知道,力对点之矩的大小按下式计算:

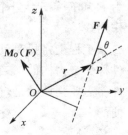

图 1-7

$$M_O(\boldsymbol{F}) = Fr\sin\theta \tag{1-11}$$

式中,F、r 分别表示力和矢径的大小(模),θ 为力矢量和矢径正方向的夹角。

更为一般性,如果在 O 点建立一参考基 $\boldsymbol{r} = (x\ y\ z)^\mathrm{T}$,力矩在该基上的坐标矩阵形式为

$$\boldsymbol{M}_O(\boldsymbol{F}) = \tilde{\boldsymbol{r}}\boldsymbol{F} \tag{1-12}$$

将式(1-12)展开,可得

$$\begin{Bmatrix} M_{Ox}(\boldsymbol{F}) \\ M_{Oy}(\boldsymbol{F}) \\ M_{Oz}(\boldsymbol{F}) \end{Bmatrix} = \begin{bmatrix} 0 & -z & y \\ z & 0 & -x \\ -y & x & 0 \end{bmatrix} \begin{Bmatrix} F_x \\ F_y \\ F_z \end{Bmatrix} = \begin{Bmatrix} F_z y - F_y z \\ F_x z - F_z x \\ F_y x - F_x y \end{Bmatrix} \tag{1-13}$$

式(1-13)表明,空间中力对点之矩可以分解为力对三个坐标轴之矩。对于平面问题,假设力和向径均在 xy 平面上,由于矢径 $\boldsymbol{r} = (x\ y\ 0)^\mathrm{T}$,力矢量 $\boldsymbol{F} = (F_x\ F_y\ 0)^\mathrm{T}$,故

$$\boldsymbol{M}_O(\boldsymbol{F}) = M_{Oz}(\boldsymbol{F}) \tag{1-14}$$

其大小为

$$M_O(\boldsymbol{F}) = M_{Oz}(\boldsymbol{F}) = F_y x - F_x y = (\tilde{\boldsymbol{I}}\boldsymbol{r})^\mathrm{T}\boldsymbol{F} \tag{1-15}$$

其中

$$\tilde{\boldsymbol{I}} = \begin{bmatrix} 0 & -1 \\ 1 & 0 \end{bmatrix}$$

既然力偶矩和力矩都是矢量,它们对物体的作用效应也是一样的,因此,如果某一点存在若干个力偶矩和(或)力矩,我们也可以利用平行四边形法则求得它们的合力矩。

1.2 静力学公理

刚体的静力平衡问题是以静力学基本公理为前提的,这五个公理是人们经过长期实践总结出来的客观规律。根据理论力学的任务,有必要进行重新认识。

公理一 二力平衡公理

该公理认为:作用于刚体上的两个力,它们使刚体处于平衡状态的必要和充分条件是:这两个力大小相等、方向相反,并且沿同一作用线。如图1-8,刚体在力 $\boldsymbol{F}$ 和 $\boldsymbol{F}'$ 作用下处于平衡,则力 $\boldsymbol{F}$ 和 $\boldsymbol{F}'$ 一定大小相等、方向相反,并且沿同一作用线。

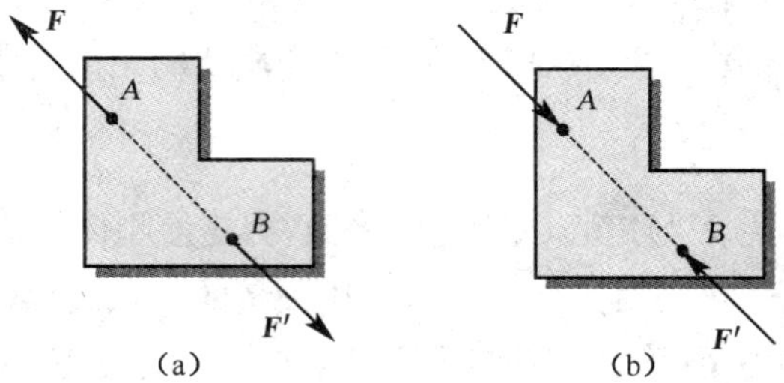

工程上将只受到两个力作用处于平衡的构件称为二力构件。二力构件在工程上会经常遇到,同时,有的工程构件常常可以简化为二力构件。需要强调的是,找出二力构件,对于刚体,特别是刚体系统的静力学分析,常常是非常方便的。

图 1-8 一对平衡力

公理二　加减平衡力系公理

该公理认为：在已知作用力系中加上或减去任意平衡力系，并不改变原力系对刚体的作用效应。

一个力系的作用效果使得刚体处于静止或匀速直线运动状态，则该力系称为**平衡力系**。由于平衡力系不影响刚体的运动状态，这个公理是显而易见的。由这个公理我们可以得到一个重要的推论，即力的可传性。

假设在刚体上某点 A 作用有力 $\boldsymbol{F}$，如图 1-9(a)所示，如果我们在该力的作用线上（或作用线的延长线上）任一点 B 施加一对大小相等、方向相反的平衡力 $\boldsymbol{F'}$ 和 $\boldsymbol{F''}$，并令这一对力的大小等于力 $\boldsymbol{F}$ 的大小，参见图 1-9(b)，此时，力 $\boldsymbol{F}$ 和 $\boldsymbol{F'}$ 也是一对平衡力，将这一对平衡力减去，并不改变原力系对刚体的作用效应。于是，力 $\boldsymbol{F}$ 就沿着它的作用线从 A 点移到了 B 点，如图 1-9(c)所示。此时，力 $\boldsymbol{F''}$ 并没有改变力 $\boldsymbol{F}$ 对刚体的作用效应，这证明了力的可传性。

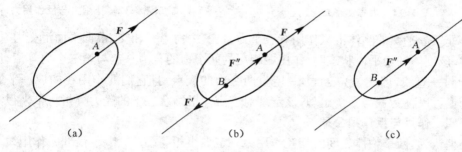

图 1-9　力的可传性

根据力的可传性，力的三要素也可以描述为大小、方向、作用线。

需要指出的是，力的可传性仅仅适用于刚体，对于变形体（材料力学中将要讨论到）则不再适用。

公理三　力的平行四边形公理

该公理认为：作用于刚体上同一点的两个力 $\boldsymbol{F}_1$ 和 $\boldsymbol{F}_2$ 的合力 $\boldsymbol{R}$ 也作用于同一点，其大小和方向由这两个力为边所构成的平行四边形的对角线来表示，如图 1-10(a)所示。本公理的代数表示为矢量关系式：

$$\boldsymbol{R} = \boldsymbol{F}_1 + \boldsymbol{F}_2 \tag{1-16}$$

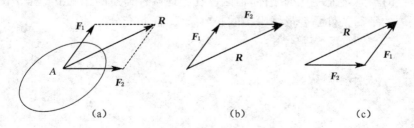

图 1-10　力的平行四边形法则

实际上，根据平行四边形的性质，确定作用于一点的两个力的合力时，并没有必要作一个平行四边形，只要不改变这两个力的大小和方向，将它们首尾相接，则合力始于它们的起点，而终于它们的终点,参见图1-10(b)、(c),这种求合力的方法是一种几何法,被称为三角形法则。利用力的平行四边形法则,对于作用于同一点的多个力的情况,仍然可以将各个力依次首尾相接,则它们的合力依然是始于它们的起点,而终于它们的终点,成为这个"力多边形"的封闭边,这就是求合力的力多边形方法,见图1-11(a)、(b)。

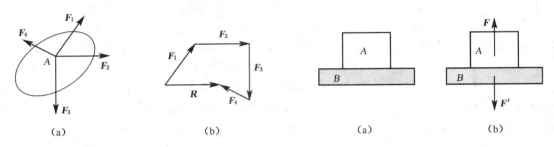

图1-11 力多边形法   图1-12 作用力与反作用力

某个处于静平衡的刚体上只作用有三个力,且其中两个力相交,根据平面汇交力系的平衡条件可知,该刚体处于平衡状态时,作用线相交的两个力的合力一定与第三个力等值、反向,并且作用于同一直线,因此,第三个力一定过两个力的交点,且它们的作用线构成一平面力系。这个结论也可以称为三力平衡定理,该定理对于刚体平衡状态下的受力分析将带来很大方便。

公理四 作用与反作用公理

该公理认为:两个物体之间的相互作用力一定大小相等、方向相反,沿同一作用线。

换句话说,一个物体受到其他物体作用时,施力物体一定也受到受力物体发出的等值、反向的力的作用,这两个力就是一对作用力和反作用力。但是需要指出的是,作用力和反作用力虽然大小相等、方向相反,沿同一条作用线,但它们不是平衡力,因为它们作用在不同的物体上,参见图1-12。

公理五 刚化原理

该公理认为:变形体在某一力系作用下处于平衡,如将此变形体刚化为刚体,其平衡状态保持不变。

此公理提供了把变形体看作为刚体模型的条件。如图1-13,绳索在等值、反向、共线的两个拉力作用下处于平衡,如将平衡的绳索刚化为刚体,其平衡状态不变。若绳索在两个等值、反向、共线的压力作用下不能平衡,这时绳索不能刚化为刚体,但刚体在上述两种力系的作用下都是平衡的。

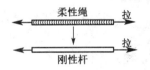

图1-13 变形体平衡刚化为刚体

因此,刚体的平衡条件是变形体平衡的必要条件,而非充分条件。

1.3 约束与约束反力

1.3.1 约束与约束反力

这里的约束是指运动物体的几何位置所受到的限制。当物体受到外力作用会产生运动或具有运动趋势,这种外力称为主动力。一旦这种运动或运动趋势被限制,该物体就会对限制其运动的限制物产生作用力,根据作用与反作用公理,限制物也必然会对该物体产生等值、反向的作用力,这类作用力称为约束反力。

1.3.2 约束反力的类型

约束的形式决定了约束反力的类型,工程实际中的平面约束主要有以下几种:

1) 光滑接触面约束

光滑接触面是指两个物体之间接触的摩擦力很小,与它们相互作用力相比可以忽略不计,即所谓接触面为理想光滑。对于光滑接触面约束,不管接触面是曲面还是平面,限制物只能限制另一个物体沿接触面的公法线朝支撑面方向的运动,因此约束反力的作用线一定沿该公法线指向运动(或具有运动趋势)物体。图1-14中,N为常见的光滑接触面约束的约束反力。

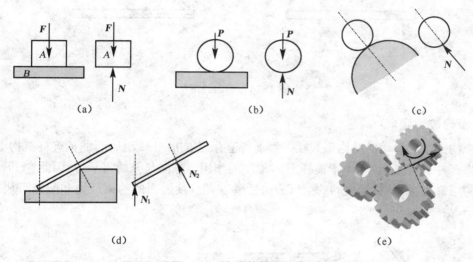

图 1-14 光滑接触面约束

2) 光滑圆柱铰链约束

光滑圆柱铰链是两个相对转动构件的连接形式,在两个构件上各自有直径相同的圆孔,并用圆柱销将它们连接起来,就构成了光滑圆柱铰链。如果其中一个构件相对固定,比如与地基固定连接、与机座或其他机构固定在一起等,我们称此类光滑圆柱铰链约束为固定铰支座约束。显然,光滑圆柱铰链约束并不能限制两个构件的相对转动,而只能限制它们沿圆柱销的径向相对运动。如果忽略相对转动的摩擦,则约束反力只能沿它们接触点的公法线。但是,由于接触点的位置难以确定,一般情况下,我们可以将该约束反力分解为沿两个相互垂直的方向的分力,只要确定了这两个分力,可以通过力的平行四边形法则求得其合力。参见图1-15,其中1-15(d)为固定铰支座约束反力的简化模型。

3) 固定约束

如图1-16所示,构件 AB 的 A 端被固定住,此时,该构件既不能移动又不能转动,因此,它将受到沿其移动趋势反方向的约束反力,以及与其转动趋势反方向的约束力矩。如果仅仅

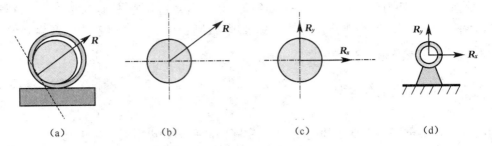

图 1-15 光滑圆柱铰链约束

考虑平面范围内的约束反力,同样,由于约束反力方向的不确定,可将其分解为相互垂直的两个分力。因此,可以认为固定约束具有三个约束反力。

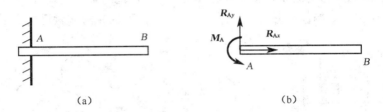

图 1-16 固定约束

4) 滑动铰约束

两个构件相对滑动的结构形式在工程上普遍存在,如图 1-17 所示,曲柄连杆机构中,滑块 A 在导轨 C 中做往复运动,由于连杆 B 对滑块的作用力方向与导轨不平行,因此,上下导轨共同作用的结果,使得其对滑块的约束反力包括垂直光滑接触面的约束反力和限制滑块转动的约束力矩。

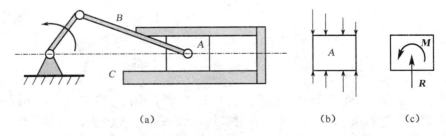

图 1-17 滑动铰约束

5) 柔索约束

柔索,如绳索、钢缆等对运动物体或具有运动趋势物体的限制显然只能沿着柔索的方向,因此约束反力一定从柔索与被限制物体的连接点出发,沿柔索离开该物体,如图 1-18 所示。

6) 二力杆约束

二力构件的概念前面已经作了介绍,如果一构件只在两端分别有一个铰链与两个其他构件连接,同时不计本身的重量,该构件即为二力构件,这类约束即为二力杆约束。如图 1-19 所示,根据二力平衡公理可以知道,其他两个构件对二力杆的约束反力通过铰链的圆柱销等值、反向作用于铰链上,力的作用线沿二力杆的轴线。

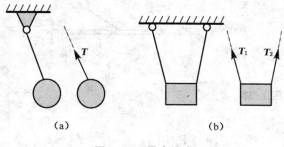

图 1-18　柔索约束

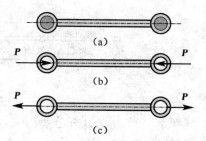

图 1-19　二力杆约束

1.4　刚体的受力分析、受力图

　　前面已经介绍了刚体受到外力作用时会发生运动或者具有了运动趋势,这类外力我们称为主动力;而限制该物体运动的限制物对其会产生约束反力。静力学就是研究物体在主动力和约束反力作用下的平衡问题。为了研究力的平衡,首先要对物体作受力分析,画出受力图,即对物体的受力状况进行表达。在静力学中,采用解除约束分析力的方法,该方法的步骤是:第一,确定研究对象;第二,将研究对象单独分离出来;第三,在该物体上画上主动力;第四,根据该物体所受到的约束类型画出约束反力。

　　【**例 1-1**】　设小球重量为 Q,在 A 处用绳索系在墙上,如图 1-20(a),试画出小球的受力图。

　　【**解**】　(1) 将小球分离出来,参见图 1-20(b);

　　(2) 画主动力:主动力为重力 Q,竖直向下,作用点在小球质心 O;

　　(3) 画约束反力:约束反力有 2 个,一是绳索的反力 T,作用于 A 点,沿绳索离开小球;二是墙面的反力 N,属于光滑接触面约束,作用点为接触点 B,因此,约束反力 N 垂直墙面指向小球。

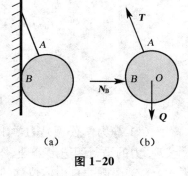

图 1-20

　　【**例 1-2**】　杆 AB 置于一半圆槽内,如图 1-21(a)所示,试画出 AB 杆的受力图。

　　【**解**】　(1) 将 AB 杆分离出来,参见图 1-21(b);

　　(2) 画主动力:主动力为重力 Q,竖直向下,作用点在杆的质心 C;

　　(3) 画约束反力:约束反力有 2 个,均为光滑接触面约束,N_A 作用于 A 沿半圆在该点的法线指向圆心,N_B 作用于 B 点沿半圆在该点的法线指向圆心。

　　【**例 1-3**】　构件 AB 左端为固定铰支座,右

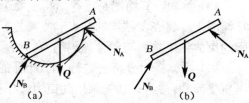

图 1-21

端为活动铰支座,如图1-22(a)所示,假设不计构件的重量,C处作用一力 **P**,试画出其受力图。

图 1-22

【解】（1）将 AB 杆分离出来,参见图1-22(b)；

（2）画主动力：主动力为已知力 **P**,作用点在 C,方向与 **P** 相同；

（3）画约束反力：约束反力有3个,A 端为固定铰支座,有两个约束反力,分别为水平方向 H_A 和垂直方向 R_A,B 端为活动铰支座,有一个垂直方向的约束反力 R_B。

【例 1-4】 某结构,如图1-23所示,试画出该结构整体受力图和各个构件受力图。

【解】（1）由于 A、B 均为固定铰支座,整体看,它们各有两个约束反力,参见图1-23(a)；

（2）由于折杆 BC 为二力杆,受力一定沿 BC 的连线,且大小相等、方向相反,参见图1-23(b)；

（3）利用作用力与反作用力的关系,折杆 AC 在 C 的受力一定与 F_C 大小相等、方向相反,见图1-23(c)。

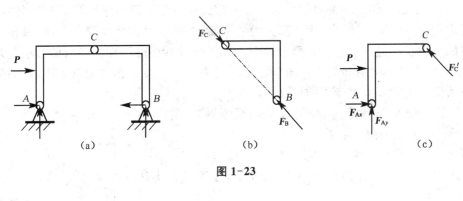

图 1-23

小 结

（1）静力学公理是力学中最基本、最普遍的客观规律,包括二力平衡公理、加减平衡力系公理、力的平行四边形公理、作用与反作用公理和刚化原理。

（2）限制非自由体位移的其他物体称作非自由体的约束。约束对非自由体的作用力称为约束力。约束产生什么样的约束力取决于约束的功能。例如,固定铰支座限制物体任何方向的线位移,限制角位移,所以,其约束力用两个相互垂直分力表示；又如,固定支座约束,既限制线位移又限制角位移,所以,其约束力用两个相互垂直分力和一个力偶表示。

（3）结构计算简图是反映结构主要工作特性而又便于计算的结构简化图形。建立结构计算简图需要将真实结构的结点和支座进行简化,简化成理想的约束形式,简化时要考虑结构实际约束的约束功能与何种理想约束的约束功能相符合。

（4）物体受力分析是进行力学计算的依据。作物体受力分析必须先作出分离体图,再画出所受荷载,按约束功能画出约束力。作受力图时,要注意正确运用内力与外力和作用力与反作用力的概念。

思考题

1. 什么是结构计算简图？结构计算简图的简化原则是什么？结构计算简图一般由哪几部分组成？
2. 杆系结构的常用支座形式有哪些？各有什么特点？
3. 杆系结构的常用结点形式有哪些？各有什么特点？
4. 什么是二力杆（构件）？是否只受两个力作用的杆就是二力杆？
5. 画物体整体受力图时，是否需要画出各物体间的相互作用力？

习 题

1-1 试绘制出题1-1图中所示各物体的受力图。未标出重力 G 的物体自重均不计，不计摩擦。

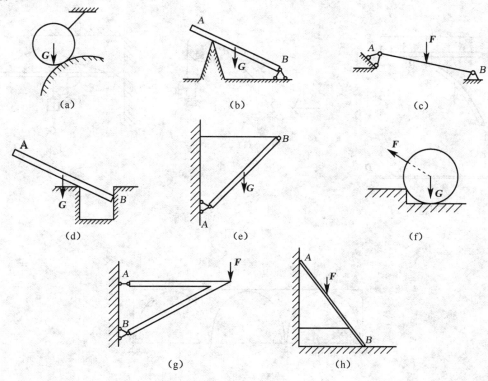

题 1-1 图

1-2 试绘制出题1-2图所示物体系统的整体受力图和每个物体的受力图。未标出重力 G 的物体自重均不计，不计摩擦。

1-3 结构如题1-3图所示，试画出各部分的受力图。

1-4 铰链支架由两根杆 AB、CD 和滑轮、绳索等组成，如题1-4图所示。在定滑轮上吊有重为 W 的物体 H。试分别画出定滑轮、杆 CD、杆 AB 和整个支架的受力图。

1-5 如题1-5图所示齿轮传动系统，O_1 为主动轮，旋转方向如图所示。试分别画出两齿轮的受力图。

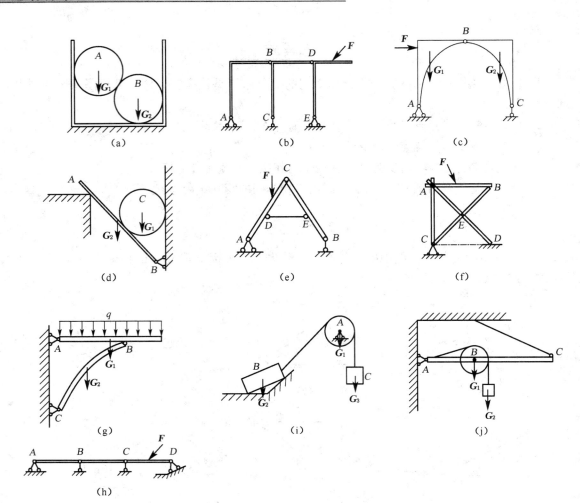

题 1-2 图

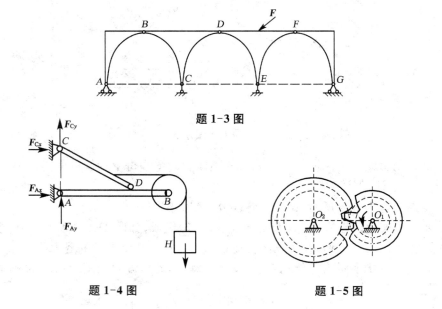

题 1-3 图

题 1-4 图

题 1-5 图

2 平面力系的简化及平衡

2.1 平面力系及平面力偶系

2.1.1 基本概念

1) 平面力系的概念

刚体同时受到若干力的作用时,这些力构成了一个力系。如果作用于某刚体的所有力的作用线都在一个平面上,如图 2-1(a),称该力系为**平面力系**。

如果构成一个平面力系的所有力的作用线交于一点,该力系称为**平面汇交力系**,参见图 2-1(b)。由第 1 章我们已经知道,交于一点的若干个力可以利用力的平行四边形法则求得其合力,这是求平面汇交力系合力的几何法。

2) 平面力偶系的概念

一个刚体上同时有两个以上的力偶作用,就构成一个力偶系。作用于刚体上的若干个力偶的作用面如果共面,我们称这个力偶系为**平面力偶系**,参见图 2-1(c)。由第 1 章我们已经知道,力偶对物体的转动效应是通过力偶矩来衡量的,力偶矩的方向与力偶作用面垂直,因此,一个平面力偶系对物体的总效应可以通过力偶矩的合成结果来衡量。由于力对点之矩的效应与力偶矩的效应一样,其力矩的方向也垂直于该平面。

3) 平面任意力系的概念

如果一个刚体上作用有一个平面力系,而组成该力系的所有力的作用线并不都交于一点;或者一个刚体上作用有一个平面力系的同时,该平面上还作用有力偶系,这样的力系我们称之为**平面任意力系**或**平面一般力系**,如图 2-1(d)所示。

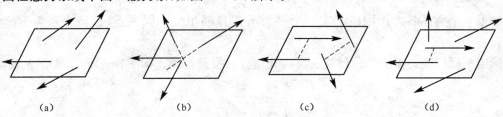

图 2-1　平面力系与平面力偶系

2.1.2 平面汇交力系的合成

1) 汇交力系合成的几何法

如果作用于刚体上的一个力系和一个力等效,则称此力为该力系的合力。汇交力系的合力,可以连续使用平行四边形法则或力三角形法则求得,但更方便的方法是使用力多边形法。

为了求汇交力系中各力 F_1、F_2、$\cdots$、F_{n-1}、F_n(图 2-2(a))的合力,根据力合成的三角形法则,将这些力两两合成,例如先求得力 F_1、F_2 的合力 R_{12},$\cdots$,再求 R_{12} 与 F_{n-1} 的合力 R_{12n-1};最后求得 R_{12n-1} 与 F_n 的合力 R。R 即为汇交力系的总合力。如图 2-2(b)所示。各分力 F_1、F_2、$\cdots$、F_{n-1}、F_n 与合力 R 组成力多边形,各边的长度分别为力 F_1、F_2、$\cdots$、F_{n-1}、F_n 的模,封闭边的长则为力系的合力 R 的模,这就是力多边形法。即汇交力系的合成可分别以各个分力的头尾相接,形成力多边形的各个边,则力多边形的封闭边即为该力系的合力。

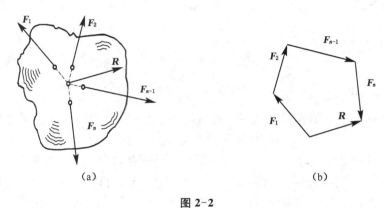

图 2-2

对于图 2-2(a)中所示汇交力系的合成结果,写成数学表达式为

$$R = \sum F_i \tag{2-1}$$

其中 R、F_i 均为矢量。

上述结果表明:汇交力系对刚体的作用与汇交力系的合力对刚体的作用等效。用力多边形法合成汇交力系合力的过程中有两点应注意:(1)合力的合成过程与各分力的合成次序无关;(2)合力的大小即为力多边形封闭边的长度。

几何法通常用于求解平面汇交力系的合力。至于空间汇交力系,因力多边形为空间力多边形,作图很不方便,故一般不采用几何法求合力。

2) 确定平面汇交力系合力的解析法

如果一个力系各力作用线都在一个平面上并且都相交于同一点,称该力系为平面汇交力系。

确定平面汇交力系合力的解析法可以利用合力投影定理。如图 2-3 所示,根据矢量合成,有

$$R = F_1 + F_2 \tag{2-2}$$

建立平面矢量基 xOy，分别将三个力向两个基矢量投影，有
$$R_x = F_{1x} + F_{2x}$$
$$R_y = F_{1y} + F_{2y} \tag{2-3}$$

显然，对于由多个力组成的平面汇交力系，按照矢量合成，有

$$\boldsymbol{R} = \boldsymbol{F}_1 + \boldsymbol{F}_2 + \cdots + \boldsymbol{F}_n = \sum_{i=1}^{n} \boldsymbol{F}_i \tag{2-4}$$

它们的投影关系为

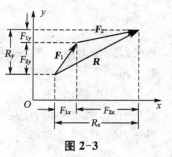

图 2-3

$$\begin{cases} R_x = F_{1x} + F_{2x} + \cdots + F_{nx} \\ R_y = F_{1y} + F_{2y} + \cdots + F_{ny} \end{cases} \tag{2-5}$$

或简记为

$$\begin{cases} R_x = \sum X \\ R_y = \sum Y \end{cases} \tag{2-6}$$

这就是**合力投影定理**：对于平面汇交力系，该力系的合力在某一轴上的投影等于各个分力在同一轴上投影的代数和。

2.1.3 平面一般力系的简化

1) 合力矩定理

如图 2-4，假设存在平面力系的关系：$\boldsymbol{R} = \boldsymbol{F}_1 + \boldsymbol{F}_2$，我们讨论合力与分力对该平面上某点 O 的力矩之间的关系。令 $\boldsymbol{R}$、$\boldsymbol{F}_1$ 和 $\boldsymbol{F}_2$ 的方向与 x 轴的夹角分别为 α、β、γ，它们与 O 的距离分别为 D、d_1 和 d_2，由合力投影定理，即式(2-3)

$$R_x = F_{1x} + F_{2x}$$

即有

$$R\cos\alpha = F_1\cos\beta + F_2\cos\gamma \tag{2-7}$$

将上式两边同乘 $\overline{AO}$，可得

$$R \cdot \overline{AO}\cos\alpha = F_1 \cdot \overline{AO}\cos\beta + F_2 \cdot \overline{AO}\cos\gamma$$

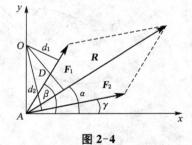

图 2-4

或改写为

$$R \cdot D = F_1 \cdot d_1 + F_2 \cdot d_2 \tag{2-8}$$

亦即

$$m_O(\boldsymbol{R}) = m_O(\boldsymbol{F}_1) + m_O(\boldsymbol{F}_2) \tag{2-9}$$

显然，对于由 n 个力组成的任一平面汇交力系，式(2-9)可以推广为

$$m_O(\boldsymbol{R}) = \sum_{i=1}^{n} m_O(\boldsymbol{F}_i) \tag{2-10}$$

上式即为**合力矩定理**：平面汇交力系的合力对该平面上任一点的矩等于各个分力对该点的力矩之和。

前面提到，对于一个平面力偶系，由于构成该力偶系的所有力偶的方向，即力偶矩的方向相互平行，根据矢量合成的合力投影定理，将所有力偶矩投影到力偶矩方向一平行轴线上可得到合力偶矩，矢量和即为代数和，所以有

$$M = \sum_i m_i \tag{2-11}$$

一个平面力偶系对物体的总效应可以通过力偶矩的合成结果（代数和）来衡量。

2）力的平移定理

平面任意力系是常见的力系，当一个物体受到平面任意力系的作用，由于受力的复杂，我们总是希望先将该力系作出某种简化，使之可以利用前面分析的诸如平面汇交力系和平面力偶系的结论，以便问题变得简单些。

由力的可传性，我们已经知道，力的作用点可以沿其作用线移动而不改变其对物体的作用效应。现在讨论力的作用线的平移问题。考察图2-5(a)，假设刚体受到力 $\boldsymbol{F}$ 的作用，根据加减平衡力系公理，如果我们在刚体上力 $\boldsymbol{F}$ 的作用线以外任意一点 O 加上一对大小相等、方向相反且作用线与 $\boldsymbol{F}$ 平行的力 $\boldsymbol{F}'$ 和 $\boldsymbol{F}''$，其大小等于力 $\boldsymbol{F}$，此时，这三个力构成一个平面力系，其效果与力 $\boldsymbol{F}$ 单独作用时一样，参见图2-5(b)。但是，我们可以将力 $\boldsymbol{F}$ 和 $\boldsymbol{F}''$ 视为一个力偶，而力 $\boldsymbol{F}'$ 的大小、方向与力 $\boldsymbol{F}$ 相同，这说明，力 $\boldsymbol{F}$ 可以平移到刚体上的某个位置，只是此时必须加上一对力偶，该力偶的作用面与该力的作用线在一个平面上。根据力偶矩的定义，该力偶矩的大小为力的大小与力 $\boldsymbol{F}$ 和 $\boldsymbol{F}''$ 之间的距离的乘积，因此，该力偶矩的大小实际上等于力 $\boldsymbol{F}$ 对点 O 的矩。

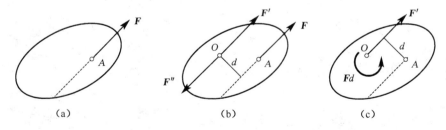

图 2-5 力作用线的平移

于是可以得到一个结论：作用于刚体上的力，可以平移到该刚体上任何一点，但同时必须附加一个力偶，其力偶矩应该等于原作用力对该点的矩。此即**力的平移定理**。

力的平移定理对于力系的简化带来了很大方便。

3）平面任意力系的简化

有了力的平移定理和合力矩定理，我们可以对平面任意力系进行简化。由于一般平面力系的作用力并不都交于一点，我们可以根据需要在该平面上找一指定点，将各个作用力全部平移到该指定点，每个力平移的结果均得到一个作用于指定点的大小、方向均不改变的力和一个

力偶矩,所有力平移的结果则得到一个交于指定点的平面汇交力系和一个平面力偶系,参见图 2-6。显然,该平面汇交力系可以合成为一个合力,而该平面力偶系也可以合成为一个合力偶矩。

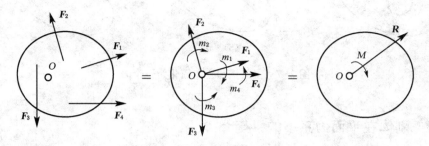

图 2-6 平面任意力系的简化

在平面力系的简化结果中,所有作用力的合力称为**主矢量**,简称**主矢**,合力偶矩称为**主矩**,它们分别为

$$R = \sum_i F_i \tag{2-12}$$

$$M = \sum_i m_i = \sum_i m_O(F_i) \tag{2-13}$$

因此,可以这样描述平面任意力系的简化:平面任意力系可以向该平面内任意指定点简化,该指定点称为**简化中心**,简化结果为一个主矢量和一个主矩,主矢量等于该力系各个力的矢量和,主矩等于各力对简化中心的力矩之矢量和。

下面我们对简化结果进行分析讨论,共有四种可能。

(1) 主矢量和主矩均等于零

$R = 0$,$M = 0$ 此时力系处于平衡状态。

(2) 主矢量等于零,主矩不等于零

$R = 0$,$M \neq 0$ 此时力系等效于一个合力偶矩的作用。

(3) 主矢量不等于零,主矩等于零

$R \neq 0$,$M = 0$ 此时力系等效于一个合力的作用。

(4) 主矢量和主矩均不等于零

$R \neq 0$,$M \neq 0$ 此时该力系还可以按照下面的方法进一步简化。

假设刚体上作用的平面力系已经简化为一个主矢量 R 和一个主矩 M,如图 2-7(a)所示,我们可以用一力偶与主矩等效,并且令该力偶中的一个力 R'' 与主矢量作用于同一点且与主矢量等值反向,同时使力偶中两个力作用线间的距离 d 保证其与力的乘积等于主矩即可。结果如图 2-7 所示,我们可以看到,这样的简化结果只剩下一个力矢量 R',其大小和方向均和主矢量 R 相同,只是该主矢量的作用线平移了一段距离 $d = \dfrac{|M|}{R}$。

可见,上述简化结果实际上只有三种情况。

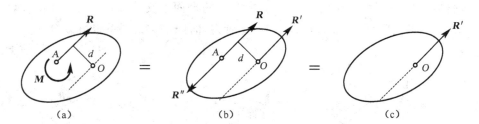

图 2-7 主矢量和主矩简化为一个力

2.1.4 刚体在平面力系下的平衡

1）刚体在平面汇交力系的平衡方程

前面一节我们已经讨论了平面汇交力系的合力应等于各个分力的矢量和，而平面汇交力系的合成只有主矢量，没有主矩，根据平面力系简化结果的第一种情况，该平面汇交力系的平衡条件是主矢量等于零，即 $R=0$。如果过该平面汇交力系的力作用线交点建立直角坐标系 xOy，根据力的投影定理，有

$$\begin{cases} R_x = \sum_i F_{ix} = 0 \\ R_y = \sum_i F_{iy} = 0 \end{cases} \tag{2-14}$$

式（2-14）简记为

$$\begin{cases} \sum X = 0 \\ \sum Y = 0 \end{cases} \tag{2-15}$$

式（2-15）称为**平面汇交力系的平衡方程**。式中，X、Y 分别表示各个力在 x、y 轴的投影值。

2）三力平衡问题

假设某个处于静平衡的刚体上只作用有三个力，且其中两个力相交，根据平面汇交力系的平衡条件可知，该刚体处于平衡状态时，作用线相交的两个力的合力一定与第三个力等值、反向，并且作用于同一点，因此，第三个力一定过两个力的交点，且它们的作用线构成一平面力系。这个结论也可以称为**三力平衡定理**，该定理对于刚体平衡状态下的受力分析将带来很大方便。

【**例 2-1**】 一半径为 30 cm 的球体，用一根长为 30 cm 的绳子贴墙悬挂，如图 2-8（a）所示，假设球重 400 N，求绳子的拉力和墙面对小球的约束反力。

【**解**】 小球共受到三个力的作用，即重力、绳子拉力和墙面的约束反力，小球处于平衡，这三个力构成平面汇交力系，交点为球心 O，过 O 点建立直角坐标系，如图 2-8（c），由平面汇交力系的平衡方程，有

$$\sum X = 0 \quad T\sin\alpha - N = 0 \tag{a}$$

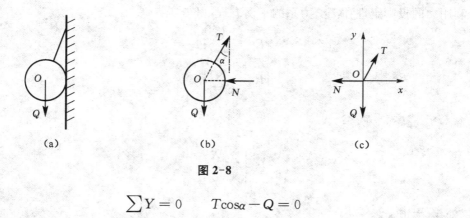

图 2-8

$$\sum Y = 0 \quad T\cos\alpha - Q = 0 \qquad (b)$$

其中，$\alpha = 30°$，于是得到

$$T = Q/0.866 = 461.88 \text{ N} \qquad N = 0.5T = 230.9 \text{ N}$$

【例 2-2】 AB 杆的 A 端为固定铰支座约束，B 端为活动铰支座约束，今在杆的 C 处作用一集中力 $P = 20 \text{ kN}$，$\alpha = 45°$，杆的尺寸如图 2-9 所示，假设杆的自重忽略不计，试求各支座约束反力。

【解】 (1) 先将 AB 杆分离出来，进行受力分析

① 外荷载，即主动力 P；

② B 为活动铰支座，约束反力 R_B，方向垂直向上；

③ A 为固定铰支座，约束反力 R_A，利用三力平衡的原理，可知该反力的作用线也通过 D 点。

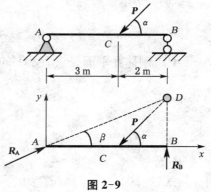

图 2-9

(2) 利用平面汇交力系的平衡方程求约束反力

以 A 为原点建立坐标系，如图，平衡方程如下：

$$\sum X = 0 \quad R_A\cos\beta - P\cos\alpha = 0$$

$$\sum Y = 0 \quad R_A\sin\beta - P\sin\alpha + R_B = 0$$

由几何关系可得 $\overline{AD} = \sqrt{5^2 + 2^2} = 5.39 \text{ m}$

代入平衡方程得到 $R_A = 15.2 \text{ kN}$，$R_B = 8.5 \text{ kN}$

计算结果为正，说明约束反力的方向设定正确。

3) 刚体在平面任意力系下的平衡方程

由前面的讨论我们已经知道，刚体受到平面任意力系的作用时，该力系可以简化为一个主矢量和一个主矩，并且我们还知道，如果主矢量和主矩同时等于零，则该刚体处于平衡状态，该力系为平衡力系，这实际上就是刚体在平面任意力系作用下的平衡条件，即

$$R = 0, \quad M = 0$$

根据上述平衡条件，我们可以建立平面任意力系平衡的数学模型，即平衡方程。

(1) 由主矢量为零

利用力的投影定理和汇交力系的平衡方程，可得

$$\begin{cases} R_x = \sum_i F_{ix} = 0 \\ R_y = \sum_i F_{iy} = 0 \end{cases} \quad (2\text{-}16)$$

简记为

$$\begin{cases} \sum X = 0 \\ \sum Y = 0 \end{cases} \quad (2\text{-}17)$$

(2) 由主矩为零

利用合力矩定理，可得

$$m_O(\boldsymbol{R}) = \sum_{i=1}^{n} m_O(\boldsymbol{F}_i) \quad (2\text{-}18)$$

简记为

$$\sum m_O(\boldsymbol{F}) = 0 \quad (2\text{-}19)$$

(3) 刚体在平面任意力系下的平衡方程

$$\begin{cases} \sum X = 0 \\ \sum Y = 0 \\ \sum m_O(\boldsymbol{F}) = 0 \end{cases} \quad (2\text{-}20)$$

式(2-20)称为平面任意力系平衡方程的**二投影一矩式**，是一种最常用的表达式。

4) 刚体在平面任意力系下平衡方程的其他两种表达形式

(1) 一投影二矩式

$$\begin{cases} \sum X = 0 \text{ 或 } \sum Y = 0 \\ \sum m_A(\boldsymbol{F}) = 0 \\ \sum m_B(\boldsymbol{F}) = 0 \end{cases} \quad (2\text{-}21)$$

式(2-21)中，矩心 A、B 的连线不能与 x 轴或 y 轴垂直。

(2) 三矩式

$$\begin{cases} \sum m_A(\boldsymbol{F}) = 0 \\ \sum m_B(\boldsymbol{F}) = 0 \\ \sum m_C(\boldsymbol{F}) = 0 \end{cases} \quad (2\text{-}22)$$

三矩式的使用条件是三个矩心 A、B、C 不能在一条直线上。

一投影二矩式和三矩式由读者自己证明。

【例 2-3】 一悬臂吊车如图 2-10(a)所示,横梁 AB 长 $l=2\,\mathrm{m}$,假设其重量 $Q=1\,\mathrm{kN}$ 集中于质心 C,吊重 $P=6\,\mathrm{kN}$ 作用于 D 点,已知 $\alpha=30°$,$a=1.6\,\mathrm{m}$,求铰支座 A 的约束反力与拉杆 BF 的拉力。

【解】 (1) 受力分析

将横梁 AB 分离出来,主动力有重力 Q 和吊重 P;拉杆 BF 由于只有两端受力视为二力杆,拉力为 T;A 为固定铰支座,约束反力有 X_A 和 Y_A。这些力的方向如图 2-10 所示。

(2) 列平衡方程求未知力

$$\sum X = 0 \quad X_A - T\cos\alpha = 0 \tag{a}$$

由 $$\sum Y = 0 \quad Y_A + T\sin\alpha - Q - P = 0 \tag{b}$$

$$\sum m_A(\boldsymbol{F}) = 0 \quad T\sin\alpha \times l - P \times a - Q \times l/2 = 0 \tag{c}$$

先由式(c)求得

$$T = 10.6\,\mathrm{kN}$$

代入式(a)、(b),分别求得:$X_A = 9.18\,\mathrm{kN}$,$Y_A = 1.7\,\mathrm{kN}$

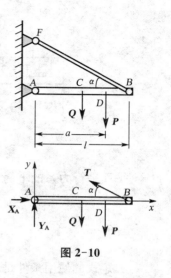

图 2-10

【注】 对悬臂吊车而言,荷载 P 是个变量,不但其大小变化,而且力的作用位置也在变化。当荷载大小不变、作用于横梁末端 B 时,由上面的平衡方程可以观察到,拉杆的拉力和固定铰支座约束反力在该荷载作用下将达到最大值。

5) 平面平行力系的平衡

所谓平面平行力系是指作用于刚体上的各个力的作用线相互平行,且都在一个平面内的力系。这在工程实际中经常遇到,或者说不少工程实际问题可以简化为受到平面平行力系的作用。例如图 2-11(a)为一根水平放置的梁结构,两端分别为固定铰支座和活动铰支座约束,假设该结构没有承受其他外力,而仅仅受到自身重量的作用,由于质量均匀分布,可以认为该梁沿其轴线均匀作用向下的平行力,根据平面任意力系的平衡条件,两端的约束反力垂直向上,见图 2-11(b),于是该梁结构受到的外力全部在一个平面内且相互平行,构成了平面平行力系。再如图 2-12,塔吊的吊重、配重和自身的重量(质心 C)都是垂直向下,塔吊通过滚轮支撑于导轨上且沿导轨行走,根据光滑面接触约束形式,导轨的约束反力垂直向上,这样,该塔吊承受的所有外力也构成了平面平行力系。

下面讨论平面平行力系的平衡方程。如图 2-13,假设刚体在 xOy 平面内作用一平行力系,其中 y 轴与这些力的作用线平行,根据力的投影定理,这些力在 x 轴的投影恒等于零,即 $\sum X \equiv 0$。由平面任意力系的平衡方程,在该平行力系作用下,刚体处于平衡状态的平衡方程只要满足下面两式:

$$\begin{cases} \sum Y = 0 \\ \sum m_O(\boldsymbol{F}) = 0 \end{cases} \tag{2-23}$$

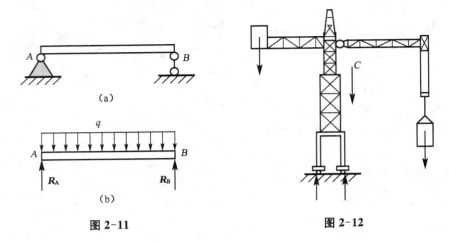

图 2-11　　　　　　　　图 2-12

平面平行力系的平衡方程也可以采用如下二矩式：

$$\begin{cases} \sum m_A(\boldsymbol{F}) = 0 \\ \sum m_B(\boldsymbol{F}) = 0 \end{cases} \tag{2-24}$$

二矩式的使用条件是 AB 的连线不能与 y 轴(即各个力的作用线)平行。

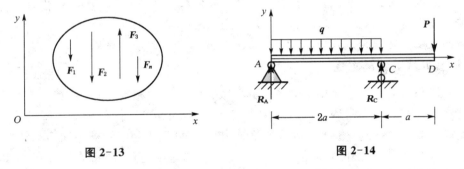

图 2-13　　　　　　　　图 2-14

【例 2-4】 如图 2-14 所示，一根梁结构 AD，A 端是固定铰支座，C 为活动铰支座，AC 段作用有均匀平行分布的荷载 q，D 端作用一集中力 $P=2qa$，其作用面在 q 的作用平面内，试求支座的约束反力。

【解】 首先建立一参考基，基矢量 x 沿杆的轴线。根据题意，所有外荷载都平行于 y，因此，A 端的约束反力也一定垂直于 x 轴，梁结构 AD 受到平面平行力系的作用。

由　　　　$\sum m_A(\boldsymbol{F}) = 0$

有　　　　$R_C \times 2a - q \times 2a \times a - P \times 3a = 0$

得到　　　$R_C = 4qa$

由　　　　$\sum Y = 0$

有　　　　$R_A + R_C - q \times 2a - P = 0$

得到　　　$R_A = 0$

2.2 摩擦问题

2.2.1 摩擦的概念

我们知道,物体间的接触面为绝对光滑是不可能的,只有摩擦很小或者摩擦作为次要因素不予考虑时将接触面视为理想光滑的。摩擦在工程上有利有弊,由于摩擦增大了阻力消耗能量是其弊,利用摩擦传递能量是其利。摩擦是客观存在的,因此有必要对其进行讨论。但是,摩擦的机理是很复杂的,决定摩擦大小的因素也很多,这里只是针对我们学习理论力学的需要作简单介绍。

摩擦按照物体表面相对运动的情况,可以分为滑动摩擦和滚动摩擦两类。

1) 滑动摩擦

滑动摩擦是指物体接触面做相对滑动或具有相对滑动趋势时的摩擦,因此,滑动摩擦又可以分为静滑动摩擦和动滑动摩擦两种情况。

(1) 静滑动摩擦

静滑动摩擦是物体间具有相对运动趋势时的摩擦。我们可以做一个简单的试验,如图 2-15(a),在一水平桌面上放置一个重量为 Q 的物块,用一根绳子一端系在物块上,另一端绕过一滑轮系在一个砝码上,此时,物块在砝码拉力的作用下将向前运动或具有向前运动的趋势。我们对物块进行受力分析可以看出,如果水平桌面与物块底面间没有摩擦(图 2-15(b)),物块在水平方向的受力将无法得到平衡。如果物块受力处于静止状态,说明在水平方向上,物块一定受到与砝码拉力 T 方向相反的力 F,其大小应该等于砝码的拉力,即有

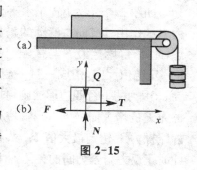

图 2-15

$$F = -T \tag{2-25}$$

力 F 就称为**静滑动摩擦力**,简称**静摩擦力**。

进一步观察试验发现:砝码重量逐渐加大后,在一定范围内,物块仍然保持静止不动,说明物块仍然保持平衡状态。在这个过程中,静摩擦力也随着砝码拉力的增大而增大。当砝码的重量增大到某一确定的值时,物块开始向前运动,此时,物块在砝码确定的拉力作用下,根据平衡条件,摩擦力也为确定的值而不再增大。我们将物块处于将动未动的状态称为其运动的**临界平衡状态**,临界平衡状态的摩擦力称为**最大静摩擦力**,或称**极限静摩擦力**,用符号 F_m 表示。可见,静摩擦力的大小随主动力的大小而改变,其大小可以通过力的平衡方程求得,它的方向与两个接触物体相对滑动的趋势相反。静摩擦力的取值范围是

$$0 \leqslant F \leqslant F_m \tag{2-26}$$

大量的试验表明,最大静摩擦力的大小与支撑面对物块的约束反力 N 成正比。用数学表述为

$$F_m = f_s \cdot N \quad (2-27)$$

式中,f_s 称为静摩擦因子,其大小取决于接触面的材料、粗糙度、温度、湿度等环境条件。一般材料的静摩擦因子 f_s 可以在《机械设计手册》中查到。部分常用的静摩擦因子列于表 2-1 中。

表 2-1　常用材料的静摩擦因子

钢与钢	钢与青铜	钢与铸铁	皮革与铸铁	木材与木材	砖与混凝土
0.15	0.15	0.3	0.4	0.6	0.76

(2) 动滑动摩擦

正如前面提到的,一旦拉力刚刚超过极限摩擦力即最大静摩擦力,接触面对物块的摩擦力无法让物块继续保持平衡状态而发生滑动。这时的摩擦力称为**动滑动摩擦力**,它的方向与物体间相对滑动的速度方向相反。试验结果表明,它的大小由式(2-28)确定:

$$F' = f \cdot N \quad (2-28)$$

式中,f 为动摩擦因子,一般情况下,取值与静摩擦因子相同;N 仍然为接触面的正约束反力。

2) 摩擦角与自锁现象

(1) 摩擦角

如图 2-16,物块置于水平接触面上,假设物块受到力 P 的作用具有向右滑动的趋势,如果物块处于静止状态,此时,静摩擦力 F 与接触面的正反力 N 的合力 R 与 P 一定等值反向,构成一对平衡力。N 与 R 之间的夹角为 φ,由力的平行四边形法则可以看出,夹角 φ 随着静摩擦力 F 的增大而增大。当物块处于滑动的临界状态时,静摩擦力 F 达到最大值 F_m,夹角 φ 也达到最大,我们将此时正反力与合力间的夹角称为**摩擦角**,记为 φ_m。

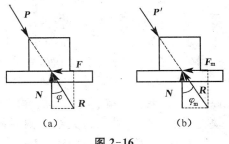

图 2-16

由摩擦角的定义,有

$$\tan\varphi_m = \frac{F_m}{N} = \frac{f_s N}{N} = f_s \quad (2-29)$$

由此可见,摩擦角的正切就等于静摩擦因子。

(2) 自锁现象

根据摩擦角的定义,合力与正反力间的夹角最大值不会超过摩擦角。因此,外力 P(主动力)的作用线落在摩擦角内时,见图 2-17(a),则不论外力 P 多大,总有一个静摩擦力和正反力的合力 R 与之平衡,物块不会发生滑动。但是,一旦外力的作用线落在摩擦角之外,即 $\varphi > \varphi_m$ 时,见图 2-17(b),则无论 P 多大,物块再也不会保持平衡而开始滑动。前者就称为**自锁现象**。在机械传动装置的设计中,为避免机构间自行卡死,需要注意避免自锁现象的发生;反之,为了机构的安全,往往也需要自锁设计,比如涡轮蜗杆传动中的自锁等。

【例 2-5】　图 2-18 表示升降机安全装置,该装置加载后,滑块与两壁不应发生滑动。已

知两壁与滑块间的摩擦因子为 $f=0.5$，试确定结构尺寸 l 与 L 的关系，以保证该安全装置的可靠性。

【解】 根据题意，施加荷载 P 后连杆 AC 与 BC 在所传递的压力作用下滑块必须自锁，即 $\varphi < \varphi_m$。故有

$$\tan\varphi < \tan\varphi_m = f$$

代入几何关系，有

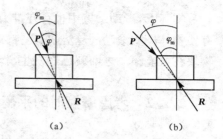

图 2-17

$$\frac{2}{L}\sqrt{l^2 - \frac{L^2}{4}} < 0.5$$

解得 $\dfrac{l}{L} < 0.56$

又 $l > 0.5L$

最后可得 $0.56L > l > 0.5L$

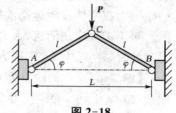

图 2-18

3）滚动摩擦的概念

我们都有这样的生活经验，滚动比滑动要省力得多，工程实际中也是如此。原因是滚动的阻力比滑动的阻力要小得多。我们考察图 2-19 中轮子的滚动，假设轮子重为 Q，半径为 r，与水平面的接触点为 A，轮子作用一水平推力 P，当推力较小时，轮子不会滑动，也不会转动。对轮子作受力分析，见图 2-19(a)，接触面正反力 N 与重力 Q 等值反向；静摩擦力 F 与推力 P 也等值反向。但是，从图中可以看出，光有这些力并不能使轮子达到平衡，因为这些力中，静摩擦力 F 与推力 P 构成了一对力偶，它们产生的转动效应需要一个反向力偶矩来平衡。这个力偶矩的产生可以这样分析：由于接触面并非理想光滑，轮子在 F 与 P 构成的力偶作用下具有转动的趋势，粗糙的接触面由于轮子的压迫会产生一定的变形，参见图 2-19(b)，此时轮子与接触面不是一个点接触，而是沿 AB 段圆弧接触，轮子在 AB 段承受的是平面任意力系，它们可以简化成一个主矢量 R，但是，该主矢量并不是作用在 A 点，见图 2-19(c)，主矢量 R 的两个分量就是正反力和静摩擦力，其中正反力与 A 点的距离设为 δ。如果我们将正反力和静摩擦力向 A 点简化，根据平面力系简化的第四种结果，此时，就要增加一力偶矩 $M = N \times \delta$，如图 2-19(d)所示，这个力偶矩称作最大滚动摩擦力偶矩，它的作用就是阻碍轮子的转动。显然，当推力 P 对接触点 A 的主动力矩超过最大滚动摩擦力偶矩时，轮子将开始转动。δ 称为滚动摩擦因子，一般以 "cm" 作单位。滚动摩擦因子也可以通过查表得到，一般来讲，滚动摩擦因子 δ 比滑动摩擦因子 f 小得多，所以滚动比滑动省力。

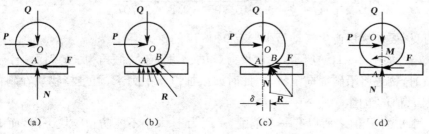

图 2-19

实际上，滑动摩擦中也存在推力 P 与静摩擦力 F 构成力偶的问题，参见图 2-14，该力偶也有使物体产生滚动的趋势，只是推力必须相当大才有可能使物块绕其角点转动，一般情况下，物块在可能滚动之前就已经发生滑动。

2.2.2 考虑摩擦时的平衡问题

当刚体所受到的摩擦不可忽略时，我们可以将摩擦力作为平面力系中的一个力研究刚体的平衡问题，从这点上讲，与我们前面讨论的平衡问题没有什么区别。但是，特殊的情况在于静摩擦力在刚体发生运动前是一个变量，即 $0 \leqslant F \leqslant F_m$，因此，物体的平衡也就有一定的范围。对于工程应用而言，人们往往只关心临界状态，也就是说只需考虑最大静摩擦（F_m）的情况。此时，建立力系的平衡方程时往往需要增加一个补充方程 $F_m = f_s \cdot N$ 进行求解。

【例 2-6】 一物块重为 $Q = 400$ N，置于水平地面上，受到大小为 80 N 的拉力作用，如图 2-20 (a) 所示，假设拉力 T 与水平夹角为 $\alpha = 45°$，物块与地面的摩擦因子为 $f = 0.2$，要求：(1) 判断物块是否发生移动，并确定此时的摩擦力大小；(2) 要使物块发生移动，拉力至少要多大？

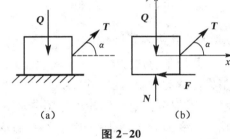

图 2-20

【解】 (1) 对物块做受力分析，建立平衡方程如下：

$$\sum X = 0 \quad T\cos\alpha - F = 0$$
$$\sum Y = 0 \quad N + T\sin\alpha - Q = 0$$

可得 $F = T \times \sqrt{2}/2 = 56.57$ N

$N = Q - T \times \sqrt{2}/2 = 343.43$ N

最大静摩擦力为 $F_m = f \cdot N = 0.2 \times 343.43 = 68.69$ N

由于 $F < F_m$，物块不会发生滑动，此时的摩擦力为 56.57 N。

(2) 假设物块滑动的临界拉力为 T'，此时摩擦力为最大静摩擦力：

$$\sum X = 0 \quad T'\cos\alpha - F_m = 0 \quad \text{(a)}$$
$$\sum Y = 0 \quad N + T'\sin\alpha - Q = 0 \quad \text{(b)}$$

由式(b)可得：$N = Q - T'\sin\alpha = F_m/f$，代入式(a)，可得

$$T' = \frac{fQ}{\cos\alpha + f\sin\alpha} = \frac{0.2 \times 400}{0.707 + 0.2 \times 0.707} = 94.3 \text{ N}$$

由此可见，要使物块产生滑动至少要有 94.3 N 的拉力。

【例 2-7】 如图 2-21(a)所示，一重量为 Q 的物块置于一倾角为 α 的斜面上，显然，当 α 角超过某个值时，物块将沿斜面向下滑动，此时如果加以水平力 P，可维持物块在斜面上的平衡状态。试求 P 值的范围。

【解】 水平力 P 值之所以有一个范围，是因为 P 太小不能防止物块下滑，而 P 太大则可能使物块沿斜面向上滑动，也不能平衡。两种情况都需要计算临界状态。

(1) 防止物块下滑

对物块做受力分析,并建立参考基,参见图 2-21(b)。列写平衡方程如下:

$$\sum X = 0 \quad P_{\min}\cos\alpha + F_{1\max} - Q\sin\alpha = 0 \tag{a}$$

$$\sum Y = 0 \quad N_1 - P_{\min}\sin\alpha - Q\cos\alpha = 0 \tag{b}$$

又

$$F_{1\max} = f_s \cdot N_1 \tag{c}$$

将式(a)、(b)、(c)联立求解,可得

$$P_{\min} = \frac{\sin\alpha - f_s\cos\alpha}{\cos\alpha + f_s\sin\alpha}Q$$

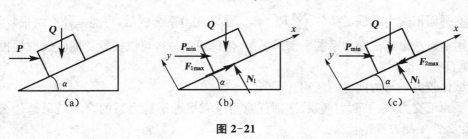

图 2-21

(2) 防止物块上滑

对物块做受力分析,参见图 2-21(c)。列写平衡方程如下:

$$\sum X = 0 \quad P_{\max}\cos\alpha - F_{2\max} - Q\sin\alpha = 0 \tag{d}$$

$$\sum Y = 0 \quad N_2 - P_{\max}\sin\alpha - Q\cos\alpha = 0 \tag{e}$$

又

$$F_{2\max} = f_s \cdot N_2 \tag{f}$$

同理可解得

$$P_{\max} = \frac{\sin\alpha + f_s\cos\alpha}{\cos\alpha - f_s\sin\alpha}Q$$

综合上述两种情况,物块在斜面上要维持平衡状态,水平推力的取值范围是

$$\frac{\sin\alpha - f_s\cos\alpha}{\cos\alpha + f_s\sin\alpha}Q \leqslant P \leqslant \frac{\sin\alpha + f_s\cos\alpha}{\cos\alpha - f_s\sin\alpha}Q$$

小 结

1. 平面汇交力系简化的结果是一合力。合力作用于力系的汇交点。确定合力大小和方向的解析法是:由合力投影定理求合力在两个相互垂直的坐标轴的投影,然后求合力的大小和方向。

2. 平面汇交力系的平衡条件是力系的合力为零,在应用平衡条件解题时需要假定未知力的指向,通过求解平衡方程得到未知力的大小,并根据所得的未知力的正负来判定假定的力的方向是否与实际的相同。

3. 力偶与力都是物体间相互的机械作用,力偶的作用效果是改变物体的转动状态,无合

力,只能用力偶来平衡。

4. 平面任意力系向一点 O 简化的一般结果是一个力和一个力偶,此力矢量等于平面任意力系中各力的矢量和,称为主矢;此力偶的矩等于平面任意力系中各力对简化中心之矩的代数和,称为主矩。主矢与简化中心位置无关,主矩一般与简化中心位置有关。

5. 平面任意力系有三个平衡方程,可以求解三个未知量;二矩式、三矩式的平衡方程应用是有附加条件的。

6. 静滑动摩擦力的方向与接触面间相对滑动趋势方向相反,其大小由平衡方向决定。物体运动时,接触面产生动滑动摩擦力,其方向与相对滑动的方向相反。

思考题

1. 某平面汇交力系满足条件 $\sum F_x = 0$,试问此力系合成后,可能是什么结果?

2. 用解析法求解汇交力系的平衡问题时,坐标原点是否可以任意选取?选取的投影轴是否必须垂直?为什么?

3. 试比较力矩与力偶矩的区别。

4. 平面汇交力系、平面力偶系、平面任意力系和平面平行力系的合成结果是什么?平衡条件是什么?平衡方程是什么?

5. 某平面力系向 AB 两点简化的主矩皆为零,此力系简化的最终结果可能是一个力吗?可能是一个力偶吗?可能平衡吗?

6. 平面汇交力系向汇交点处一点简化,其结果可能是一力吗?可能是个力偶吗?可能是一个力加一个力偶吗?

习 题

2-1 在刚体的 A 点作用有四个平面汇交力。其中 $F_1 = 2\,\text{kN}$,$F_2 = 3\,\text{kN}$,$F_3 = 1\,\text{kN}$,$F_4 = 2.5\,\text{kN}$,方向如题2-1图所示。用解析法求该力系的合成结果。

2-2 已知梁 AB 上作用一力偶,力偶矩为 M,梁长为 l,梁重不计。求在题2-2图中(a)、(b)、(c)三种情况下支座 A 和 B 的约束力。

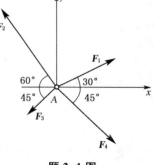

题 2-1 图

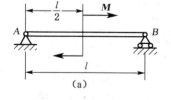
(a)

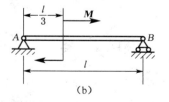
(b)

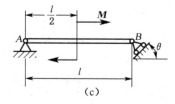
(c)

题 2-2 图

2-3 试计算题2-3图中力 P 对点 O 的矩。

2-4 如题2-4图所示,刚架上作用力 F。分别计算力 F 对点 A 和 B 的力矩。

2-5 力系如题2-5图所示。已知 $F_1 = 100\,\text{N}$,$F_2 = 50\,\text{N}$,$F_3 = 50\,\text{N}$,求力系的合力。

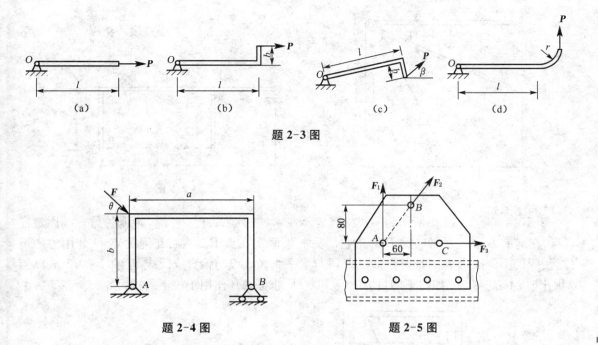

题 2-3 图

题 2-4 图   题 2-5 图

2-6 支架由杆 AB、AC 构成，A、B、C 三处均为铰接，在 A 点悬挂重 W 的重物，杆的自重不计。求题 2-6 图(a)、(b) 两种情形下杆 AB、AC 所受的力，并说明它们是拉力还是压力。

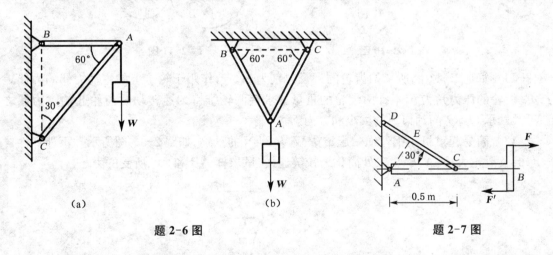

题 2-6 图   题 2-7 图

2-7 不计重量的水平杆 AB，受到固定铰支座 A 和连杆 DC 的约束，如题 2-7 图所示。在杆 AB 的 B 端有一力偶 (F, F') 作用，其力偶矩的大小为 $M = 100\,\text{N}\cdot\text{m}$。求固定铰支座 A 的反力 F_A 和连杆 DC 的反力 F_{DC}。

2-8 物体重 $P = 20\,\text{kN}$，用绳子挂在支架的滑轮 B 上，绳子的另一端接在绞 D 上，如题 2-8 图所示。转动绞，物体便能升起。设滑轮的大小、AB 与 CB 杆自重及摩擦略去不计，A、B、C 三处均为铰链连接。当物体处于平衡状态时，求拉杆 AB 和支杆 CB 所受的力。

2-9 在题 2-9 图所示结构中，各构件自重略去不计，在构件 BC 上作用一力偶矩为 M 的力偶，尺寸如图。求支座 A 的约束力。

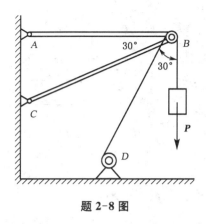

题 2-8 图

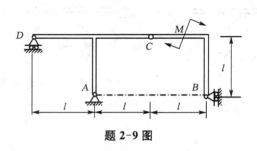

题 2-9 图

2-10 如题 2-10 图所示为一拔桩装置。在木桩的点 A 上系一绳,将绳的另一端固定在 C 点,在绳的 B 点处系另一绳 BE,将它的另一端固定在点 E。然后在绳的点 D 处用力向下拉,使绳的 BD 段水平,AB 段铅直,DE 段与水平线、CB 段与铅直线间成等角 $\theta = 0.1\,\text{rad}$(当 θ 很小时,$\tan\theta \approx \theta$)。如向下的拉力 $F = 800\,\text{N}$,求绳 AB 作用于桩上的拉力。

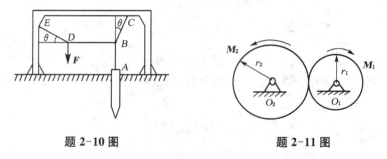

题 2-10 图   题 2-11 图

2-11 如题 2-11 图所示两齿轮的半径分别为 r_1、r_2,作用于轮 Ⅰ 上的主动力偶的力偶矩为 M_1,齿轮的压力角为 θ,不计两齿轮的重量。求使两轮维持匀速转动时齿轮 Ⅱ 的主力偶之矩 M_2 及轴承 O_1、O_2 的约束力的大小和方向。

2-12 简易起重机用钢丝绳吊起重量 $W = 2\,\text{kN}$ 的重物,如题 2-12 图所示。不计杆件自重、摩擦及滑轮大小,A、B、C 三处简化为铰链连接,试求杆 AB 和 AC 所受的力。

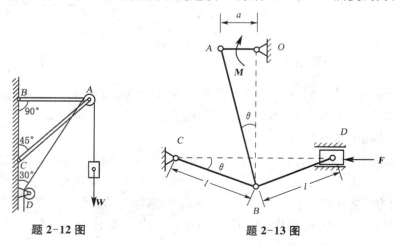

题 2-12 图   题 2-13 图

2-13 在题 2-13 图机构中,曲柄上作用一力偶,其矩为 M,另在滑块 D 上作用水平力 F,尺寸如图,各构件自重忽略不计,求当机构平衡时,力 F 与力偶 M 的关系。

2-14 铰接四连杆机构 $CABD$ 的 CD 边固定,如题 2-14 图所示,在铰链 A 上作用一力 F_A,在铰链 B 上作用一力 F_B。杆重不计,当 AB 杆在图示平衡位置时,求力 F_A 与 F_B 的关系。

2-15 铰链四连杆机构 $OABO_1$ 在题 2-15 图位置平衡。已知 $OA=0.4\ \text{m}$,$O_1B=0.6\ \text{m}$,作用在 OA 上的力偶矩 $M_1=1\ \text{N·m}$。试求力偶矩 M_2 的大小及 AB 杆所受的力 S。不计摩擦和各杆的重量。

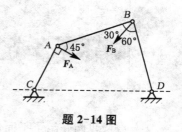

题 2-14 图

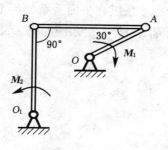

题 2-15 图

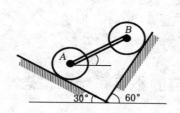

题 2-16 图

2-16 用 AB 杆在轮心铰接的两均质圆轮 A、B,分别放在两个相交的光滑斜面上,如题 2-16 图所示。不计 AB 杆的自重:(1)设两轮重量相等,求平衡时的 α 角;(2)已知 A 轮重 G_A,平衡时,欲使 $\alpha=0°$ 的 B 轮的重量。

2-17 如题 2-17 图所示,正方形匀质平板的重量为 18 kN,其重心为 O 点。平板由三根绳子悬挂于 A、B、C 三点并保持水平。试求各绳所受的拉力。

2-18 如题 2-18 图所示均质木箱重 $P=5\ \text{kN}$,其与地面间的静摩擦因子 $f=0.4$,图中 $h=2\ \text{m}$,$a=1\ \text{m}$,$\alpha=30°$。求:(1) 当 D 处的 $F=1\ \text{kN}$,木箱是否平衡?(2) 为使木箱保持平衡的最大拉力 F。

2-19 如题 2-19 图所示,重 $P=10\ \text{kN}$ 的滚子,半径 $R=0.5\ \text{m}$,静放在水平面上,滚子和水平面间的 $f_s=0.15$,滚动摩擦阻力因子为 $\delta=0.5$。求:使滚子滑动或滚动的水平力 F 的大小。

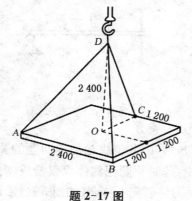

题 2-17 图

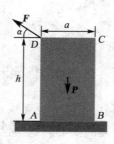

题 2-18 图

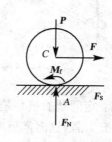

题 2-19 图

3 刚体系统在平面力系作用下的平衡

上一章我们介绍了平面任意力系及其平衡问题,其中主要以单个刚体为分析对象,而工程实际中遇到的基本上都是刚体系统,因此分析一个刚体系统在平面力系作用下的平衡问题具有实际工程意义。这一章主要讨论两个问题:一是静定与静不定系统的概念;二是如何分析和解决静定与静不定系统的平衡问题。

3.1 静定与静不定系统的概念

我们分析刚体的平衡问题,总是要分析刚体所受到的约束,约束形式不同,约束反力的个数和形式也不相同。一般来讲,约束反力是未知力,它们的大小和方向要利用力的平衡方程求解。第 2 章中已经知道,平面任意力系的平衡方程只有三个,不管是一矩式、二矩式还是三矩式,都是如此。但是,在工程实际中,出于安全和可靠性方面的考虑,对某些构件往往会增加约束,使得未知力的个数超过平衡方程个数;另一方面,刚体系统本身由于构件个数多,整个系统的约束也多,同样可能造成未知的约束反力的个数超过平衡方程个数的情况,因为对整个刚体系统来讲,我们已经知道,只要受到的力是平面力系,其平衡方程的个数最多是三个。

我们把未知力的个数等于平衡方程个数的情况称为**静定问题**;把未知力的个数多于平衡方程个数的情况称为**超静定问题**或**静不定问题**。未知力的个数比平衡方程多一个称为一度静不定,多两个称为二度静不定,以此类推,我们将未知力多于平衡方程的个数称为**静不定度**。

例如,图 3-1 中,图(a)、(b)为一度静不定,图(c)为二度静不定。

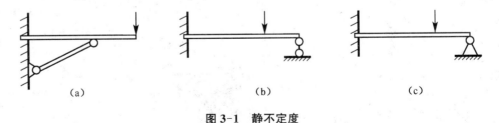

图 3-1 静不定度

超静定问题的核心是仅仅利用平衡方程无法求得未知力,因此解决超静定问题的关键是寻求补充方程,这时需要考虑物体的变形问题。也就是说,此时不能把物体仅仅看成刚体,利用物体变形的几何和物理关系增加补充方程,这将是材料力学研究的范畴,如图 3-1(b)、(c)。理论力学所研究的超静定问题与材料力学研究有本质区别,比如,对于一个物体系统,有时从表面上看是超静定问题,如果我们将单个构件从整个系统中分离出来分析时,可以利用其中某个或某些构件的静定关系求出某个或某些未知力,再利用作用力和反作用力的关系求得其他未知力,因此,这属于结构系统的静不定,如图 3-1(a)。这就是下面要讨论的问题。

3.2 刚体系统在平面力系作用下的平衡

在工程实际的平衡问题中,还会遇到由多个物体所组成的系统的平衡问题。一个系统的平衡,是指组成该系统的每一个物体都平衡。凡系统外任何物体作用于该系统的力,称为物系的外力;系统内各物体之间的相互作用力,称为该物系的内力。由于系统的内力总是成对地分别作用于系统内两个相联系的物体上,在研究整个系统的平衡时,它们在整个系统的平衡方程中互相抵消,所以这些内力可不必考虑。若需求内力时,则必须取出相应的物体,单独画出受力图并列出它的平衡方程,这样才能把内力求出。

取分离体时,应当看清楚系统内是否有二力构件存在,因对二力构件可不必列平衡方程,也不必作受力图,这样就可简化解题过程。

在研究物系的平衡问题时,首先应判断该系统是否是静定的。一个系统是否静定由下述原则判断:设系统由 n 个物体组成,每个物体受平面一般力系作用,可以引出一组含有三个独立平衡方程的方程组,故系统的独立平衡方程总数为 $3n$ 个。若未知量数目为 m 个,当 $m \leqslant 3n$ 时,系统是静定的,反之,系统是静不定的。若 $m-3n=k$,则称问题为 k 次静不定问题。如果作用在物体上的力系是特殊力系,如平面汇交力系、平面力偶系时,平衡方程的数目则要相应减少。求解物体系统的平衡问题技巧性较大,不同的解法,其繁简程度也不一样。

现将解决静力学问题的一般步骤和注意点简述如下。

1) 根据题意选择研究对象

这是很关键的一步,研究对象选得恰当,解题就能简捷、顺利。如果整个系统的未知约束反力不超过三个,或者虽然超过三个,但考虑整体平衡可以求出某些未知力时,则先以整体为研究对象。若整个系统的未知约束反力超过三个,而且必须将系统拆开才能求出全部未知约束反力时,则一般先以受力最简单的单个刚体或某部分分离体作为研究对象。注意:该研究对象应既有未知力又有已知力作用,且其未知力不应超过三个。

2) 受力分析,画受力图

在受力分析时应注意区分内力与外力,对整体是内力,但对分离体则可能是外力。画受力图时应在研究对象上画出所有的主动力,再在所有解除约束的地方,根据约束反力及主动力的特点,画出相应的约束反力。

3) 建立合适的坐标,选用合适的平衡方程

根据受力图的具体特点,建立合适的坐标,灵活选用平衡方程的形式,尽可能让方程中所含的未知量最少,使其简单易解。

4) 求解并验算

根据平衡方程计算出所有未知量后,还要进行必要的验算和讨论,以便及时发现错误。

【例 3-1】 如图 3-2(a)所示,梁 AB 和 BC 在 B 点铰接,C 为固定端,已知 $m = 20 \text{ kN·m}$,$q = 15 \text{ kN/m}$,试求 A、C 的约束反力和 B 铰的受力。

【解】 分析:对于整个系统,A 为活动铰支座,有一个沿铅垂方向的约束反力;而 C 处是固定端约束,有三个约束反力。因此共有四个约束反力,而平衡方程只有三个,这是一度静不定问题。直接利用整个系统的平衡将无法求解。但是如果我们将梁 AB 和 BC 在 B 点拆开,根据铰链约束,它们之间将有两对作用力和反作用力。此时对于梁 AB,只有三个约束反力,属于静定问题,可以求得 A 和 B 的约束反力。对于 BC 梁,利用 AB 梁的结果,B 处的反力可求,也成了静定问题,于是问题得到解决。

下面给出具体的计算:

(1) AB 梁

对 AB 梁做受力分析,见图 3-2(b),假设 A 的反力为 $\boldsymbol{R}_A$,$\boldsymbol{R}_B$ 和 $\boldsymbol{H}_B$ 为 B 的垂直和水平反力。列出平衡方程为

$$\sum X = 0 \qquad H_A = 0 \tag{a}$$

$$\sum m_A = 0 \qquad R_B \times 3 - q \times 2 \times 2 = 0 \tag{b}$$

$$\sum Y = 0 \qquad R_A + R_B - q \times 2 = 0 \tag{c}$$

由式(b)可得

$$R_B = 20 \text{ kN}$$

代入式(c),可得

$$R_A = 10 \text{ kN}$$

(2) BC 梁

对 BC 梁做受力分析,见图 3-2(c),假设 C 的垂直和水平反力为 $\boldsymbol{R}_C$ 和 $\boldsymbol{H}_C$,约束力矩为 $\boldsymbol{M}_C$。列出平衡方程为

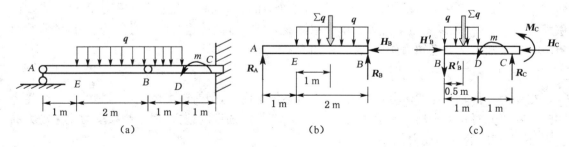

图 3-2

$$\sum X = 0 \qquad H_C = 0 \tag{d}$$

$$\sum m_C = 0 \qquad M_C + m + R'_B \times 2 + q \times 1 \times 1.5 = 0 \tag{e}$$

$$\sum Y = 0 \qquad R_C - R'_B - q \times 1 = 0 \tag{f}$$

其中 $\boldsymbol{R}'_B = -\boldsymbol{R}_B$

由式(e),可得 $M_C = -82.5 \text{ kN} \cdot \text{m}$

由式(f),可得 $R_C = 35 \text{ kN}$

【例 3-2】 如图 3-3(a)所示结构系统,由 AB、BC 与 CO 三个构件组成。O 处有一滑轮,一重量为 12 kN 的物块由绳索悬挂绕过滑轮水平系于墙上 E 点,A 为固定铰支座,B 为活动铰支座,C、D 和 O 均为圆柱铰链。已知 $AD = BD = l_1 = 2 \text{ m}$,$CD = DO = l_2 = 1.5 \text{ m}$。若不计杆件和滑轮的重量,求支座反力与 BC 杆的内力。

【解】 先进行整体分析,A 为固定铰支座,有两个约束反力;B 为活动铰支座,有一个约束反力;E 为绳索约束,有一个约束反力。共四个约束反力,为超静定问题,无法直接求解。

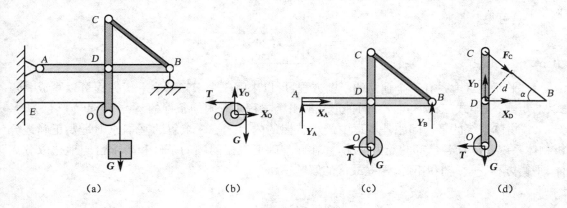

图 3-3

将滑轮分离出来,受力如图 3-3(b)。由

$$\sum m_O = 0$$

可得 $T = G$ (a)

现在进行整体分析。

将 $\boldsymbol{T}$ 和 $\boldsymbol{G}$ 向 O 点简化,由于二力对 O 点的力矩等值反向,互相抵消,此时,由于绳索拉力已经求得,整体上看只有三个约束反力,为静定系统,参见图 3-3(c)。建立系统的平衡方程如下:

$$\sum m_A(\boldsymbol{F}) = 0 \quad 2l_1 Y_B - l_1 G - l_2 T = 0 \tag{b}$$

$$\sum X = 0 \quad X_A - T = 0 \tag{c}$$

$$\sum Y = 0 \quad Y_A + Y_B - G = 0 \tag{d}$$

由式(a)、(b)可得

$$Y_B = \frac{(l_1 + l_2)G}{2l_1} = 10.5 \text{ kN}$$

由式(c)可得

$$X_A = T = 12 \text{ kN}$$

37

将 Y_B 代入式(d),可得

$$Y_A = G - Y_B = 1.5 \text{ kN}$$

下面求 BC 杆的内力。

取 OC 杆和滑轮组成的系统进行受力分析,参见图 3-3(d),由于 BC 杆为二力杆,因此,BC 杆在 C 点对 OC 杆的作用力 F_C 的方向是确定的,即有

$$\sin\alpha = 3/5, \quad \cos\alpha = 4/5$$

由 $\sum m_D(\boldsymbol{F}) = 0$

有 $Tl_2 + F_C l_1 \sin\alpha = 0$

于是可得 $F_C = -15 \text{ kN}$

小 结

1. 平面任意力系有三个独立的平衡方程,可以求解三个未知量。平衡方程可以写成一矩式、二矩式、三矩式三种形式。后两种形式的平衡方程是附加条件的。

2. 物体系统的平衡问题是本章中最难掌握的内容之一。求解的基本原则是要正确地分析物体系统整体和各局部的受力情况,并在此基础上根据问题的条件和要求恰当地选取分离体、平衡方程、投影轴和矩心,建立最优的解题思路。

习 题

3-1 重物悬挂如题 3-1 图所示,已知 $G = 1.8$ kN,其他重量不计,求铰链 A 的约束反力和杆 BC 所受的力。

3-2 三根等长同重均质杆(重 W)如题 3-2 图所示在铅垂面内以铰链和绳 EF 构成正方形。已知 E、F 是 AB、BC 的中点,求绳 EF 的张力。

3-3 如题 3-3 图所示三铰拱在左半部分受到均布力 q 作用,A、B、C 三点都是铰链。已知每个半拱重 $W = 300$ kN, $a = 16$ m, $e = 4$ m, $q = 10$ kN/m,求支座 A、B 的约束力。

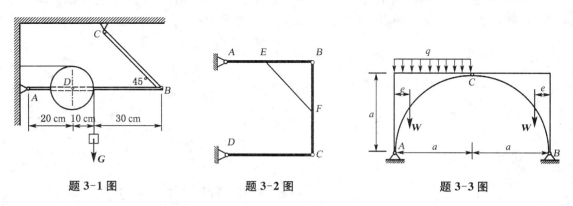

题 3-1 图　　　　题 3-2 图　　　　题 3-3 图

3-4 由 AC 和 CD 构成的组合梁通过铰链 C 连接。它的支承和受力如题 3-4 图所示。已知 $q = 10$ kN/m, $M = 40$ kN·m,不计梁的自重。求支座 A、B、D 的约束力和铰链 C 受力。

3-5 如题 3-5 图所示刚架中, $q = 3$ kN/m, $F = 6\sqrt{2}$ kN, $M = 10$ kN·m,不计刚架的自

重。求固定端 A 的约束力。

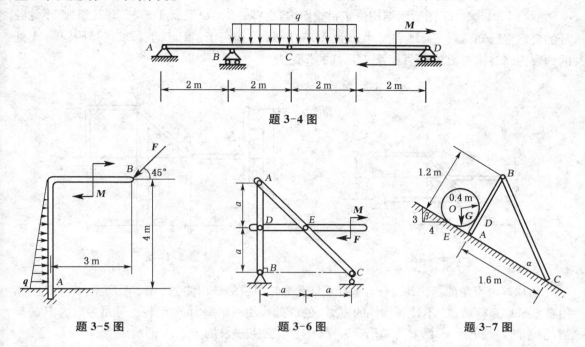

题 3-4 图

题 3-5 图

题 3-6 图

题 3-7 图

3-6 构架由 AB、AC 和 DF 铰接组成,如题 3-6 图所示,在杆 DEF 上作用一力偶矩为 M 的力偶。各杆重力不计,求杆 AB 上铰链 A、D 和 B 受力。

3-7 圆柱 O 重 G = 1 000 N 放在斜面上用撑架支承如题 3-7 图所示,不计架重,求铰链 A、B、C 处反力。

3-8 如题 3-8 图所示轧碎机的活动颚板 AB 长 60 cm。设机构工作时石块施于板的合力作用在离点 A 点 40 cm 处,其垂直分力 P=1 000 N。杆 BC、CD 各长 60 cm,OE 长 10 cm。略去各杆重量,试根据平衡条件计算在图示位置时电机作用力矩 M 的大小。图中尺寸单位为 cm。

3-9 三角形平板 A 点铰链支座,销钉 C 固结在杆 DE 上,并与滑道光滑接触。已知 F = 100 N,各杆件重量略去不计,试求铰链支座 A 和 D 的约束反力。

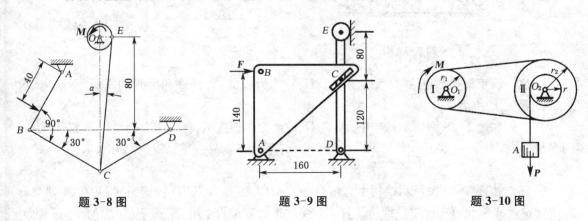

题 3-8 图

题 3-9 图

题 3-10 图

3-10 如题 3-10 图所示传动机构,皮带轮Ⅰ、Ⅱ的半径各为 r_1、r_2,鼓轮半径为 r,物体 A 重力

为 P，两轮的重心均位于转轴上。求匀速提升物 A 时在 I 轮上所需施加的力偶矩 M 的大小。

3-11 如题 3-11 图所示结构位于铅垂面内，由杆 AB、CD 及斜 T 形杆 BCE 组成，不计各杆的自重。已知荷载 F_1、F_2 和尺寸 a，且 $M = F_1 a$，F_2 作用于销钉 B 上。求：(1) 固定端 A 处的约束力；(2) 销钉 B 对杆 AB 及 T 形杆的作用力。

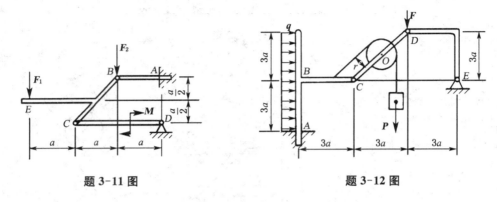

题 3-11 图   题 3-12 图

3-12 由直角曲杆 ABC、DE，直杆 CD 及滑轮组成的结构如题 3-12 图所示，杆 AB 上作用有水平均布荷载 q。不计各构件的重力，在 D 处作用一铅垂力 F，滑轮上悬吊一重为 P 的重物，滑轮的半径 $r = a$，且 $P = 2F$，$CO = OD$。求支座 E 及固定端 A 的约束力。

3-13 如题 3-13 图所示活动梯子置于光滑水平面上，并在铅垂面内，梯子两部分 AC 和 AB 各重为 Q，重心在中点，彼此用铰链 A 和绳子 DE 连接。一人重为 P 立于 F 处，试求绳子 DE 的拉力和 B、C 两点的约束力。

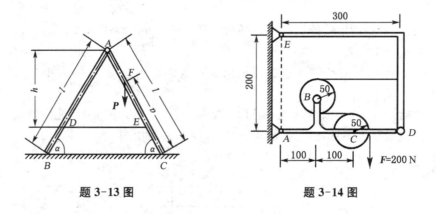

题 3-13 图   题 3-14 图

3-14 承重框架如题 3-14 图所示，A、D、E 均为铰链，各杆件和滑轮的重量不计。试求 A、D、E 点的约束力。

3-15 如题 3-15 图所示构架中，A、C、D、E 处为铰链连接，杆 BD 上的销钉 B 置于杆 AC 的光滑槽内，力 $F = 200$ N，力偶 $M = 100$ N·m，不计各构件自重，各尺寸如图，求 A、B、C 处各力。

3-16 如题 3-16 图所示结构由直角弯杆 DAB 与直杆 BC、CD 铰链而成，并在 A 处与 B 处用固定铰支座和可动铰支座固定。杆 DC 受均布荷载 q 的作用，杆 BC 受矩为 $M = qa^2$ 的力偶作用。不计各构件的自重。求铰链 D 的受力。

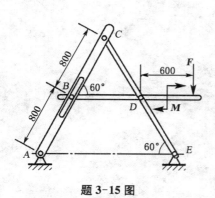
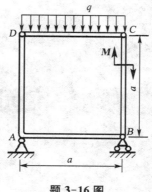

题 3-15 图　　　　　　　题 3-16 图

3-17　如题 3-17 图所示挖掘机计算简图，挖斗荷载 $P=12.25$ kN，作用于 G 点，尺寸如图。不计各构件自重，求在图示位置平衡时杆 EF 和 AD 所受的力。

3-18　平面桁架的支座和荷载如题 3-18 图所示，ABC 为等边三角形，$AD=BD$，不计各杆自重，求 CD 杆的内力 F。

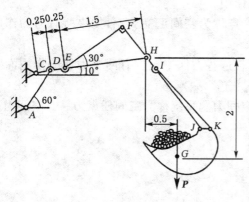
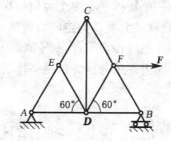

题 3-17 图　　　　　　　题 3-18 图

3-19　三杆 AC、BD、CD 如题 3-19 图所示铰接，三杆均不计重力，B 处为光滑接触，$ABCD$ 为正方形，在 CD 杆距 C 三分之一处作用一垂直力 P，求铰链 E 处所受的力。

3-20　平面桁架的支座和荷载如题 3-20 图所示，求杆 1、2 和 3 的内力。

3-21　利用截面法求出题 3-21 图中杆 1、4、8 的内力。

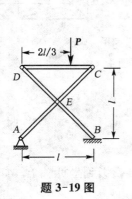
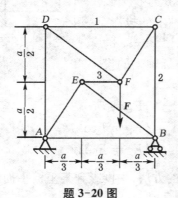
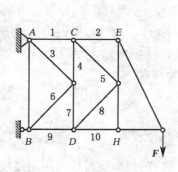

题 3-19 图　　　题 3-20 图　　　题 3-21 图

4 空间力系

4.1 空间力系的概念

工程实际中,刚体的受力除了平面力系外,如果作用于物体上的力的作用线以及力偶的作用面不都在一个平面上,则属于空间力系的作用。

如果空间力系中各个力的作用线交于一点称为**空间汇交力系**,如果所有力的作用线相互平行则称为**空间平行力系**。

如果一个物体受到多个力偶的作用,而且这些力偶中至少有两个力偶的作用面不在一个平面上,则称该力偶系为**空间力偶系**。

力的作用线在空间任意分布的力系和空间力偶系统称为**空间任意力系**。空间力系的分析方法与平面力系的分析方法是一样的。

4.2 力在直角坐标轴上的投影

在研究平面力系的时候,我们根据力的平行四边形法则讨论了力的投影定理,力的投影定理是研究力系平衡时的一个方便而重要的方法。对于空间力系,我们可以将力的投影定理扩大到三维空间,即力在笛卡儿直角坐标轴上的投影。如图 4-1(a)所示,假设力 F 与坐标轴 x、y、z 的夹角分别为 α、β 和 γ,则力在三个坐标轴上的投影分别为

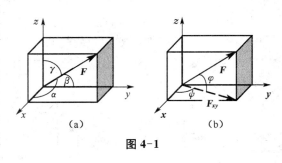

图 4-1

$$\begin{cases} F_x = F\cos\alpha \\ F_y = F\cos\beta \\ F_z = F\cos\gamma \end{cases} \tag{4-1}$$

力的投影还可以采用间接投影的方法,先投影到某坐标平面后再投影到坐标轴上。如图

4-1(b)所示,假设已知力 $\boldsymbol{F}$ 与坐标平面 xOy 的夹角为 φ,我们可以将该力先投影到 xOy 平面,得到 F_{xy},再利用 F_{xy} 与 x 轴夹角 ψ 将其投影到 x、y 轴上,至于 z 轴的投影可以直接将该力投影到 z 轴上。于是投影结果为

$$\begin{cases} F_x = F\cos\varphi\cos\psi \\ F_y = F\cos\varphi\sin\psi \\ F_z = F\sin\varphi \end{cases} \tag{4-2}$$

力的三个投影值实际上就是力矢量矩阵表示的三个分量,即

$$\boldsymbol{F} = \begin{pmatrix} F_x & F_y & F_z \end{pmatrix}^{\mathrm{T}} \tag{4-3}$$

显然,力的大小为

$$F = \sqrt{F_x^2 + F_y^2 + F_z^2} \tag{4-4}$$

4.3 力对轴之矩

平面问题中,我们讨论了力对点之矩,现在研究空间问题。推门和关门的经验大家都有,推门施加推力,关门施加拉力,门将绕一根铅垂轴转动。参见图 4-2。假设推力或拉力 $\boldsymbol{F}$ 的方向是任意的,我们以门的转动轴为参考基的 z 轴,过该力的作用点建立一个坐标平面得到 x 轴和 y 轴。显然,根据力的投影定理,力 $\boldsymbol{F}$ 可经过投影得到三个投影值,分别为 F_x、F_y 和 F_z。由图中可以看出,由于 F_y 和 F_z 的作用线与 z 轴相交或平行,这两个分力不能对门产生转动效应,因为它们对门轴的矩为零,这样,$\boldsymbol{F}$ 对门轴的矩只有分力 F_x 对 z 轴的矩,该矩实际上就是分力 F_x 在坐标平面 xOy 上对 z 轴垂足点的矩,其大小为

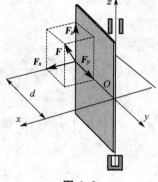

图 4-2

$$m_z(\boldsymbol{F}) = m_O(F_x) = F_x \cdot d \tag{4-5}$$

这里,d 为力 $\boldsymbol{F}$ 的作用点到 O 点的距离。这种情况下力对轴之矩转化为力对点之矩。

下面讨论更一般的情况,如图 4-3 所示,假设力 $\boldsymbol{F}$ 在坐标平面 xOy 上的投影为 F_{xy},此时 O 点为 z 轴在坐标平面 xOy 上的垂足,一般情况下,F_{xy} 不一定过 O 点,因此,F_{xy} 对 z 轴的矩为分力 F_x 和 F_y 对 z 轴矩的和,即

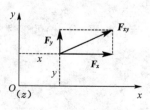

图 4-3

$$m_z(\boldsymbol{F}) = m_z(F_{xy}) = xF_y - yF_x$$

同理,可得 $\boldsymbol{F}$ 对 x 轴和 y 轴之矩。该力对三个坐标轴的矩为

$$\begin{cases} m_x(\boldsymbol{F}) = yF_z - zF_y \\ m_y(\boldsymbol{F}) = zF_x - xF_z \\ m_z(\boldsymbol{F}) = xF_y - yF_x \end{cases} \tag{4-6}$$

由上面的讨论可以看出,力对轴之矩可以转化为力对点之矩,比如 F 对 z 轴的矩转化为在坐标平面 xOy 上对垂足 O 的矩。反之,力对点之矩也可以转化为力对轴之矩。在平面力系的分析中,我们讨论了平面上力对点之矩,对于空间任意方向的力 F 对任意点 O 的矩,可以利用上面的结论。如图 4-4 所示,过点 O 建立参考基,假设力的作用点 A 在参考基中的位置向径为 r,将该力和该向径分别投影到各个基平面上,如同前面的分析,我们立即可以得到力 F 对 O 的矩在各个基平面上的分量为

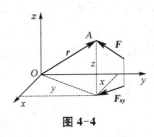

图 4-4

$$\begin{cases} m_{Ox}(\boldsymbol{F}) = yF_z - zF_y \\ m_{Oy}(\boldsymbol{F}) = zF_x - xF_z \\ m_{Oz}(\boldsymbol{F}) = xF_y - yF_x \end{cases} \tag{4-7}$$

上述结果可以用矢量的叉积表示为

$$\boldsymbol{m}_O(\boldsymbol{F}) = \boldsymbol{r} \times \boldsymbol{F} \tag{4-8}$$

该运算采用矩阵表示则为

$$\boldsymbol{m}_O = \tilde{\boldsymbol{r}} \boldsymbol{F} = \begin{pmatrix} 0 & -z & y \\ z & 0 & -x \\ -y & x & 0 \end{pmatrix} \begin{pmatrix} F_x \\ F_y \\ F_z \end{pmatrix} = \begin{pmatrix} yF_z - zF_y \\ zF_x - xF_z \\ xF_y - yF_x \end{pmatrix} \tag{4-9}$$

上述结果与第 1 章对力矩概念作介绍时所讨论的完全一致。

4.4 空间力系的平衡方程

空间力系同样可以简化为一个主矢和一个主矩,根据静力平衡条件,物体受空间力系作用的平衡条件也应该是主矢和主矩均等于零,即必须满足

$$\boldsymbol{R} = \sum \boldsymbol{F} = 0, \qquad \sum \boldsymbol{m}_O(\boldsymbol{F}) = 0$$

写作投影(分量)的形式为

$$\begin{cases} \sum F_x = 0 \\ \sum F_y = 0 \\ \sum F_z = 0 \\ \sum m_x(\boldsymbol{F}) = 0 \\ \sum m_y(\boldsymbol{F}) = 0 \\ \sum m_z(\boldsymbol{F}) = 0 \end{cases} \tag{4-10}$$

以上六个方程即为空间任意力系的平衡方程,显然,通过该方程可以求得六个未知量。如

果未知力的个数超过六个则为静不定问题。

【例 4-1】 如图 4-5 所示为某水轮机涡轮转动轴,已知大锥齿轮 D 上承受的啮合反力可以分解为圆周力 F_t、轴向力 F_a 和径向力 F_r,且它们的大小比为 $F_t : F_a : F_r = 1 : 0.32 : 0.17$,外力偶矩为 $M_Z = 1.2\,\mathrm{kN \cdot m}$,转动轴及其附件总重量为 $G = 12\,\mathrm{kN}$,锥齿轮的平均半径为 $DE = r = 0.6\,\mathrm{m}$,其余尺寸如图 4-5(a)所示,试求两轴承处的约束反力。

【解】 由于空间问题比较复杂,解题的思路是先建立惯性参考基,将所有力分解到三个基矢量方向,考察是否静不定问题,再利用六个力的平衡方程或建立补充方程求解。

如图 4-5(b)所示,将两个轴承处的约束反力进行分解,A 视为固定铰支座,B 视为圆柱铰,因此,共有八个未知力,它们分别为 F_{Ax}、F_{Ay}、F_{Az}、F_{Bx}、F_{By}、F_t、F_r 和 F_a。但由于大锥齿轮 D 上承受的啮合反力三个分力存在比例关系,相当于补充了两个方程,于是可以建立力的平衡方程如下:

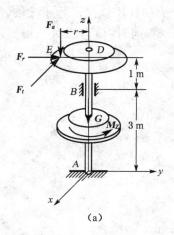
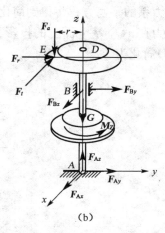

(a)　　　　　　　　　　　(b)

图 4-5

$$\sum X = 0 \quad F_{Ax} + F_{Bx} - F_t = 0 \tag{a}$$

$$\sum Y = 0 \quad F_{Ay} + F_{By} + F_r = 0 \tag{b}$$

$$\sum Z = 0 \quad F_{Az} - F_a - G = 0 \tag{c}$$

$$\sum M_x = 0 \quad F_a \times 0.6 - F_r \times 4 - F_{By} \times 3 = 0 \tag{d}$$

$$\sum M_y = 0 \quad F_{Bx} \times 3 - F_t \times 4 = 0 \tag{e}$$

$$\sum M_z = 0 \quad M_Z - F_t \times 0.6 = 0 \tag{f}$$

$$F_t : F_a : F_r = 1 : 0.32 : 0.17 \tag{g}$$

由式(f),解得

$$F_t = 2\,\mathrm{kN}$$

代入式(g),可得

$$F_a = 0.64 \text{ kN}, \qquad F_r = 0.34 \text{ kN}$$

将上述结果代入式(a)~式(e),最后求得

$$F_{Ax} = -0.67 \text{ kN}, \qquad F_{Ay} = -0.015 \text{ kN}, \qquad F_{Az} = 12.64 \text{ kN}$$
$$F_{Bx} = 2.67 \text{ kN}, \qquad F_{By} = -0.325 \text{ kN}$$

4.5 空间平行力系

如果作用于物体上的空间力系中各个力的作用线相互平行,这样的力系称为空间平行力系。空间平行力系的平衡方程将得到简化,假设各个力的作用线均平行于 z 轴,显然,该平行力系中的各个力在 xOy 基平面上的投影值均恒等于零,同时,该力系对 z 轴的矩也恒为零。因此,式(4-10)简化为

$$\begin{cases} \sum F_z = 0 \\ \sum m_x(\boldsymbol{F}) = 0 \\ \sum m_y(\boldsymbol{F}) = 0 \end{cases} \tag{4-11}$$

或记为

$$\begin{cases} \sum Z = 0 \\ \sum m_x(\boldsymbol{F}) = 0 \\ \sum m_y(\boldsymbol{F}) = 0 \end{cases} \tag{4-12}$$

4.6 重心的确定

有了空间平行力系的概念,我们可以利用它来确定物体或物体系统的重心。所谓物体的重心实际上是指物体的质量中心,因为重力是质量与重力加速度的乘积,可见重力的方向始终是垂直向下指向地心。对于质量均匀分布的物体(一般情况下,都假设物体的质量是理想均匀分布的),每单位质量上作用的重力都是相等且方向相同,因此构成了空间平行力系,如图4-6所示。假设该物体的质量中心是 C,显然,刚体上作用的重力 $\boldsymbol{Q}$ 等于各个单位质量上的重力 $\boldsymbol{q}$ 的和,即有 $\boldsymbol{Q} = \sum \boldsymbol{q}$,因为方向都相同,矢量和就是数值和。

下面主要分析重心的位置如何确定。

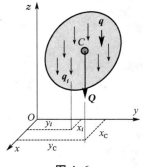

图 4-6

在图 4-6 中,我们利用合力矩定理研究重心位置的确定,即合力对某根轴的力矩等于各个分力对同一根轴的力矩之和,因此存在以下关系:

$$\begin{aligned} m_x(\boldsymbol{Q}) &= \sum m_x(\boldsymbol{q}) \\ m_y(\boldsymbol{Q}) &= \sum m_y(\boldsymbol{q}) \end{aligned} \tag{4-13}$$

因此有

$$\begin{aligned} Q \cdot y_C &= \sum q_i \cdot y_i \\ Q \cdot x_C &= \sum q_i \cdot x_i \end{aligned} \tag{4-14}$$

转动坐标系,同样可以得到

$$Q \cdot z_C = \sum q_i \cdot z_i \tag{4-15}$$

这里,x_C、y_C、z_C 为平行力系中心在参考基中的位置。

于是可以得到确定重心坐标位置的表达式为

$$\begin{cases} x_C = \dfrac{\sum q_i x_i}{Q} \\ y_C = \dfrac{\sum q_i y_i}{Q} \\ z_C = \dfrac{\sum q_i z_i}{Q} \end{cases} \tag{4-16}$$

如果约去公共因子重力加速度,式(4-16)还可以改写为

$$\begin{cases} x_C = \dfrac{\sum m_i x_i}{M} \\ y_C = \dfrac{\sum m_i y_i}{M} \\ z_C = \dfrac{\sum m_i z_i}{M} \end{cases} \tag{4-17}$$

这里,M 为整个刚体的质量,即 $M = \sum m_i$。

如果进一步考虑到材料分布的均匀性,即 $m = \rho V$,这里 ρ 为密度,V 为体积。则式(4-17)还可以改记为

$$\begin{cases} x_C = \dfrac{\sum V_i x_i}{V} \\ y_C = \dfrac{\sum V_i y_i}{V} \\ z_C = \dfrac{\sum V_i z_i}{V} \end{cases} \tag{4-18}$$

如果考虑到物体为等厚（厚度 $=t$）的构件，由于体积与面积的关系是 $V=At$，式(4-18)还可以进一步改写为

$$\begin{cases} x_C = \dfrac{\sum A_i x_i}{A} \\ y_C = \dfrac{\sum A_i y_i}{A} \\ z_C = \dfrac{\sum A_i z_i}{A} \end{cases} \quad (4\text{-}19)$$

由以上分析可以看出，从式(4-16)到式(4-19)都是等价的。采用哪个式子进行重心的确定要根据具体问题进行分析。对于一个物体系统，该系统由多个构件组成，同样可以利用上面得到的公式确定系统的重心，所不同的是：①建立公共参考基；②需要先确定单个物体的重心相对于公共坐标系位置 x_{Ci}、y_{Ci} 和 z_{Ci}；③式(4-16)到式(4-19)右边分式中分子的参数对应单个物体，分母为各个物体对应参数的代数和。

例如，对应式(4-19)，确定物体系统重心的表达式为

$$\begin{cases} x_C = \dfrac{\sum A_i x_{Ci}}{\sum A_i} \\ y_C = \dfrac{\sum A_i y_{Ci}}{\sum A_i} \\ z_C = \dfrac{\sum A_i z_{Ci}}{\sum A_i} \end{cases} \quad (4\text{-}20)$$

对于等厚度匀质构件，式(4-20)也是确定其形心位置的数学描述。

【例4-2】 求如图4-7所示平面图形的形心。

【解】 直接利用式(4-20)计算。该平面图形可以看作由三部分组成：大半圆、小半圆和一个圆，只是这个圆是一圆孔，其面积为负值。

在 O 点建立惯性参考基，由对称性，形心一定在 y 轴上，其在 y 轴上的坐标为

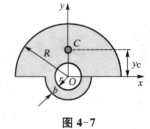

图 4-7

$$y_C = \frac{\sum A_i y_{Ci}}{\sum A_i} = \frac{\dfrac{1}{2}\pi R^2 \times \dfrac{4R}{3\pi} + \dfrac{1}{2}\pi(r+b)^2 \times \left(-\dfrac{4(r+b)}{3\pi}\right) - \pi r^2 \times 0}{\dfrac{1}{2}\pi R^2 + \dfrac{1}{2}\pi(r+b)^2 - \pi r^2}$$

小 结

1. 空间任意力系的简化结果为主矢和主矩。任意力系向任一点简化的一般结果为一个力与一个力偶。此力的大小和方向等于各分力的矢量和，作用线通过简化中心；此力偶的力偶矩等于各分力对简化中心力矩的力矩矢量之和。空间任意力系简化的最终结果有四种情况：

合力,合力偶,力螺旋,平衡。
2. 空间任意力系平衡的充要条件是力系的主矢及对任一点的主矩都等于零。
3. 求解空间力系问题的步骤为:选取研究对象;画受力图;列平衡方程。

思考题

1. 任何一个空间平行力系是否都可由一个力与力偶来等效?
2. 空间任意力系总可以用两个力来平衡,试说明原因。
3. 空间平行力系简化的结果是什么?可能合成为力螺旋吗?
4. 空间力系中各力的作用线平行于某一固定平面时,此力系最多有几个独立的平衡方程? 若各力的作用线分别汇交于两个固定点,此力系最多有几个独立的平衡方程?
5. 一均质等截面直杆的重心在哪里? 若把它变成半圆形,重心的位置是否改变?

习 题

4-1 力系中,$F_1 = 100\,\text{N}, F_2 = 300\,\text{N}, F_3 = 200\,\text{N}$,各力作用线的位置如题 4-1 图所示。试将力系向原点 O 简化。

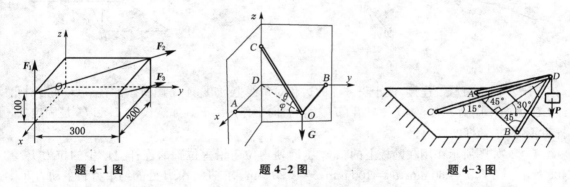

题 4-1 图　　　　　　　　题 4-2 图　　　　　　　　题 4-3 图

4-2 如题 4-2 图所示,有一空间支架固定在相互垂直的墙上。支架由垂直于两墙的铰接二力杆 OA、OB 和钢绳 OC 组成。已知 $\theta = 30°$,$\varphi = 60°$,O 点吊一重量 $G = 1.2\,\text{kN}$ 的重物。试求两杆和钢绳所受的力。图中 O、A、B、D 四点都在同一水平面上,杆和绳的重量忽略不计。

4-3 如题 4-3 图所示,空间构架由三根无重直杆组成,在 D 端用球铰链连接,A、B、C 端用球铰链固定在水平地板上。若挂在 D 端的物 P 重 10 kN,试求铰链 A、B、C 的反力。

4-4 三轮小车自重 $W = 8\,\text{kN}$,作用于点 C,荷载 $F = 10\,\text{kN}$,作用于点 E,如题 4-4 图所示,求小车静止时地面对车轮的反力。

4-5 无重曲杆 $ABCD$ 有两个直角,且平面 ABC 与平面 BCD 垂直。杆的 D 端为球铰支座,另一 A 端受轴承支持,如题 4-5 图所示。在曲杆的 AB、BC 和 CD 上作用三个力偶,力偶所在平面分别垂直于 AB、BC 和 CD 三线段。已知力偶矩 M_2 和 M_3,求使曲杆处于平衡的力偶矩 M_1 和支座反力。

4-6 传动轴如题 4-6 图所示,以 A、B 两轴承支承。圆柱直齿轮的节圆直径 $d = 17.3\,\text{mm}$,压力角 $\alpha = 20°$,在法兰盘上作用一力偶,其力偶矩 $M = 1\,030\,\text{N}\cdot\text{m}$。如轮轴自重和摩擦不计,求传动轴匀速转动时 A、B 两轴承的反力及齿轮所受的啮合力 F。

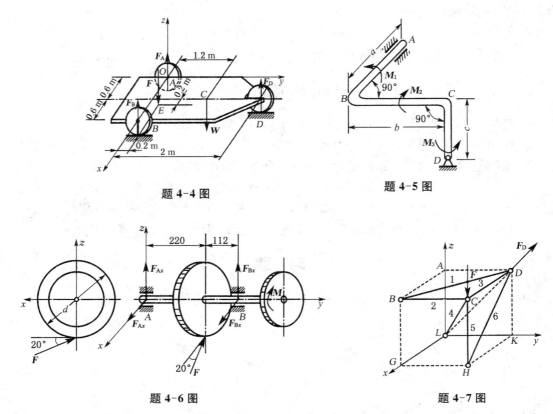

题 4-4 图　　　　题 4-5 图

题 4-6 图　　　　题 4-7 图

4-7　杆系由球铰连接,位于正方体的边和对角线上,如题 4-7 图所示。在节点 D 沿对角线 LD 方向作用力 F_D。在节点 C 沿 CH 边铅直向下作用力 F。如球铰 B、L 和 H 是固定的,杆重不计,求各杆的内力。

4-8　如图所示作用在踏板上的铅垂力 F_1 使得位于铅垂位置的连杆上产生的拉力 $F = 400$ N,$\alpha = 30°$,$a = 60$ mm,$b = 100$ mm,$c = 120$ mm。求轴承 A、B 处的约束力和主动力 F_1。

4-9　如题 4-9 图所示为 Z 形钢的截面,图中尺寸单位为 cm。求 Z 形截面的重心位置。

4-10　试求如题 4-10 图所示均质等厚板的重心位置(图中尺寸单位为 mm)。

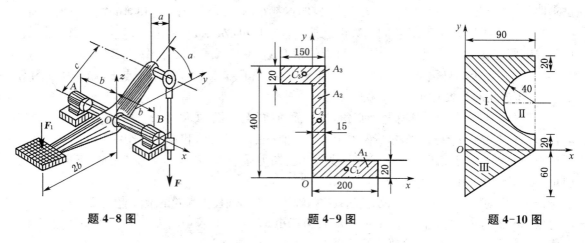

题 4-8 图　　　　题 4-9 图　　　　题 4-10 图

5 轴向拉伸与压缩

5.1 轴向拉伸与压缩的概念

　　轴向拉伸或压缩的构件在工程中是十分常见的,如桁架杆(如图 5-1(a))、千斤顶的螺杆等。这类杆件外力合力的特点是作用线与杆的轴线相重合,其变形主要是轴向伸缩,伴随横向的缩扩,如图 5-1(b)、(c)所示。本章将介绍这类只受轴向拉伸或压缩的直杆的受力和变形等。

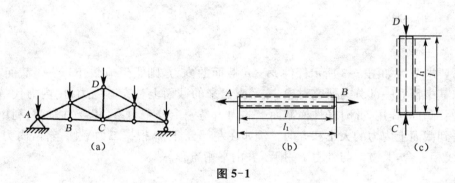

图 5-1

5.2 轴向拉伸或压缩时的应力及强度计算

5.2.1 受轴向拉伸或压缩的内力

　　要分析构件强度、刚度、稳定性等问题,内力的计算是其基础,这里的内力指由外力作用所引起的、物体内相邻部分之间分布内力系的合成(附加内力)。求内力的一般方法是截面法。截面法是先把内力转化为外力,然后利用静力平衡方程计算出内力。用截面法计算内力时要遵循预设为正的原则。下面举例说明该方法的基本内容。

　　如图 5-2(a)所示构件,在外力作用下处于平衡状态。为了显示 $m-m$ 截面上的内力,可

沿截面 $m-m$ 假想地将构件分开成 A、B 两部分，任取其中一部分为研究对象（例如 A 部分），弃去另一部分（例如 B 部分）。要使 A 部分保持原平衡，除了有 F_1、F_2、F_5 作用外，还有 B 部分作用于 A 部分 $m-m$ 截面上的力，如图 5-2(b) 所示。根据作用与反作用定律，A 部分也有大小相等、方向相反的力作用于 B 部分。A、B 两部分之间的相互作用力，就是构件 $m-m$ 截面上的内力。根据连续性假设，内力在截面 $m-m$ 上各点处都存在，故为分布力系。将这个分布力系向截面上某点简化后所得到的主矢和主矩，就称为这个截面上的内力。根据 A 部分的平衡条件，可求得 $m-m$ 截面上的内力值。用截面假想地将构件分成两部分，以显示并确定内力的方法，称为**截面法**。可将其归纳为以下三个步骤：①在要求内力的截面处，沿该截面假想地把构件分成两部分，保留其中任意一部分作为研究对象，弃去另一部分；②将弃去部分对保留部分的作用以内力代替；③建立保留部分的平衡方程，确定未知内力。

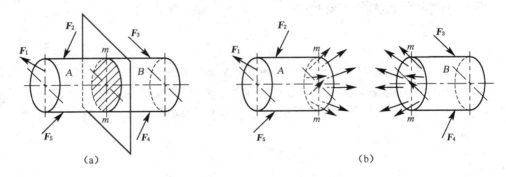

图 5-2

因此，要求受力如图 5-3 所示杆件 $m-m$ 截面的内力，则假想地截开 $m-m$ 截面，杆件一分为二，取其任意一部分为研究对象，在暴露出来的截面上补充其内力，用内力代替舍弃的部分对保留部分的作用，此时杆件横截面上的内力是一个分布力系，其合力为 N，利用平衡条件，即可得到截面上内力的大小和方向。例如在左部分杆上，根据二力平衡条件，内力 N 必然与杆的轴线相重合，其方向与外力 P 相反，并由平衡方程

$$\sum F_x = 0 \qquad N - P = 0$$

可得 $\qquad\qquad\qquad\qquad N = P$

为了使左右两部分同一截面上的轴力，不仅大小相等而且正负符号也相同，联系变形，对轴力的符号作如下规定：使杆产生拉伸变形的轴力 N 与截面外法线同向，为正轴力（拉力），产生压缩变形的轴力 N 与截面外法线反向，为负轴力（压力）。截面法中内力 N 一般画成正轴力与截面外法线同向。

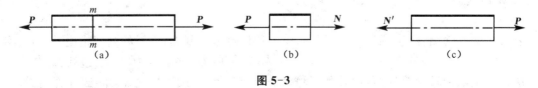

图 5-3

当杆受多个轴向外力时，在不同的杆段内，轴力可能存在不同值的。为了能较直观反映出

轴力与截面位置变化关系,可沿杆轴线方向取一坐标表示横截面的位置,以垂直于杆轴的另一坐标表示轴力。这样得到的这种表示轴力沿轴线方向变化的图线称为**轴力图**。通过轴力图能确定出最大轴力的数值及其所在横截面的位置,即确定危险截面位置,为强度计算提供依据。

【**例 5-1**】 直杆受轴向外力作用如图 5-4(a)所示,试绘制出杆件的轴力图。

【**解**】 (1) 分段 根据杆件的受力情况将该杆分为 AB 和 BC 两段。

(2) 分别计算各段杆的轴力

AB 段:在 AB 段内任意处切开,选取左侧部分为研究对象,设其轴力为拉力,画出其受力图,建立坐标轴 x,如图 5-4(b)所示。

$$\sum F_x = 0, \quad N_1 + 4 = 0, \quad N_1 = -4 \text{ kN}(压)$$

N_1 的计算结果为负值,说明 N_1 的实际方向与所设方向相反,为压力。

BC 段:类似上述做法可画出图 5-4(c)。

$$\sum F_x = 0, \quad -N_2 + 5 = 0, \quad N_2 = 5 \text{ kN}(拉)$$

(3) 绘制轴力图

先画出一条与杆件轴线平行且相等的直线,以该直线为基线,在垂直基线方向分别画出各控制截面的轴力竖标,并逐段连线便绘制出杆件的轴力图,最后对图形进行标注,**标注内容包括标图名、标控制值、标正负号、标单位四个方面**,如图 5-4(d)所示。

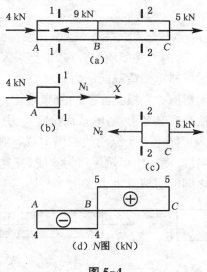

图 5-4

【**例 5-2**】 试求如图 5-5 所示直杆的轴力。已知 $P_1 = 20 \text{ kN}, P_2 = 50 \text{ kN}$。

【**解**】 (1) 求支反力 R 取杆轴为 x 轴,以杆为研究对象,受力如图 5-5(a)所示,由平衡条件

$$\sum F_x = 0 \quad -P_1 + P_2 - R = 0$$

得

$$R = P_2 - P_1 = 50 - 20 = 30 \text{ kN}$$

(2) 计算轴力 根据外力的变化情况，AB 和 BC 段的轴力不同。

AB 段：假想用 1-1 截面将杆截开，取左段为研究对象，设其轴力为拉力，如图 5-5(b)所示，由平衡条件

$$\sum F_x = 0 \quad N_1 - P_1 = 0$$

求得 AB 段的轴力为 $N_1 = P_1 = 20 \text{ kN}$（拉）

BC 段：假想用 2-2 截面将杆截开，一般取受力简单的一段为研究对象，即研究右段，受力如图 5-5(c)所示，图中轴力 N_2 亦设为拉力。由平衡条件

$$\sum F_x = 0 \quad -N_2 - R = 0$$

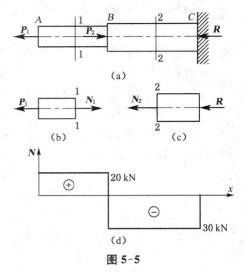

图 5-5

求得 BC 段的轴力为 $N_2 = -R = -30 \text{ kN}$（压）

N_2 的计算结果为负值，说明 N_2 的实际方向与所设的相反，即应为压力。

以上例题说明，当杆承受多个轴向外力时，在不同的杆段内轴力将是不同的。轴力图的特点：突变值=集中荷载，且内力的大小与杆截面的大小无关，与材料无关。

5.2.2 应力

既然内力的大小与杆截面的大小无关，与材料无关，那么内力大小不能衡量构件强度的大小，因为工程构件在大多数情形下，内力并非均匀分布，于是引入应力的概念，即由外力引起的内力集度称为**应力**，能用来衡量材料承受荷载的能力。

要确定应力的大小，必须了解应力在横截面上的分布规律。由于内力与变形之间存在一定的关系，因此通过试验的方法观察其变形规律，从而确定应力的分布规律。

如图 5-6 所示，在杆件的表面画上若干纵向线和横向线，然后进行轴向拉伸，我们看到杆件受力变形后，原先画出的纵向线、横向线仍然保持为直线，并且仍保持为纵向线与杆轴平行、横向线与杆轴垂直，仅是它们之间的距离发生了变化。

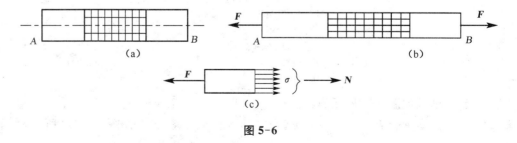

图 5-6

上述试验观察到的现象表明：杆件横截面上各点的变形是相同的。由此可得出结论：轴向拉压杆横截面上只有正应力，且均匀分布，即

$$\sigma = \frac{N}{A} \tag{5-1}$$

于是应力的符号规定,拉应力为正,压应力为负,其单位为帕斯卡(Pa),常用单位有 MPa、GPa（1 MPa = 10^6 Pa,1 GPa = 10^9 Pa）。根据圣维南（Saint-Venant）原理：离开荷载作用处一定距离,应力分布与大小不受外荷载作用方式的影响。式(5-1)对于直杆、杆的截面无突变、截面到荷载作用点有一定的距离的情况都适用。

等截面直杆受轴向外力作用时,横截面上的正应力是均匀分布的。但根据结构或工艺方面的要求,有些杆件上必须有切口、切槽、螺纹、轴肩等,以致在这些零部件上杆件的截面尺寸发生突然变化,试验结果和理论分析表明,在杆件截面尺寸突然变化处的横截面上正应力分布并不是均匀的。如开有圆孔的直杆承受轴向拉力作用如图 5-7(a)所示,在圆孔附近的局部区域内,应力急剧增大,而在离这一区域稍远处,应力迅速下降且趋于均匀,如图 5-7(b)所示。这种**由于杆件外形的突然变化而引起局部应力急剧增大的现象称为应力集中**。应力集中会严重降低脆性材料构件的承载能力,使其发生局部断裂,很快导致整个构件的破坏。因此,必须考虑应力集中对脆性材料构件强度的影响。

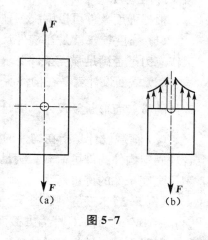

图 5-7

为了避免和减小应力集中对杆件的不利影响,在设计时应尽量使杆件外形平缓光滑,不使杆件截面发生突然变化。当杆件上必须开有孔洞或槽口时,应尽量将孔洞置于低应力区内。

5.2.3 许用应力

构件在外力作用下不能正常安全地工作被称为失效,如强度破坏、刚度破坏、稳定性破坏。构件失效时的应力为**极限应力**,用 σ_u 表示。对于塑性材料来说,当应力达到屈服极限 σ_s（或 $\sigma_{0.2}$）时会发生显著的塑性变形,影响构件的正常工作,因而取屈服极限为极限应力。而对于脆性材料而言,当应力达到强度极限 σ_b 时会发生断裂,因此取强度极限为极限应力。

出于安全考虑,材料在使用过程中的工作应力比其所用材料的极限应力（材料所能承受的最大应力）小若干倍,为此需要确定材料的许用应力,即材料允许承受的最大应力值,这个应力以 $[\sigma]$ 表示。

$$[\sigma] = \frac{\sigma_b}{n} \tag{5-2}$$

其中 $n > 1$,称为**安全系数**。影响其值的因素较多,如计算应力的精确度、材料性质的均匀程度以及构件破坏后造成事故的严重程度等,具体数值可查相关规范或设计手册。

5.2.4 强度条件

为了保证材料正常使用不发生强度破坏,必须满足强度条件,即

$$\sigma_{\max} \leqslant [\sigma] \tag{5-3}$$

对于轴向拉伸和压缩的等直杆来说,其强度条件则为

$$\sigma_{\max} = \frac{N_{\max}}{A} \leqslant [\sigma] \tag{5-4}$$

式中:$\sigma_{\max}$为杆件横截面上的最大工作应力;$N_{\max}$为杆件的最大轴力;A为横截面面积;$[\sigma]$为材料的许用应力。

根据强度条件可以解决三种强度计算问题,分别是强度校核、截面设计和荷载设计。

(1) 强度校核就是在构件尺寸、所受荷载、材料的许用应力均已知的情况下,验算构件的工作应力是否满足强度条件要求。

(2) 截面设计就是在构件所受荷载及材料的许用应力已知的情况下,根据强度条件确定构件的横截面形状及尺寸。满足强度条件所需的构件横截面面积为 $A \geqslant \dfrac{N}{[\sigma]}$。

(3) 荷载设计是指在构件的横截面面积及材料的许用应力已知的情况下,根据强度条件合理确定构件的许可荷载。满足强度条件的轴力为 $N \leqslant A[\sigma]$,再利用平衡条件进一步确定满足强度条件的许可荷载。

【例 5-3】 三角架如图 5-8(a)所示,AB 杆为圆截面钢杆,$d = 30$ mm,材料的许用应力 $[\sigma]_1 = 160$ MPa;AC 杆为方截面木杆,材料的许用应力 $[\sigma]_2 = 6$ MPa;荷载 $F = 60$ kN,各杆自重忽略不计。试校核 AB 杆的强度,并确定 AC 杆的截面边长 a。

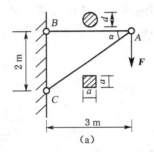
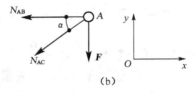

图 5-8

【解】 (1) 计算各杆的轴力

依据题意可知 AB 杆、AC 杆均为二力杆,用截面将杆 AB、AC 截断并选取结点 A 为研究对象,画出结点 A 的受力图,建立平面直角坐标系如图 5-8(b)所示。

$$\sum F_y = 0, -N_{AC}\sin\alpha - F = 0, N_{AC} = -\frac{F}{\sin\alpha} = -60 \times \frac{\sqrt{2^2+3^2}}{2} = -108.2 \text{ kN}(\text{压})$$

$$\sum F_x = 0, -N_{AB} - N_{AC}\cos\alpha = 0, N_{AB} = -N_{AC}\cos\alpha = -(108.2) \times \frac{3}{\sqrt{2^2+3^2}} = 90 \text{ kN}(\text{拉})$$

(2) 校核 AB 杆的强度

$$\sigma_{AB} = \frac{N_{AB}}{A_{AB}} = 90 \times 10^3 \times \frac{4}{3.14 \times 30^2} \text{ MPa} = 127.39 \text{ MPa} < [\sigma]_1 = 160 \text{ MPa}$$

所以 AB 杆满足强度条件要求。

(3) 确定 AC 杆截面边长 a

$$A_{AC} \geqslant \frac{N_{AC}}{[\sigma]_2} = \frac{108.2 \times 10^3}{6} \text{ mm}^2 = 18.03 \times 10^3 \text{ mm}^2$$

又因 $A_{AC} = a^2$,所以 $a \geqslant \sqrt{18.03 \times 10^3} = 134.3$ mm,取 $a = 140$ mm。

【例 5-4】 图 5-9(a)为简易吊车的示意图,AB 和 BC 均为圆形截面钢杆。$d_1 = 36$ mm,$d_2 = 25$ mm,钢的许用应力 $[\sigma] = 100$ MPa。试确定吊车的最大许可起重量 W_{max}。

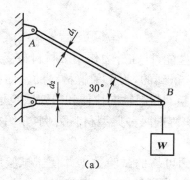
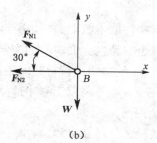

图 5-9

【解】 (1) 计算杆 AB、BC 的轴力,设 AB 杆的轴力为 F_{N1},BC 杆的轴力为 F_{N2},根据结点 B 的平衡(图 5-9(b)),有

$$\sum F_x = 0 \qquad -F_{N2} - F_{N1}\cos 30° = 0$$

$$\sum F_y = 0 \qquad F_{N1}\cos 60° - W = 0$$

解得

$$F_{N2} = -\frac{\sqrt{3}}{2} F_{N1} = -\sqrt{3} W$$

上式表明,AB 杆受拉伸,BC 杆受压缩。在强度计算时,F_{N2} 可取绝对值。

(2) 求许可荷载,由式(5-4)可得

$$F_{Nmax} \leqslant A[\sigma]$$

当 AB 杆达到许用应力时

$$F_{Nmax} \leqslant A_1[\sigma] = \frac{\pi d_1^2}{4}[\sigma]$$

则

$$W_{max} = \frac{1}{2} F_{Nmax} = \frac{\pi d_1^2 [\sigma]}{8} = \frac{\pi \times 36^2 \times 10^{-6} \times 100 \times 10^6}{8} = 50.9 \times 10^3 \text{ N} = 50.9 \text{ kN}$$

当 BC 杆达到许用应力时

$$F_{Nmax} \leqslant A_2[\sigma] = \frac{\pi d_2^2}{4}[\sigma]$$

则

$$W_{\max} = \frac{F_{N2\max}}{\sqrt{3}} = \frac{\pi d_2^2 [\sigma]}{4\sqrt{3}} = \frac{\pi \times 25^2 \times 10^{-6} \times 100 \times 10^6}{4\sqrt{3}} = 28.3 \times 10^3 \text{ N} = 28.3 \text{ kN}$$

因此该吊车的最大许可荷载只能为 $W = 28.3 \text{ kN}$。

5.3 材料在拉伸时的力学性能

要确定构件的承载能力，就必须了解材料的力学性能，即在外力作用下材料在变形和破坏方面所表现出的特性。而材料的力学性能是通过试验得到的，为了了解材料的轴向拉伸或压缩的力学性能，就必须进行材料的轴向拉伸或压缩试验。材料轴向拉伸和压缩试验是最基本、最简单的一种。本节将以工程中广泛使用的低碳钢和铸铁两种典型材料为例，介绍材料的轴向拉伸试验。

拉伸试验试件是在常温、静载下进行的，为了得到可靠的试验数据并便于试验结果的比较，试验必须按国家标准进行。具体试验方法和要求，在国家标准《金属拉力试验法》中有详细规定。对于金属材料，通常采用圆柱形试件，其形状如图 5-10 所示。长度 l 为标距。标距的大小一般有两种，即 $l = 5d, l = 10d$。式中的 d 为试件的直径。

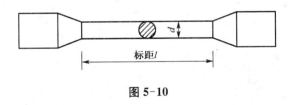

图 5-10

5.3.1 低碳钢拉伸时的力学性质

将试件安装在试验机上，缓慢加载，直至试件拉断为止。通过试验机可将试验过程中的拉力 P 和对应伸长量 Δl 记录，并自动地绘成 $P - \Delta l$ 曲线，该曲线称为**拉伸曲线**（图 5-11）。为了消除尺寸的影响，将纵坐标 P 和横坐标 Δl 分别除以试件的初始截面面积 A_0 和初始标距 l_0，便获得了反映材料性质的曲线，即材料拉伸时的**应力-应变曲线**或 **σ-ε 曲线**（图 5-12）。由 σ-ε 曲线可知，低碳钢在拉伸过程中大致可分为四个阶段：

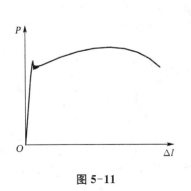

图 5-11

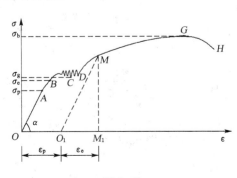

图 5-12

1) 弹性阶段(OAB)

这一阶段由斜直线 OA 和微弯曲线 AB 两段组成,其变形全是弹性的,即解除荷载后变形能完全消失。由 OA 段开始正应力 σ 与正应变 ε 成正比,为斜直线,其斜率是常量为材料的弹性模量 E,此段材料符合胡克定律,其最高点 A 所对应的应力 σ_p 是应力与应变保持线性关系的最大应力,称为**比例极限**。Q235 钢的 $\sigma_p \approx 200$ MPa。超过 A 点后,一直到 B 点对应的应力 σ_e 称为**弹性极限**(材料只产生弹性变形的最大应力),变形仍然是弹性的,但 σ 与 ε 的关系不再是直线。由于 A、B 两点非常接近,它们所对应的两个极限值 σ_p 与 σ_e 虽然含义不同,但数值上相差不大,因此,在工程应用中对二者不做严格区分,近似地认为材料在弹性范围内服从胡克定律。

2) 屈服阶段(BCD)

当应力超过 B 点后,开始出现塑性变形,即若卸去外力,材料残留下来的那部分变形,也称为残余变形。该阶段应力几乎不再增加,而应变却不断地增加,于是 σ-ε 曲线为一段接近水平线的锯齿形线段 BD。这种应力变化不大而应变显著增加的现象称为**屈服**或**流动**。此时,材料不能抵抗变形的增长。在表面磨光的试件表面上可看见许多与试件轴线大致成 45° 方向的滑移线,这是由最大剪应力使材料内部晶格之间发生相对滑移引起的。在屈服阶段内的最高应力和最低应力分别称为上屈服极限和下屈服极限。由于一般下屈服极限较稳定,故规定下屈服极限为材料的**屈服极限**,用 σ_s 表示,Q235 钢的屈服极限为 $\sigma_s \approx 240$ MPa,它是衡量材料强度的重要指标。

3) 强化阶段(DG)

过了屈服阶段,应力又随着应变继续上升,直到最高点 G,G 点对应的应力 σ_b 为**强度极限**,是材料能承受的最大应力,Q235 钢的强度极限 $\sigma_b = 380 \sim 470$ MPa。它是衡量材料强度的另一个重要指标。此阶段材料又恢复了抵抗变形的能力。这种现象称为**材料的强化**。

4) 局部变形阶段(GH)

当应力超过 σ_b 后,试件的变形不再是均匀的,而在某个局部范围内明显变细,出现"颈缩"现象(图 5-13)。由于局部的截面收缩,使试件继续变形的拉力逐渐缩小,因此,用横截面原始面积 A_0 去除拉力所得的应力随之下降,降到 H 点,试件被拉断。

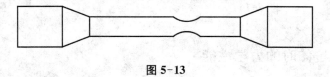

图 5-13

低碳钢是典型的塑性材料,除了屈服强度和抗拉强度两个重要的强度指标以外,还存在塑性指标,如**伸长率** δ 和**截面收缩率** ψ,其数值愈高,说明材料的塑性愈好。它们的表达式为

$$\delta = \frac{l_1 - l_0}{l_0} \times 100\% \tag{5-5}$$

$$\psi = \frac{A_0 - A_1}{A_0} \times 100\% \tag{5-6}$$

其中，l_0 为试件标距的原长；A_0 是试件横截面的初始面积；l_1 和 A_1 分别是试件拉断后标距的长度和断口处的最小横截面面积。

一般称 $\delta \geqslant 5\%$ 的材料为**塑性材料**，如碳素钢、低合金钢和青铜等；$\delta < 5\%$ 的材料为**脆性材料**，如铸铁、混凝土和石料等。Q235 钢的 $\delta \approx 20\% \sim 30\%$，$\psi \approx 60\%$。

5）卸载规律　冷作硬化

在材料拉伸试验过程中，如在强化阶段的某点 M 处卸载，则应力和应变的关系将沿着大致与 OA 平行的斜直线 MO_1 回到 O_1 点(图 5-12)，其中 O_1M_1 是已消失的弹性应变，而留下来的 OO_1 为塑性变形。此时，如重新加载，应力与应变的关系则大致沿斜直线 MO_1 变化，到达 M 后，仍沿曲线 DGH 变化。这种现象称为**冷作硬化**，即在常温下把材料冷拉到强化阶段，卸载后再加载。由于冷作硬化能提高材料的比例极限，但塑性会降低，工程上常利用冷作硬化来提高钢筋、钢缆绳等构件在弹性阶段的承载能力。

不是所有的塑性材料在拉伸过程中都与低碳钢一样有着明显的屈服阶段，如某些高碳钢和合金钢、强铝和青铜等。对于没有明显屈服阶段的塑性材料，根据我国及世界上大多数国家规定，以产生 0.2% 的塑性应变值所对应的应力值作为屈服极限，并称为**条件屈服极限**或**名义屈服极限**，用 $\sigma_{0.2}$ 来表示，如图 5-14(b)所示。

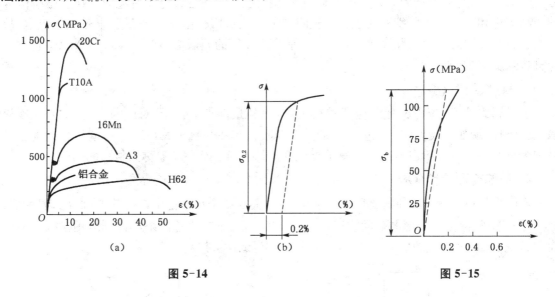

图 5-14　　　　　　　　　　　　　　图 5-15

5.3.2　铸铁拉伸时的力学性能

铸铁拉伸时的 σ-ε 曲线是一段曲线，如图 5-15 所示，图中没有明显的直线部分，铸铁在较小的拉应力下就被拉断，约为 120~150 MPa，没有屈服和颈缩现象，拉断前的应变很小，延伸率也很小，是典型的脆性材料。因此铸铁不宜作为受拉构件的材料。

通常规定在产生 0.1% 的应变时所对应的应力范围作为弹性范围，认为材料在这个范围内近似地服从胡克定律，它的弹性模量是用割线代替曲线，如图 5-15 中的虚线，以割线的斜率作为近似的 E 值，称为**割线弹性模量**。试件拉断时的应力就是材料的强度极限 σ_b，是衡量脆性材料强度的唯一指标。

5.4 材料在压缩时的力学性能

为了避免在压缩过程中产生压弯,故金属材料的压缩试件一般做成短而粗的圆柱形,试件柱高约为直径的 1.5~3 倍。

低碳钢压缩时的应力-应变曲线如图 5-16(a)所示。对比拉伸时的应力-应变曲线(图中用虚线表示),发现在屈服阶段以前两条曲线基本重合,这说明低碳钢压缩时的弹性模量 E、屈服极限 σ_s 等都与拉伸时基本相同。在屈服阶段以后,随着外力的增加,试件越压越扁,横截面积不断增大,如图 5-16(b)所示,因而抗压能力也在不断提高,试件只压扁而不破坏,故无法测出其压缩时的强度极限。因此,在工程中一般认为塑性金属材料在拉伸、压缩时的性质相同。

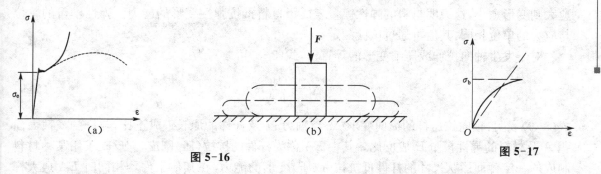

图 5-16

图 5-17

铸铁压缩和拉伸时的应力-应变曲线分别如图 5-17 中的虚线和实线所示。由此可见,铸铁压缩时的强度极限比拉伸时高得多,约为拉伸时强度极限的 2~5 倍。铸铁压缩时有较大的塑性变形,且沿与轴线约成 45°的斜面断裂,如图 5-18 所示,说明是剪应力达到极限值而破坏。

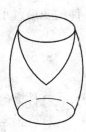

图 5-18

5.5 轴向拉伸或压缩时的变形

轴向拉伸或压缩的杆的变形主要是轴向伸缩,伴随横向的缩扩,杆件沿轴线方向的变形称为**纵向变形**,垂直于轴线方向的变形称为**横向变形**,如图 5-19 所示。

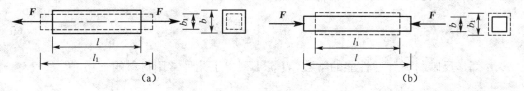

图 5-19

5.5.1 纵向变形

杆件纵向的绝对变形用 Δl 表示,由图 5-19 可知,$\Delta l = l_1 - l$。显然 Δl 的大小与杆件的原长 l 有关,为消除杆长对变形的影响,我们引入线应变来描述杆件的变形程度,单位长度的变形称为**线应变**。杆件纵向的相对变形称为**纵向线应变**,用 ε 表示,则有

$$\varepsilon = \frac{\Delta l}{l} \tag{5-7}$$

英国科学家胡克通过研究,发现了一个关于力与变形之间关系的重要结论,即在一定范围内,正应力与线应变成正比。这就是著名的**胡克定律**,用式子表示为

$$\sigma = E\varepsilon \tag{5-8}$$

式中比例系数 E 称为材料的**拉压弹性模量**,其值随材料而异。从上式可知,材料的弹性模量愈大则变形愈小,这说明材料的弹性模量表征了材料抵抗弹性变形的能力。弹性模量的单位与应力的单位相同,其值可通过试验测定。

对于发生轴向拉伸或压缩变形的等直杆,式(5-8)可改写为

$$\Delta l = \frac{Nl}{EA} \tag{5-9}$$

式(5-9)表明:轴向拉压杆的纵向变形 Δl 与轴力 N 及杆件的原长 l 成正比,与杆的横截面面积 A 及材料的弹性模量 E 成反比。其中 EA 称为杆件的**抗拉(压)刚度**,它反映了用某种材料制成的一定截面形状尺寸的杆件抵抗拉(或压)变形的能力,在其他条件均相同时 EA 愈大杆件的变形愈小。

5.5.2 横向变形

杆件横向的绝对变形用 Δb 表示,$\Delta b = b_1 - b$。
杆件横向的相对变形称为**横向线应变**,用 ε' 表示。

$$\varepsilon' = \frac{\Delta b}{b} \tag{5-10}$$

显然,杆件拉伸时 Δl、ε 均为正值,而 Δb、ε' 均为负值。
试验研究表明,在弹性范围内,横向线应变与纵向线应变之比的绝对值是一常数,这个常数称为材料的**横向变形系数**,又叫**泊松比**,用 μ 表示,即

$$\mu = \left| \frac{\varepsilon'}{\varepsilon} \right| \tag{5-11}$$

E、μ 都是反映材料弹性性能的常数,表 5-1 列出了几种常用材料的 E、μ 值。

表 5-1 几种常用材料的 E、μ 值

材料名称	$E(10^2\,\text{GPa})$	μ
低碳钢	2.0～2.2	0.24～0.28
16 锰钢	2.0～2.2	0.25～0.30
铸铁	0.59～1.62	0.23～0.27
铝	0.71	0.33
铜	0.72～1.3	0.31～0.42
混凝土	0.15～0.36	0.16～0.18
木材(顺纹)	0.10～0.12	—
花岗岩	0.49	—
橡胶	0.000 078	0.47

【例 5-5】 为了检测在使用期间钢屋架中 AB 杆的应力,用仪器测得 AB 杆的线应变为 $\varepsilon = 0.000\,4$,已知钢屋架的材料为 A3 钢,$E = 2 \times 10^2\,\text{GPa}$,试求 AB 杆的应力。

【解】 根据测得的 AB 杆应变值可由胡克定律直接计算出该杆的应力

$$\sigma = E\varepsilon = 2 \times 10^2 \times 0.000\,4\,\text{GPa} = 80\,\text{MPa}\,(拉)$$

这种用仪器测出杆件受力后的应变值,再用胡克定律计算杆件应力的方法,常用于已建成建筑物的安全监测,以检查结构的应力是否符合设计要求。

【例 5-6】 如图 5-20 所示阶梯杆,已知 $A_1 = 8\,\text{cm}^2$,$A_2 = 4\,\text{cm}^2$,$E = 200\,\text{GPa}$,求此杆的总伸长。

【解】 (1) 计算轴力 应用截面法容易求出粗、细两段的轴力分别为

$$N_1 = -20\,\text{kN}\,(压)$$
$$N_2 = 40\,\text{kN}\,(拉)$$

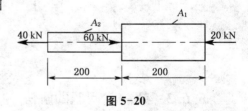

图 5-20

(2) 计算各段变形 由式(5-9)得

$$\Delta l_1 = \frac{N_1 l_1}{EA_1} = \frac{-20 \times 10^3 \times 200 \times 10^{-3}}{200 \times 10^9 \times 8 \times 10^{-4}} = -2.5 \times 10^{-5}\,\text{m}\,(缩短)$$

$$\Delta l_2 = \frac{N_2 l_2}{EA_2} = \frac{40 \times 10^3 \times 200 \times 10^{-3}}{200 \times 10^9 \times 4 \times 10^{-4}} = 1 \times 10^{-4}\,\text{m}\,(伸长)$$

(3) 计算杆的总变形

$$\Delta l = \Delta l_1 + \Delta l_2 = -2.5 \times 10^{-5} + 1 \times 10^{-4} = 0.75 \times 10^{-4}\,\text{m} = 0.075\,\text{mm}\,(伸长)$$

5.6 拉压超静定问题

5.6.1 超静定问题的概念

通过前面的学习,我们已经知道约束反力和杆件的内力都能通过静力平衡方程式求得的问题,称为静定问题。反之,仅用静力平衡方程不能求解和不能求出全部解的问题,称为超静定或静不定问题。例如图 5-21(a)所示的结构,根据 AB 杆的平衡条件可列出三个独立的平衡方程,即 $\sum F_x = 0, \sum F_y = 0, \sum M_A = 0$,未知量即 1、2、3 杆的轴力正好三个,可以求出全部未知量,故该问题为静定问题。然而图 5-21(b)所示的结构,根据 AB 杆的平衡条件只能列出两个方程 $\sum F_y = 0$ 和 $\sum M_A = 0$,而未知力却仍有三个,显然,仅用静力平衡方程式不能求出全部未知量,故该问题为超静定问题。未知力数比独立平衡方程数多出的数目,称为超静定次数。上述问题为一次超静定问题。

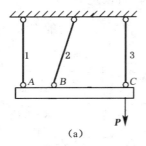
(a)

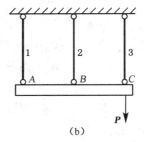
(b)

图 5-21

5.6.2 超静定问题的解法

如图 5-22(a)所示的结构,假设 1、2、3 杆的弹性模量为 E,横截面面积为 A,杆长为 l。横梁 AB 的刚度远远大于 1、2、3 杆的刚度,故可将横梁看成刚体,在横梁上作用的荷载为 F。若不计横梁的自重,试确定 1、2、3 杆的轴力。

设在荷载 F 作用下,钢梁移动到 A_1B_1 位置(图 5-22(b)),则各杆皆受拉伸。设各杆的轴力分别为 F_{N1}、F_{N2} 和 F_{N3} 且均为拉力(图 5-22(c))。由于该力系为平面平行力系,只可能有两个独立平衡方程,然而未知力却有三个,故为一次超静定问题。先列出静力平衡方程

$$\sum F_y = 0 \qquad F_{N1} + F_{N2} + F_{N3} = F \qquad (a)$$

$$\sum M_A = 0 \qquad F_{N3} \cdot 2a + F_{N2} \cdot a = 0 \qquad (b)$$

要求出三个轴力,必须还要列出一个补充方程。在 F 力作用下,三根杆的伸长不是任意

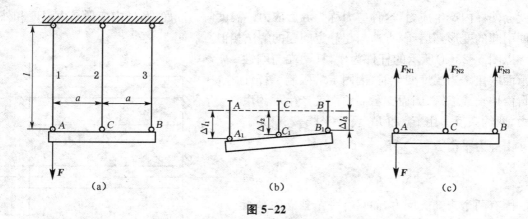

图 5-22

的,它们之间保持相互协调的几何关系。这种几何关系称为变形协调条件。由于横梁 AB 可视为刚体,故该结构的变形协调条件是 A_1、B_1、C_1 三点仍在一直线上(如变形图 5-22(b)所示)。设 Δl_1、Δl_2、Δl_3 分别为 1、2、3 杆的变形,根据变形的几何关系可以列出协调条件为

$$\Delta l_1 + \Delta l_3 = 2\Delta l_2 \tag{c}$$

杆件的变形和内力之间存在着一定的关系,称为物理关系。例如拉压时的胡克定律,当应力不超过比例极限时,由胡克定律可知

$$\Delta l_1 = \frac{F_{N1}l}{EA}, \ \Delta l_2 = \frac{F_{N2}l}{EA}, \ \Delta l_3 = \frac{F_{N3}l}{EA} \tag{d}$$

将物理关系代入变形协调条件,即可建立内力之间应保持的相互关系,这个关系就是所需的补充方程。也就是说,将式(d)代入式(c)得

$$\frac{F_{N1}l}{EA} + \frac{F_{N3}l}{EA} = 2\frac{F_{N2}l}{EA}$$

整理后得

$$F_{N1} + F_{N3} = 2F_{N2} \tag{e}$$

这就是要建立的补充方程。

将式(a)、(b)、(e)联立求解,得

$$F_{N1} = \frac{5}{6}F, \ F_{N2} = \frac{F}{3}, \ F_{N3} = -\frac{F}{6}$$

综上所述,超静定问题的解题方法步骤为:①平衡方程;②几何方程——变形协调方程;③物理方程——胡克定律;④补充方程:由几何方程和物理方程得;⑤解由平衡方程和补充方程组成的方程组。

5.6.3 温度应力

热胀冷缩是一种比较常见的现象。对于结构中的构件,当结构静定时,由于可以自由变形,温度变化不会使构件内产生应力。但当结构超静定时,变形受到部分或全部限制,温度变

化就会使杆内产生应力,这种应力称为**温度应力**。温度应力问题中,杆内变形是由温度和外力共同引起的变形,其计算方法与超静定问题的解法相似。

以图 5-23(a)所示的杆件为例,杆两端与刚性支承面联接。当温度变化时,因固定端限制了杆件的自由伸长或缩短,因而支承面两端就产生了约束反力,两约束反力用 F_A 和 F_B 表示(图 5-23(b))。

由静力平衡方程 $\sum F_x = 0$ 得出

$$F_A = F_B \quad \text{(a)}$$

因有两个未知支反力,而只有一个独立的平衡方程,所以是一次超静定问题。需要补充一个变形协调条件才能求解该问题。假想拆去一个支座,如右端支座,杆件这时就可以自由地变形,由于升温 ΔT,杆件因此而产生的变形(伸长)为

$$\Delta l_T = \alpha \Delta T l \quad \text{(b)}$$

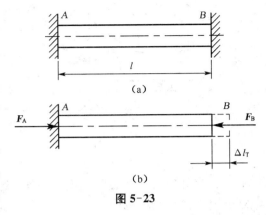

图 5-23

式中 α 为材料的线膨胀因数。然后,由于 F_B 作用而产生的变形(缩短)为

$$\Delta l = \frac{F_B l}{EA} \quad \text{(c)}$$

式中,E 为材料的弹性模量;A 为杆横截面面积。因杆件两端固定,其实际长度变化为零,所以必须满足

$$\Delta l_T = \Delta l \quad \text{(d)}$$

该式即为该问题的变形协调条件。将(b)、(c)两式代入上式得

$$\alpha \Delta T l = \frac{F_B l}{EA} \quad \text{(e)}$$

于是得到

$$F_B = EA \alpha \Delta T$$

由于轴力 $F_N = F_B$,故杆中的温度应力为

$$\sigma_T = \frac{F_N}{A} = E\alpha \Delta T$$

当温度变化较大时,杆内温度应力的数值是十分可观的。例如,一两端固定的钢杆,$\alpha = 12.5 \times 10^{-6}/\text{℃}$,当温度变化 40℃ 时,杆内的温度应力为

$$\sigma_T = E\alpha \Delta T = 200 \times 10^9 \times 12.5 \times 10^{-6} \times 40 = 100 \text{ MPa}$$

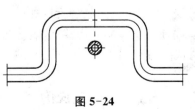

图 5-24

在工程实际中,通常采取某些措施以降低温度应力,以避免过大的温度应力。例如,通过在管道中加如图 5-24 所示的伸缩节,在钢轨各段之间留伸缩缝来降低对膨胀的约束,从而降低了温度应力。

5.6.4 装配应力

构件制造上的微小误差是难免的。在静定结构中,这种误差只会造成结构几何形状的微小改变,不会使构件产生应力。如图 5-25(a)所示结构,若杆 AB 比预定的尺寸短了一点,则与杆 AC 联接后,只会引起 A 点位置的微小偏移,如图中虚线所示。但在超静定结构中,杆件几何尺寸的微小差异会使杆件内产生应力。在图 5-25(b)所示的杆系结构中,设 3 杆比预定尺寸短了 δ(δ 与杆件长度相比是一极小量),若要使三杆联接,就需将杆 3 拉长,1、2 杆压短,强行安装于 A' 点处。此时,杆 3 中产生拉应力,杆 1、2 中产生压应力。这种由于安装而引起的应力称为**装配应力**。装配应力的计算仅在几何关系中考虑尺寸的差异,其计算方法与解超静定问题的方法相似。

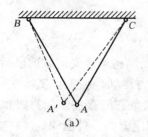
(a)
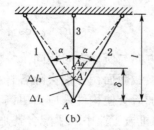
(b)
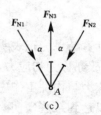
(c)

图 5-25

【例 5-7】 在如图 5-25(b)所示的杆系结构中,设杆 3 的设计长度为 l,加工误差为 δ,其实际长度为 $(l-\delta)$。已知杆 3 的抗拉刚度为 $E_3 A_3$,杆 1 和杆 2 的抗拉刚度为 $E_1 A_1$。求三杆中的轴力 F_{N1}、F_{N2} 和 F_{N3}。

【解】 三杆装配后,杆 1、2 受压,轴力 F_{N1}、F_{N2} 为压力,杆 3 受拉,轴力 F_{N3} 为拉力。取结点 A' 为研究对象,受力图如图 5-25(c)所示。由于该结点仅有两个独立的静力平衡方程,而未知力数目为 3,故是一次超静定问题。

根据结点 A' 的平衡条件

$$\sum F_x = 0 \qquad F_{N2} \sin\alpha - F_{N1} \sin\alpha = 0 \tag{a}$$

$$\sum F_y = 0 \qquad F_{N3} - F_{N1} \cos\alpha - F_{N2} \cos\alpha = 0 \tag{b}$$

由此可得

$$F_{N1} = F_{N2}$$
$$F_{N3} = 2 F_{N1} \cos\alpha \tag{c}$$

由图 5-25(b)可知,其变形的几何关系为

$$\Delta l_3 + \frac{\Delta l_1}{\cos\alpha} = \delta \tag{d}$$

根据物理关系可得

$$\Delta l_1 = \frac{F_{N1}l_1}{E_1 A_1} = \frac{F_{N1}l}{E_1 A_1 \cos\alpha} \tag{e}$$

$$\Delta l_3 = \frac{F_{N3}l}{E_3 A_3} \tag{f}$$

将式(e)、(f)代入式(d)可得补充方程为

$$\frac{F_{N3}l}{E_3 A_3} + \frac{F_{N1}l}{E_1 A_1 \cos^2\alpha} = \delta \tag{g}$$

联立求解(c)、(g)两式可得

$$F_{N1} = F_{N2} = \frac{F_{N3}}{2\cos\alpha}$$

$$F_{N3} = \frac{E_3 A_3}{\left(1 + \dfrac{E_3 A_3}{2E_1 A_1 \cos^3\alpha}\right)} \cdot \frac{\delta}{l}$$

计算结果为正表明轴力的方向与所设方向相同。装配应力是结构未承受荷载前已具有的应力,故亦称为初应力,由各杆横截面面积分别去除各杆中的轴力得到。在工程实际中,如果装配应力与构件工作应力相叠加后会使构件内应力更高,则应避免它的存在。但有时也可利用它以达到某些预期要求,例如机械工业中的紧配合就是对装配应力的一种应用。

5.7 联接件的实用计算

如图 5-26(a)所示的铆钉联接,图 5-27(a)销钉联接、图 5-28(a)键联接等用联接件将构件相互联接,在工程实际中是十分常见的。其受力特点是:作用于构件两侧且垂直于轴线的两横向力大小相等、方向相反,且作用线相距很近。其变形特点是:二力间的各横截面沿外力方向产生相对错动。构件的这种变形称为**剪切变形**。

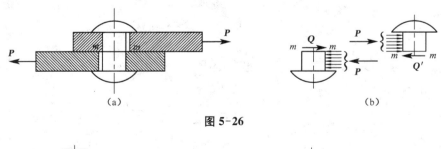

图 5-26

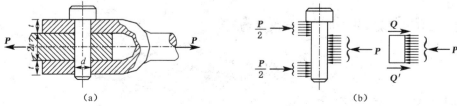

图 5-27

联接件在外力作用下,挤压往往伴随着剪切变形发生。所谓挤压就是联接件与被联接件接触表面的相互压紧,受力面上产生的局部受压现象。因此,联接件破坏形式可能有两种:一是沿二力间横截面被剪坏,称为**剪切破坏**;二是在联接件与被联接件间的接触面处相互挤压而产生显著的局部塑性变形或被压碎,称为**挤压破坏**。因此,对联接件需要采用实用计算的方法进行剪切和挤压的强度计算。

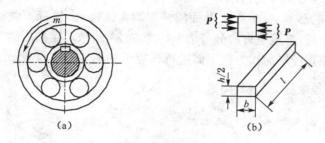

图 5-28

5.7.1 剪切的实用计算

以图 5-26(a)所示的铆接件为例,说明剪切实用计算的方法。由于铆钉起着联接两块钢板的作用,当两钢板受拉时,铆钉上、下两段受到大小相等、方向相反的一对力的作用,铆钉产生剪切变形,铆钉可沿二力间的横截面 $m-m$ 发生剪切破坏(图 5-26(b)),这种平行于外力作用线且有相互错动趋势的截面称为**剪切面**。

由于只有一个剪切面,称为单剪,如图 5-27(a)所示销钉。其受力情况如图 5-27(b)所示,有两个剪切面 1-1 和 2-2,故称之为双剪。

为了分析剪切面上的内力,可假想地沿 $m-m$ 截面将铆钉截开,分为上下两部分。取其中任一部分研究,列出其静力平衡条件 $\sum F_x = 0$,可得剪切面上的剪切力 $Q = F$。

为了计算上的方便,在工程计算中,假设剪应力 τ 在剪切面上均匀分布,即

$$\tau = \frac{Q}{A} \tag{5-12}$$

由式(5-12)算出的平均应力值 τ,称为**名义剪应力**,简称为**剪应力**。式中 A 为剪切面面积。

为保证联接件在工作时不发生剪切破坏,联接件应满足剪切实用计算的强度条件,即

$$\tau = \frac{Q}{A} \leqslant [\tau] \tag{5-13}$$

剪切许用应力的值 $[\tau]$,是用试验的方法求得剪切强度极限 τ_b,将 τ_b 除以安全因数求得,其值可从有关设计资料中查到。

5.7.2 挤压的实用计算

由于剪切和挤压往往同时存在,联接件除了可能被剪坏之外,还可能被挤压坏。挤压面是

垂直外力作用线且相互挤压的接触面,挤压面上的应力称为**挤压应力**,用 σ_{bs} 表示。由于挤压应力分布十分复杂,在实用计算中,用挤压面上的平均应力值进行计算,即

$$\sigma_{bs} = \frac{F_{bs}}{A_{bs}} \tag{5-14}$$

式中,A_{bs} 为挤压面的面积;F_{bs} 为挤压力。

挤压面面积 A_{bs} 的计算,要根据接触面的情况而定。铆钉、销钉等联接件,挤压面为部分圆柱面。根据理论分析,挤压应力的分布情况如图 5-29 所示。在挤压的实用计算中,对于铆钉、销钉等联接件,用直径平面作为挤压面进行计算。如图 5-28(a)所示的平键,其接触面为平面,挤压面面积就是接触面面积,即 $A_{bs} = \frac{h}{2} \times l$(图 5-28(b))。

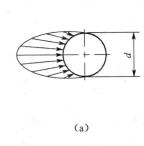
(a)

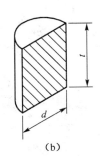
(b)

图 5-29

为保证构件正常工作,挤压强度条件应为

$$\sigma_{bs} = \frac{F_{bs}}{A_{bs}} \leqslant [\sigma_{bs}] \tag{5-15}$$

式中,$[\sigma_{bs}]$ 为材料的许用挤压应力,其值可以从有关设计规范中查到。对于钢材,一般可取 $[\sigma_{bs}] = (1.7 \sim 2.0)[\sigma]$,式中 $[\sigma]$ 为材料拉伸时的许用应力。

【**例题 5-8**】 如图 5-27(a)所示,拖车挂钩靠销钉来联接,拖车的拖力 $P = 15\,\text{kN}$,试设计销钉的直径 d。已知挂钩部分的钢板厚度 $t = 8\,\text{mm}$,还已知销钉的材料为 20 号钢,其许用切应力 $[\tau_m] = 60\,\text{MPa}$,其许用挤压应力 $[\sigma_{bs}] = 100\,\text{MPa}$。

【**解**】 (1) 剪切强度计算

由图 5-27(b)所示销钉受力情况知,销钉有两个剪切面,运用截面法将销钉沿剪切面截开,根据静力平衡条件可得剪切面上的剪力为 $Q = P/2$。由剪切强度条件

$$\tau = \frac{Q}{A} = \frac{P/2}{\pi d^2/4} = \frac{2P}{\pi d^2} \leqslant [\tau_m]$$

有

$$d \geqslant \sqrt{\frac{2P}{\pi [\tau_m]}} = \sqrt{\frac{2 \times 15 \times 10^3}{\pi \times 60 \times 10^6}} = 0.013\,\text{m}$$

(2) 挤压强度计算

挤压力 $F_{bs} = P$,有效挤压面积 $A_{bs} = 2td$。根据挤压强度条件

$$\sigma_{bs} = \frac{F_{bs}}{A_{bs}} = \frac{P}{2td} \leqslant [\sigma_{bs}]$$

有

$$d \geqslant \frac{P}{2t[\sigma_{bs}]} = \frac{15 \times 10^3}{2 \times 8 \times 10^{-3} \times 100 \times 10^6} = 0.009 \text{ m}$$

综合考虑剪切和挤压强度,确定销钉直径为 $d = 0.013 \text{ m} = 13 \text{ mm}$。

综上所述,皆为保证构件剪切强度的问题。在工程实际中,有时会遇到相反的情况,就是利用剪切破坏,例如冲床冲模时使工件发生剪切破坏而得到所需的形状(图 5-30)。对这类问题所要求的破坏条件为

$$\tau = \frac{Q}{A} \geqslant \tau_b \tag{5-16}$$

式中 τ_b 为名义剪切强度极限。

【**例 5-9**】 如图 5-30 所示,钢板厚度 $t = 5 \text{ mm}$,剪切强度极限 $\tau_b = 320 \text{ MPa}$,若用直径 $d = 15 \text{ mm}$ 的冲头在钢板上冲孔,求冲床所需的冲压力。

【**解**】 冲孔的过程就是发生剪切破坏的过程,故可用式 (5-16) 求出所需的冲压力。剪切面面积是直径为 d、高为 t 的圆柱面面积 $A = \pi dt$,分布于此圆柱面上的剪力为 $Q = P$。故由式 (5-16)

$$\tau = \frac{Q}{A} = \frac{P}{\pi dt} \geqslant \tau_b$$

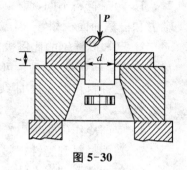

图 5-30

得 $P \geqslant \tau_b \pi dt = 320 \times 10^6 \times \pi \times 15 \times 10^{-3} \times 5 \times 10^{-3} \text{ N} = 75.4 \text{ kN}$

小 结

本章讨论了杆件内力计算的基本方法——截面法。

正应力公式 $$\sigma = \frac{N}{A}$$

胡克定律 $$\Delta l = \frac{Nl}{EA} \text{ 或 } \sigma = E\varepsilon$$

强度条件 $$\sigma_{max} = \frac{N_{max}}{A} \leqslant [\sigma]$$

对于这些概念、方法、公式要会定义,会运用,并要熟记。

材料的力学性能是通过试验测定的,它是解决强度问题和刚度问题的重要依据。材料的主要力学性能指标有:

(1) 强度性能指标 材料抵抗破坏能力的指标,屈服极限 σ_s、$\sigma_{0.2}$,强度极限 σ_b。

(2) 弹性变形性能指标 材料抵抗变形能力的指标,弹性模量 E、泊松比 μ。

(3) 塑性变形性能指标 延伸率 δ、截面收缩率 ψ。

对于这些性能指标需要熟记其含义。

剪切变形是基本变形之一,构件受到一对大小相等、方向相反、作用线互相平行且相距很近的横向力作用,相邻截面会发生相对错动。剪切变形时剪切面上的内力 Q 称为剪力,剪切面上分布内力的集度 τ 称为剪应力。

联接件在产生剪切变形的同时常伴有挤压变形,挤压面上的压力 F_{bs} 为挤压力,挤压力在挤压面上的分布集度 σ_{bs} 称为挤压应力。

剪切强度条件 $$\tau = \frac{Q}{A} \leqslant [\tau]$$

挤压强度条件 $$\sigma_{bs} = \frac{F_{bs}}{A_{bs}} \leqslant [\sigma_{bs}]$$

思考题

1. 两根材料不同、横截面面积不相等的拉杆,受相同的轴向拉力,它们的内力是否相等?轴力和横截面面积相等,但截面形状和材料不同的拉杆,它们的应力是否相等?

2. 已知低碳钢的比例极限 $\sigma_p = 200\,\mathrm{MPa}$,弹性模量 $E = 200\,\mathrm{GPa}$。现有一低碳钢试件,测得其应变 $\varepsilon = 0.002$,是否可由此计算 $\sigma = E\varepsilon = 200 \times 10^3 \times 0.002 = 400\,\mathrm{MPa}$,为什么?

3. 三种材料的 σ-ε 曲线如图 5-31 所示,请问哪一种材料:(1)强度高;(2)刚度大;(3)塑性好?

4. 何谓冷作硬化现象?它在工程上有什么应用?

5. 塑性材料和脆性材料,各以哪个极限作为极限应力?

6. 剪切变形的受力特点和变形特点是什么?

7. 何谓挤压变形?挤压与压缩有什么区别?

8. 销钉接头如图 5-32 所示,销钉的剪切面面积为_____,挤压面面积为_____。

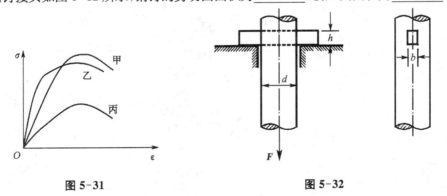

图 5-31   图 5-32

习 题

5-1 试求如题 5-1 图所示各杆 1-1、2-2、3-3 截面的轴力,并作轴力图。

5-2 求如题 5-2 图所示阶梯状直杆横截面 Ⅰ-Ⅰ、Ⅱ-Ⅱ 和 Ⅲ-Ⅲ 上的轴力,并作轴力图。如果截面面积 $A_1 = 200\,\mathrm{mm}^2$,$A_2 = 300\,\mathrm{mm}^2$,$A_3 = 400\,\mathrm{mm}^2$,求各横截面上的应力。

5-3 阶梯杆如题 5-3 图所示。已知:$A_1 = 8\,\mathrm{cm}^2$,$A_2 = 4\,\mathrm{cm}^2$,$E = 200\,\mathrm{GPa}$。试画出杆件

的轴力图并求杆件的总变形量。

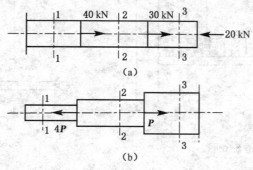

题 5-1 图

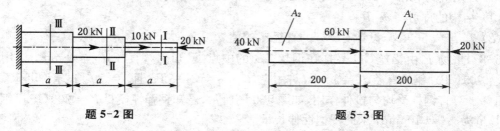

题 5-2 图　　　　　　　　题 5-3 图

5-4　作用于题 5-4 图零件上的拉力 $P=38\,\mathrm{kN}$，试问零件内最大拉应力发生于哪个横截面上，并求最大拉应力值。

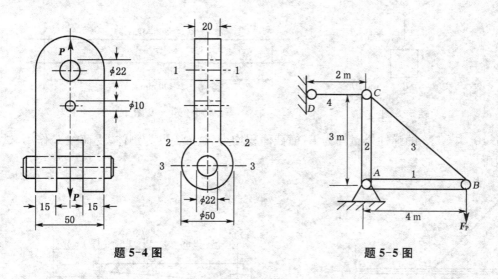

题 5-4 图　　　　　　　　题 5-5 图

5-5　如题 5-5 图所示的杆件结构中 1、2 杆的横截面面积 $A_1=A_2=4\,000\,\mathrm{mm}^2$，3、4 杆的横截面面积 $A_3=A_4=800\,\mathrm{mm}^2$；1、2 杆的许用应力 $[\sigma_w]=20\,\mathrm{MPa}$，3、4 杆的许用应力 $[\sigma_s]=120\,\mathrm{MPa}$。试求结构的许用荷载 $[F_p]$。

5-6　如题 5-6 图所示刚性梁受均布荷载的作用，梁在 A 端铰支，在 B 点和 C 点由两钢杆 BD 和 CE 支承。已知钢杆 CE 和 BD 的横截面面积 $A_1=400\,\mathrm{mm}^2$ 和 $A_2=200\,\mathrm{mm}^2$，钢的许用应力 $[\sigma]=160\,\mathrm{MPa}$，试校核钢杆的强度。

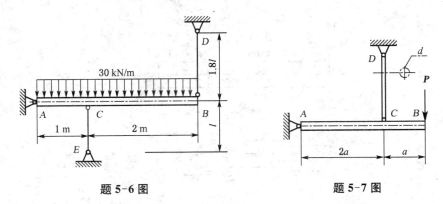

题 5-6 图　　　　　　　　　题 5-7 图

5-7　AB 由圆杆 CD 悬挂在 C 点，B 端作用集中荷载 $P=25\,\mathrm{kN}$，已知 CD 杆的直径 $d=20\,\mathrm{mm}$，许用应力 $[\sigma]=160\,\mathrm{MPa}$，试校核 CD 杆的强度，并求：

(1) 结构的许可荷载 $[P]$；

(2) 若 $P=50\,\mathrm{kN}$，设计 CD 杆的直径 d 的值。

5-8　重物 P 由铝丝 CD 悬挂在钢丝 AB 的中点，已知铝丝直径 $d_1=2\,\mathrm{mm}$，许用应力 $[\sigma]_{铝}=100\,\mathrm{MPa}$；钢丝直径 $d_2=1\,\mathrm{mm}$，许用应力 $[\sigma]_{钢}=240\,\mathrm{MPa}$，且 $\alpha=30°$。试求许可荷载 $[P]$。

5-9　等直钢杆受均匀拉伸作用，如题 5-9 图所示，已知钢弹性模量 $E=200\,\mathrm{GPa}$，钢杆的总伸长量为 $\Delta l=10\,\mathrm{mm}$，求此杆塑性伸长量。

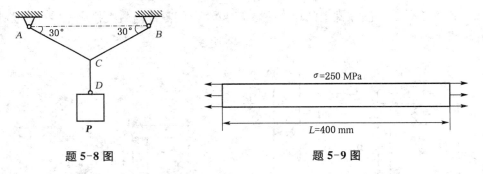

题 5-8 图　　　　　　　　　题 5-9 图

5-10　杆 1、2 的弹性模量均为 E，横截面积均为 A，梁 BD 为刚体，受荷载 F 作用，试确定杆内力。

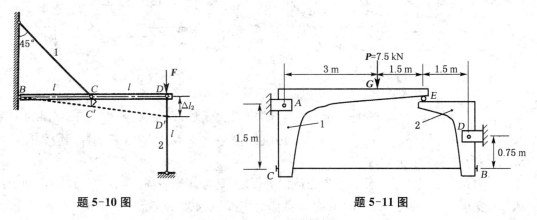

题 5-10 图　　　　　　　　　题 5-11 图

5-11　设如题 5-11 图所示结构的 1 和 2 两部分皆为刚体，钢拉杆 BC 的横截面直径为

10 mm,试求拉杆内的应力。

5-12 如题 5-12 图所示结构中,杆 1、2 的横截面直径分别为 10 mm 和 20 mm,试求两杆内的应力。

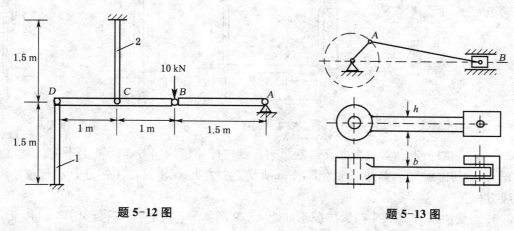

题 5-12 图　　　　题 5-13 图

5-13 冷镦机的曲柄滑块机构如题 5-13 图所示。镦压工件时连杆接近水平位置,承受的镦压力 $P = 1\,100$ kN。连杆的截面为矩形,高与宽之比为 $h/b = 1.4$。材料为 45 钢,许用应力为 $[\sigma] = 58$ MPa。试确定截面尺寸 h 和 b。

5-14 如题 5-14 图所示夹紧机构需对工件产生一对 20 kN 的夹紧力,已知水平杆 AB 及斜杆 BC 和 BD 的材料相同,$[\sigma] = 100$ MPa,$\alpha = 30°$。试求三杆的横截面直径。

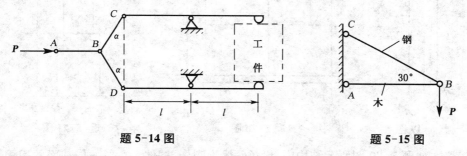

题 5-14 图　　　　题 5-15 图

5-15 如题 5-15 图所示简易吊车的杆 BC 为钢杆,杆 AB 为木杆。杆 AB 的横截面面积 $A_1 = 100\,\text{cm}^2$,许用应力 $[\sigma]_1 = 7$ MPa;杆 BC 的横截面面积 $A_2 = 6\,\text{cm}^2$,许用应力 $[\sigma]_2 = 160$ MPa。求许可吊重 $[P]$。

5-16 拉伸试验机通过杆 CD 使试件 AB 受拉,如题 5-16 图所示。设杆 CD 与试件 AB 的材料同为低碳钢,其 $\sigma_p = 200$ MPa,$\sigma_s = 240$ MPa,$\sigma_b = 400$ MPa。试验机的最大拉力为 100 kN。

(1) 用该试验机做拉断试验时,试件最大直径可达多少?

(2) 设计时若取安全系数 $n = 2$,则 CD 杆的横截面面积为多少?

(3) 欲测弹性模量 E,且试样的直径 $d = 10$ mm,则所加拉力最大值为多少?

5-17 在如题 5-17 图所示结构中,设 CF 为刚体(即 CF 的弯曲变形可以不计),BC 为铜杆,DF 为钢杆,两杆的横截面面积分别为 A_1 和 A_2,弹性模量分别为 E_1 和 E_2。如要求 CF 始终保持水平位置,试求 x。

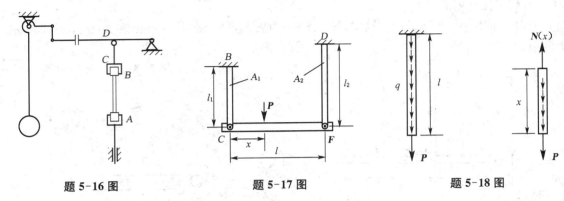

题 5-16 图　　　　　题 5-17 图　　　　　题 5-18 图

5-18　当拉杆较长时,应考虑其自重影响。设拉杆质量均匀分布且截面不变,长度为 l,截面积为 A,其比重为 q,弹性模量为 E,下端所受拉力为 P,试求拉杆在外力 P 和自重作用下杆的应力和变形。

5-19　受预拉力 10 kN 拉紧的缆索如题 5-19 图所示。若在 C 点再作用向下 15 kN 的力,并设缆索不能承受压力。试求在 $h=l/5$ 和 $h=4l/5$ 两种情况下,AC 和 BC 两段内的内力。

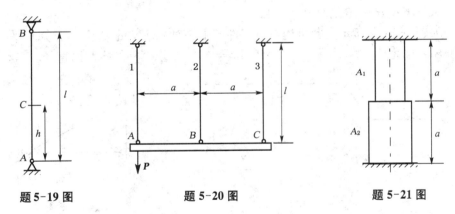

题 5-19 图　　　　　题 5-20 图　　　　　题 5-21 图

5-20　在如题 5-20 图所示结构中,设 AC 梁为刚杆,杆件 1、2、3 的横截面面积相等,材料相同。试求三杆的轴力。

5-21　阶梯形钢杆的两端在 $T_1=5℃$ 时按题 5-21 图形式被固定,杆件自重不计,杆件上、下两段的横截面面积分别是 $A_1=5\ cm^2$,$A_2=10\ cm^2$。钢材的 $\alpha=12.5\times10^{-6}\ /℃$,$E=200\ GPa$。若温度升高至 $T_2=25℃$,试求杆内各部分的温度应力。

5-22　实心圆杆 AB 和 AC 在 A 点处铰接,如题 5-22 图所示。在 A 点处作用铅垂向下的力 $P=35\ kN$。已知 AB 和 AC 杆的直径分别为 $d_1=12\ mm$ 和 $d_2=15\ mm$,钢的弹性模量 $E=210\ GPa$。试求 A 点铅垂方向的位移。

5-23　在如题 5-23 图所示三杆桁架中,1、2 两杆的抗拉刚度同为 E_1A_1,杆 3 为 E_3A_3。杆 3 的长度为 $l+\delta$,其中 δ 为加工误差。试求将杆 3 强行装入 AC 位置后,杆 1、2、3 的内力。

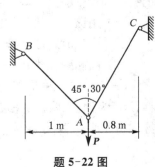

题 5-22 图

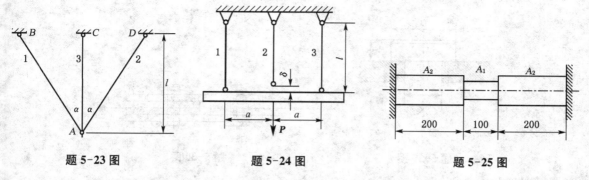

题 5-23 图　　　　题 5-24 图　　　　题 5-25 图

5-24　刚性梁由三根钢杆支承,如题 5-24 图所示。材料的弹性模量 $E = 200$ GPa,钢杆的横截面面积均为 100 mm²。试求下述情况下各杆横截面上的应力:

(1) 中间一根杆的长度做短了 $\delta = 5 \times 10^{-4} l, P = 0$ 时强行安装;
(2) $\delta = 0, P = 20$ kN;
(3) $\delta = 2 \times 10^{-4} l, P = 50$ kN。

5-25　钢杆如题 5-25 图所示。已知横截面面积分别为 $A_1 = 100$ mm², $A_2 = 200$ mm², 钢的 $E = 210$ GPa, $\alpha = 125 \times 10^{-7}$ /℃。试求当温度升高 30℃ 时杆内的最大应力。

5-26　三角杆件如题 5-26 图所示,两杆材料相同,水平杆的长度为 l,斜杆的长度随 θ 角的变化而定,设杆件许用应力为 $[\sigma]$。求该 $AB、BC$ 结构具有最小总重量时的 θ 角。

5-27　已知 $P = 100$ kN, 销钉直径 $d = 30$ mm, 材料的许用切应力 $[\tau_m] = 60$ MPa, 试校核如题 5-27 图所示联接销钉的剪切强度。若强度不够,应改用多大直径的销钉?

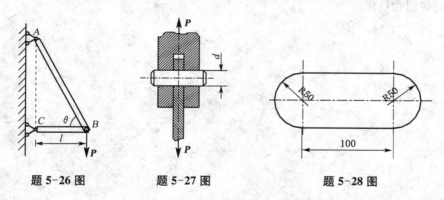

题 5-26 图　　　　题 5-27 图　　　　题 5-28 图

5-28　在厚度 $t = 5$ mm 的钢板上,冲出一个形状如题 5-28 图所示的孔(图中单位为 mm),钢板剪切时的极限切应力 $\tau_b = 300$ MPa, 求冲床所需的冲力 P。

5-29　已知 $D = 32$ mm, $d = 20$ mm 和 $h = 12$ mm, 杆的许用切应力 $[\tau_m] = 100$ MPa, 许用挤压应力 $[\sigma_{bs}] = 200$ MPa, $P = 50$ kN。试校核如题 5-29 图所示拉杆头部的剪切强度和挤压强度。

5-30　如题 5-30 图所示螺栓接头,已知 $P = 40$ kN, 螺栓许用切应力 $[\tau] = 130$ MPa, 许用挤压应力 $[\sigma_{bs}] = 300$ MPa。试按强度条件计算螺栓所需的直径。

5-31　一螺栓将拉杆与厚度为 8 mm 的两块盖板相联接,如题 5-31 图所示,各零件材料相同,许用应力均为 $[\sigma] = 80$ MPa, $[\sigma_{bs}] = 160$ MPa, $[\tau] = 60$ MPa。若拉杆的厚度 $t = 15$ mm, 拉力 $P = 120$ kN, 试确定螺栓直径 d 及拉杆宽度 b。

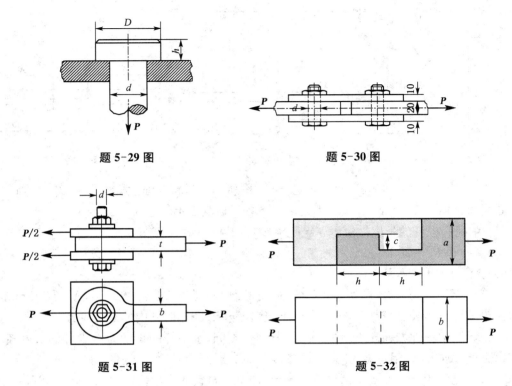

题 5-29 图 题 5-30 图

题 5-31 图 题 5-32 图

5-32 木榫接头如题 5-32 图所示。$a=b=12$ cm,$h=35$ cm,$c=4.5$ cm,$P=40$ kN。试求接头的剪切和挤压应力。

6 扭 转

6.1 扭转的概念及实例

在工程中以扭转为主要变形的构件为轴,如:机器中的传动轴(如图 6-1(a))、汽车转向轴(如图 6-1(b))、石油钻机中的钻杆等。受扭的构件,其外力的合力为一力偶,且力偶的作用面与直杆的轴线垂直,杆发生的变形为扭转变形(杆件的任意两个横截面都发生绕轴线的相对转动)。其中任意两截面绕轴线转动而发生的角位移称为扭转角(φ),剪应变(γ)为直角的改变量。

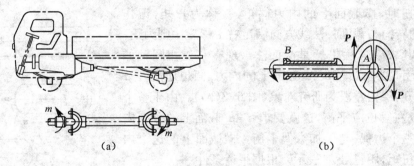

图 6-1

本章将介绍这类圆形或圆环形轴扭转的受力和变形。

6.2 外力偶矩的计算

传动轴的外力偶矩一般是根据功率、转速求得,下面就来看看传动轴的传递功率、转速与外力偶矩的关系。

设有一传动轴转速为 n(转/分,记为 r/min),传递的功率为 P(千瓦,记为 kW),则由功率的定义可知,功率等于外力偶矩 m 与角速度 ω 的乘积,可求得外力偶矩

$$m = 9\,549\frac{P}{n}(\text{N} \cdot \text{m}) \tag{6-1}$$

如功率 P 的单位为马力(PS)，则

$$m = 7\,024\frac{P}{n}(\text{N} \cdot \text{m}) \tag{6-2}$$

式中：n——转速，转/分(rpm)。

当功率 P 的单位为英制马力(HP)时，则

$$m = 7\,121\frac{P}{n}(\text{N} \cdot \text{m}) \tag{6-3}$$

其中：P——功率，马力(HP)；

n——转速，转/分(rpm)。

1 kW = 1.359 PS（米制马力）= 1.341 HP（英制马力）

6.3 扭矩、扭矩图

构件受扭时，横截面上的内力偶矩，被称为**扭矩**，记作"T"。"T"的转向与截面外法线方向满足右手螺旋法则为正，反之为负。其求解方法仍然是截面法。现有一受扭圆轴如图 6-2(a)所示，要求圆轴 a-a 截面上的内力，假想地沿 a-a 截面将轴截开，保留左段为研究对象（图 6-2(b)）。由于整个轴平衡，所以左段也应平衡，这就要求 a-a 截面上的分布内力系合成为一个力偶，与外加力偶平衡。横截面上的这个内力偶矩称为扭矩，用符号 T 表示。根据平衡条件

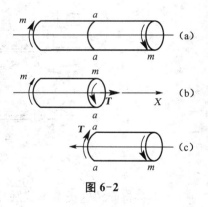

图 6-2

$$\sum m_x = 0$$
$$T - m = 0$$
$$T = m$$

如取右段为研究对象，如图 6-2(c)所示，仍可得 $T = m$。虽然扭矩的转向不同，但根据扭矩的符号规定，无论取左段还是取右段为研究对象，a-a 截面上的扭矩均为正值。

为了能直观地反映扭矩的情况，可画出沿杆件轴线各横截面上扭矩变化规律的图线，即扭矩图。扭矩图除了能反映扭矩变化规律外，还能用于 $|T|_{\max}$ 值及其截面位置用于强度计算（危险截面）。

【**例 6-1**】 一传动轴如图 6-3(a)所示，已知轴的转速 $n = 300$ r/min，主动轮输入的功率 $N_{\text{pA}} = 36.7$ kW，从动轮 B、C、D 输出的功率分别为 $N_{\text{pB}} = 14.7$ kW，$N_{\text{pC}} = N_{\text{pD}} = 11$ kW。画出轴的扭矩图。

【**解**】 (1) 计算外力矩 由公式(6-1)，可得

$$m_A = 9\,549\,\frac{N_{pA}}{n} = 9\,549 \times \frac{36.7}{300} = 1\,168\,\text{N}\cdot\text{m}$$

$$m_B = 9\,549\,\frac{N_{pB}}{n} = 9\,549 \times \frac{14.7}{300} = 468\,\text{N}\cdot\text{m}$$

$$m_C = m_D = 9549 \times \frac{N_{pC}}{n} = 9\,549 \times \frac{11}{300} = 350\,\text{N}\cdot\text{m}$$

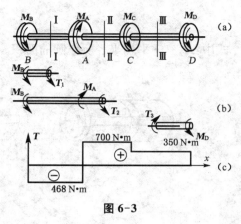

图 6-3

(2) 计算扭矩

由受力情况,可知轴在 BA、AC、CD 三段内有不同的扭矩,须分段求出(图 6-3(b))。

BA 段:沿Ⅰ-Ⅰ截面将轴截开,取左段为研究对象,截面上的扭矩以 T_1 表示。一般将截面上的扭矩假设成正向。根据平衡条件,有 $T_1 = -m_B = -468\,\text{N}\cdot\text{m}$。负号说明扭矩的转向与原假设的转向相反。

AC 段:沿Ⅱ-Ⅱ截面将轴截开,研究左半段,则:$T_2 = m_A - m_B = 1\,168 - 468 = 700\,\text{N}\cdot\text{m}$

CD 段:沿Ⅲ-Ⅲ截面将轴截开,研究右半段,则:$T_3 = m_D = 350\,\text{N}\cdot\text{m}$

(3) 画扭矩图

以平行于杆轴的横坐标表示截面位置,纵坐标表示扭矩的大小,并且向上为正。根据求得的各段扭矩值,即可画出传动轴的扭矩图,并标上扭矩的数值和符号,如图 6-3(c)所示。

由该题可得,截面上的扭矩 T 等于截面保留一侧所有扭转外力偶矩的代数和,外力偶矩正负号用右手螺旋法则确定:四个手指表示转向,大拇指代表方向,与保留侧端面外法线一致为正。

6.4 薄壁圆筒的扭转、剪应力互等定理和剪切胡克定律

6.4.1 薄壁圆筒的扭转

以薄壁圆筒(壁厚小于平均半径的十分之一)为例来研究圆轴扭转。要研究薄壁圆筒扭转时的变形、受力等情况,可通过观察扭转试验来实现。试验前在薄壁圆筒表面绘出纵向线和圆周线,如图 6-4(a)所示,然后在两端施加一对外力偶 m,观察发现受扭后,圆周线没有发生变化,而纵向线变成斜直线,如图 6-4(b)所示。由此可知:

(1) 圆筒表面的各圆周线的形状、大小和间距均未改变,只是绕轴线做了相对转动。

(2) 各纵向线均倾斜了同一微小角度,矩形网格歪斜成同样大小的平行四边形。

根据该现象分析可知,微小矩形单元体上无正应力,薄壁圆筒横截面上各点处只产生垂直于半径的均匀分布的剪应力 τ,沿周向大小不变,方向与该截面的扭矩方向一致。由以上结论可推得,薄壁圆筒扭转时,横截面上的切应力均匀分布,其方向与横截面半径垂直。则 $2\pi r_0 t \cdot \tau \cdot r_0 = 2\pi r_0^2 t\tau = T$,得到

$$\tau = \frac{T}{2\pi r_0^2 t} = \frac{T}{2A_0 t} \tag{6-4}$$

式中：A_0——平均半径所作圆的面积。

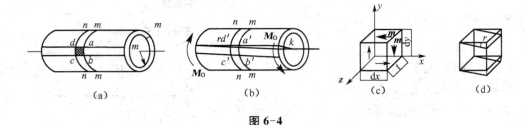

图 6-4

6.4.2 剪应力互等定理

相邻的横向线和纵向线围成一个对微小矩形单元体，如图 6-4(c)所示，对其进行受力分析，由平衡方程可得到

$$\sum m = 0 \quad (\tau \mathrm{d}yt)\mathrm{d}x - (\tau' \mathrm{d}xt)\mathrm{d}y = 0$$

所以

$$\tau = \tau' \tag{6-5}$$

式(6-5)称为**剪应力互等定理**。该定理表明：在单元体相互垂直的两个平面上，剪应力必然成对出现，且数值相等，两者都垂直于两平面的交线，其方向则共同指向或共同背离该交线。

单元体的四个侧面上只有剪应力而无正应力作用，这种应力状态称为纯剪切应力状态。

6.4.3 剪切胡克定律

在薄壁圆筒扭转试验中，取出的单元体在变形前后，直角就改变了 γ（图 6-4(d)）。角变形 γ 沿圆周与半径垂直，它是衡量剪切变形的一个量，称为**剪应变**。

当剪应力不超过材料的剪切比例极限时（$\tau \leqslant \tau_p$），剪应力与剪应变成正比关系，这个现象称为**剪切胡克定律**，可表示为

$$\tau = G \cdot \gamma \tag{6-6}$$

式中：G 是材料的一个弹性常数，称为**剪切弹性模量**，因 γ 无量纲，故 G 的量纲与 τ 相同，不同材料的 G 值可通过试验确定，钢材的 G 值约为 80 GPa。

剪切弹性模量、弹性模量和泊松比是表明材料弹性性质的三个常数。对各向同性材料，这三个弹性常数之间存在下列关系：

$$G = \frac{E}{2(1+\mu)} \tag{6-7}$$

可见，在三个弹性常数中，只要知道任意两个，第三个量就可以推算出来。

6.5 圆轴扭转时的应力与强度条件

6.5.1 等直圆杆扭转时横截面上的应力

了解薄壁圆筒受扭的情况后,鉴于与等直圆杆横截面有所不同,内力分布将不再均匀,要想了解等直圆杆受扭的具体情况,仍然要在等直圆杆表面绘出纵向线、圆周线,进行圆轴扭转试验,如图 6-5(a)所示。试验发现各圆周线的形状、大小和间距均未改变,仅绕轴线做相对转动;各纵向线均倾斜了同一微小角度 γ_ρ。如图 6-5(b)所示,此时可假设:横截面变形后仍为平面,其形状和大小不变,半径仍保持为直线。也就是说,横截面像刚性平面一样绕轴线旋转了一个角度。这个假设称为圆轴扭转的平面假设。于是圆周扭转时可视为许多薄壁筒镶套而成。

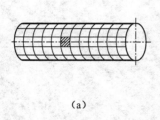

图 6-5

那么等直圆杆扭转时横截面上的应力计算公式可根据变形几何关系、物理关系、静力学关系导出。

(1) 变形几何关系:从图 6-5(b)中截取长为 dx 的微段轴来研究(图 6-6(a))。根据平面假设,$n-n$ 截面相对 $m-m$ 截面刚性地转动了一个角度 $d\varphi$,半径 Oa 转到 Oa' 位置,于是单元体 $abcd$ 的 ab 边相对 cd 边发生微小错动,引起切应变 γ,半径转过的弧长为 $\gamma dx = R d\varphi$,所以圆轴表面上的切应变为

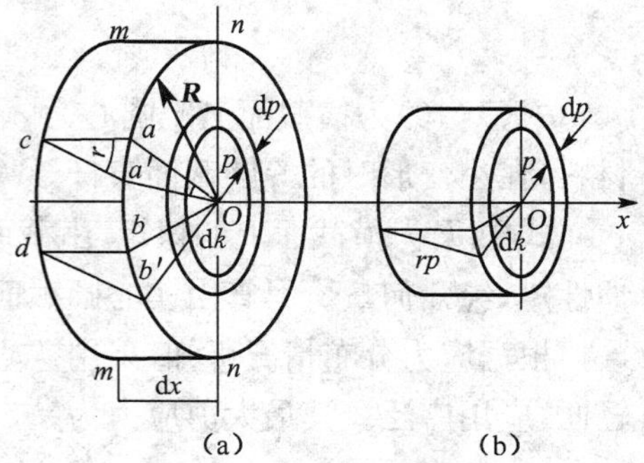

$$\gamma = R \frac{d\varphi}{dx}$$

图 6-6

而在轴内半径为 ρ、厚 $d\rho$ 的薄壁筒表面上(图 6-6(b)),切应变 γ_ρ 则为

$$\gamma_\rho = \rho \frac{d\varphi}{dx}$$

式中,$\dfrac{d\varphi}{dx}$ 为扭转角沿长度方向变化率,它是一个常数。由此可看出,距圆心为 ρ 任一点处的 γ_ρ

与到圆心的距离 ρ 成正比。

(2) 物理关系：根据胡克定律 $\tau = G \cdot \gamma$，带入 γ_ρ 可得

$$\tau_\rho = G \cdot \gamma_\rho = G \cdot \rho \cdot \frac{d\varphi}{dx} = \rho \cdot G \cdot \frac{d\varphi}{dx} \tag{6-8}$$

可看出，横截面上任意一点处剪应力 τ_ρ 的大小与该点到圆心的距离 ρ 成正比，这就是圆轴扭转时横截面上剪应力的变化规律。由上节讨论可知，剪应变与半径垂直，因而剪应力也应与半径垂直，如图 6-7 所示。

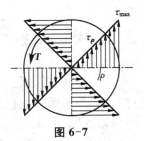

图 6-7

(3) 静力学关系：此时由于 $\frac{d\varphi}{dx}$ 大小未知，剪应力 τ_ρ 的大小仍然无法得出，于是引入静力学关系

$$T = \int_A (\tau_\rho dA)\rho$$

将式(6-8)代入上式，有

$$T = \int_A G \frac{d\varphi}{dx} \rho^2 dA$$

考虑到因子 $G\frac{d\varphi}{dx}$ 为常量，且其中 $I_p = \int \rho^2 dA$，则

$$T = G\frac{d\varphi}{dx} I_p \tag{6-9}$$

代入物理关系式(6-8)得

$$\tau_\rho = \frac{T \cdot \rho}{I_p} \tag{6-10}$$

式(6-10)为横截面上距圆心为 ρ 处任一点剪应力计算公式。仅适用于各向同性、线弹性材料，在小变形时的等圆截面直杆。

式中 T 为横截面上的扭矩，由截面法通过外力偶矩求得；ρ 为该点到圆心的距离；I_p 为极惯性矩，纯几何量。尽管由实心圆截面杆推出，但同样适用于空心圆截面杆，只是 I_p 值不同。

根据应力分布情况可知，采用空心截面构件在工程上能提高强度，节约材料，重量轻，结构轻便，应用广泛。其最大剪应力为

$$\tau_{max} = \frac{T \cdot \frac{d}{2}}{I_p} = \frac{T}{I_p/\frac{d}{2}} = \frac{T}{W_t} \quad (\diamondsuit W = I_p/\frac{d}{2}) \tag{6-11}$$

W_t 为抗扭截面系数（抗扭截面模量），几何量，单位：mm^3 或 m^3。

对于实心圆截面而言：$W_t = \frac{I_p}{R} = \frac{\pi D^3}{16}$

对于空心圆截面而言：$W_t = \frac{I_p}{R} = \frac{\pi D^3(1-\alpha^4)}{16}$

6.5.2 圆轴扭转时的强度计算

构件能够安全可靠地工作必须要满足强度条件,当圆轴扭转时,轴上最大的剪应力不能超过其许用剪应力,即

$$\frac{T_{max}}{W_t} \leqslant [\tau] \qquad (6-12)$$

式中,$[\tau] = \tau_u/n$ 为轴的许用切应力,τ_u 是材料的极限切应力,由材料的扭转试验测定。塑性材料的极限切应力为屈服极限 τ_s,脆性材料的极限切应力为强度极限 τ_b。n 为安全系数,由轴的实际工作情况决定。

式(6-12)可用于圆轴扭转时的强度校核,设计截面,或者确定许可荷载的大小。

【例题 6-2】 变速箱中一实心圆轴如图 6-1(a)所示,直径 $d = 32$ mm,传递功率 $N_p = 5$ kW,转速 $n = 200$ r/min,材料为 45 号钢,$[\tau] = 40$ MPa。试校核轴的强度。

【解】 (1) 计算外力矩
由公式(6-1)可得

$$m = 9\,549 \frac{N_p}{n} = 9\,549 \times \frac{5}{200} = 239 \text{ N} \cdot \text{m}$$

(2) 计算扭矩
由截面法,轴任一横截面上的扭矩均为

$$T = m = 239 \text{ N} \cdot \text{m}$$

(3) 强度计算
由强度条件式(6-12),得

$$\tau_{max} = \frac{T}{W_p} = \frac{16T}{\pi d^3} = \frac{16 \times 239}{\pi \times 32^3 \times 10^{-9}} = 37 \text{ MPa} < [\tau]$$

轴满足强度条件。

【例 6-3】 实心轴和空心轴通过牙嵌式离合器联接在一起(图 6-8)。两轴长度相等,材料相同,已知轴的转速 $n = 100$ r/min,传递的功率 $N_p = 7.5$ kW,材料的许用应力 $[\tau] = 40$ MPa。试选择实心轴直径 d 及内外径比值为 0.65 的空心轴外径 D。并在强度相同的情况下比较空心轴与实心轴的重量。

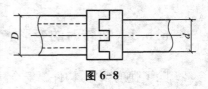

图 6-8

【解】 (1) 计算外力矩

$$m = 9\,549 \frac{N_p}{n} = 9\,549 \times \frac{7.5}{100} = 716 \text{ N} \cdot \text{m}$$

(2) 计算扭矩
任一截面扭矩均为 $\quad T = m = 716 \text{ N} \cdot \text{m}$

(3) 实心轴强度计算

$$\tau_{max} = \frac{T}{W_p} = \frac{16T}{\pi d^3} \leqslant [\tau]$$

得 $d \geqslant \sqrt[3]{\dfrac{16T}{\pi[\tau]}} = \sqrt[3]{\dfrac{16 \times 716}{\pi \times 40 \times 10^6}} = 45 \times 10^{-3}$ m $= 45$ mm

(4) 空心轴强度计算

$$\tau_{max} = \frac{T}{W_p} = \frac{16T}{\pi D^3(1-\alpha^4)} \leqslant [\tau]$$

得 $D \geqslant \sqrt[3]{\dfrac{16T}{\pi(1-\alpha^4)[\tau]}} = \sqrt[3]{\dfrac{16 \times 716}{\pi \times (1-0.65^4) \times 40 \times 10^6}} = 48 \times 10^{-3}$ m $= 48$ mm

(5) 比较空心轴与实心轴重量

由于两轴长度相等、材料相同,所以其重量之比就等于横截面面积之比,即

$$\frac{A_空}{A_实} = \frac{\pi D^2(1-\alpha^2)/4}{\pi d^2/4} = \frac{D^2(1-\alpha^2)}{d^2} = \frac{48^2 \times (1-0.65^2)}{45^2} = 0.657$$

这一结果表明,空心轴比实心轴轻,因此空心轴比实心轴节省材料,即采用空心轴比采用实心轴合理。这是因为横截面上的切应力沿半径线性分布,截面中心附近的应力很小,材料没有充分发挥作用。若把轴心附近的材料向边缘移置,使其成为空心轴,就会增大截面的 I_p 和 W_p,以提高轴的强度。反过来说,在 W_p 相等的情况下,空心轴的截面积必然小于实心轴的截面积,故空心轴重量较轻。但并不是所有的轴都设计成空心轴为好,如车床的光轴,纺织、化工机械中的长传动轴等细长轴,由于加工困难,都不宜设计成空心轴。

6.6 圆轴扭转时的变形与刚度条件

6.6.1 扭转时的变形

除了强度条件,构件要安全稳定地工作还必须满足一定的变形要求,即要满足刚度条件。扭转时的变形是由两横截面间的相对扭转角来度量的。可由公式(6-9)知,长为 l 一段杆两截面间相对扭转角 φ 为

$$\varphi = \int_l \mathrm{d}\varphi = \int_l \frac{T}{GI_p} \mathrm{d}x \quad (6\text{-}13)$$

对于同一材料的等截面圆轴,当扭矩 T 为常数时,相对扭转角 φ 可由下式计算:

$$\varphi = \frac{Tl}{GI_p} \quad (6\text{-}14)$$

式(6-14)即为等直圆轴扭转变形的计算公式,其单位为弧度(rad)。对于非圆截面杆,由于扭转时其横截面发生翘曲,平面假设不再成立,所以圆轴扭转时的应力及变形公式不再适用。式中:T为截面上的扭矩;l为两截面间的距离;G为材料的剪切弹性模量;I_p为横截面的极惯性矩。由该式可知,当T、l一定时,GI_p越大,相对扭转角φ越小,因此GI_p反映了截面抵抗扭转变形的能力,称为**截面的抗扭刚度**。

6.6.2 刚度条件

相对扭转角的计算公式表明,相对扭转角的大小与长度成正比。为了能更真实地反映和衡量轴的变形情况,引入单位长度相对扭转角。

$$\theta = \frac{\varphi}{l} = \frac{T}{GI_p}$$

θ的单位为弧度每米,记为rad/m。

构件正常工作时变形必须满足的刚度条件为

$$\theta_{\max} = \frac{T}{GI_p} \leqslant [\theta](\text{rad/m}) \tag{6-15}$$

式中,$[\theta]$称为单位长度许用相对扭转角。在工程实际中,$[\theta]$常用的单位是度/米(°/m)。为了使$\theta_{\max}$的单位与$[\theta]$一致,式(6-15)又可写为

$$\theta_{\max} = \frac{T}{GI_p} \cdot \frac{180}{\pi} \leqslant [\theta](°/\text{m}) \tag{6-16}$$

$[\theta]$的数值可根据机器的要求和轴的工作条件从有关设计手册中查出。通常,对于精密机器、仪器中的轴,$[\theta] = 0.25°/\text{m} \sim 0.5°/\text{m}$;对于一般传动轴,$[\theta] = 0.5°/\text{m} \sim 1°/\text{m}$;对于精度要求不高的轴,$[\theta] = 2°/\text{m} \sim 4°/\text{m}$。

根据刚度条件式,同样可以对轴进行三类问题的计算,即校核刚度、设计截面和确定许可荷载。有时,还可依据此条件进行选材。

进行刚度计算时,若轴上各段扭矩不等,或截面大小不一,或材料不同时,应综合考虑上述因素,判断$\theta_{\max}$可能发生的部位,然后进行刚度计算。

【**例 6-4**】 已知一传动轴受力如图 6-9(a)所示,若材料为 45 号钢,$G = 80\text{ GPa}$,$[\tau] = 60\text{ MPa}$,$[\theta] = 1°/\text{m}$,试设计轴的直径。

【**解**】 (1) 计算扭矩

由于轴上的外力偶矩多于两个,应分段应用截面法或根据求扭矩的一般规律求出各段扭矩,作出扭矩图(图 6-9(b))。

(2) 强度计算

轴为等直圆轴,危险截面应在 BC 段,由强度条件

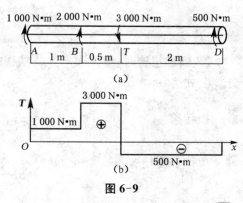

图 6-9

$$\tau_{max} = \frac{T_{max}}{W_p} = \frac{16 T_{max}}{\pi d^3} \leqslant [\tau]$$

得 $$d \geqslant \sqrt[3]{\frac{16 T_{max}}{\pi [\tau]}} = \sqrt[3]{\frac{16 \times 3\,000}{\pi \times 60 \times 10^6}} = 0.063 \text{ m} = 63 \text{ mm}$$

(3) 刚度计算

由刚度条件

$$\theta_{max} = \frac{T_{max}}{GI_p} \times \frac{180}{\pi} = \frac{32 T_{max}}{G\pi d^4} \times \frac{180}{\pi} \leqslant [\theta]$$

得 $$d \geqslant \sqrt[4]{\frac{32 T_{max} \times 180}{G\pi^2 [\theta]}} = \sqrt[4]{\frac{32 \times 3\,000 \times 180}{80 \times 10^9 \times \pi^2 \times 1}} = 0.068 \text{ m} = 68 \text{ mm}$$

根据以上计算结果,为了同时满足强度和刚度条件,取轴的直径 $d = 68$ mm。

小 结

本章建立了圆轴扭转时的应力和变形计算公式,强度和刚度条件。学习时应清楚地了解公式建立的基础、应用条件,扭转变形的受力特点和变形特点;掌握扭矩和应力的计算;达到熟练地进行扭转强度、刚度计算的要求。

1. 圆轴发生扭转时,横截面上的内力是一个力偶矩——扭矩 T,截面上只有剪应力存在。

2. 圆轴扭转时,截面上的剪应力大小沿半径方向呈线性分布,圆心处为零,边缘处最大,方向垂直于半径。计算公式为

$$\tau_\rho = \frac{T \cdot \rho}{I_p} \qquad \tau_{max} = \frac{T}{W_t}$$

I_p、W_t 分别为截面的极惯性矩和抗扭截面系数。

对于直径为 D 的实心圆截面

$$I_p = \frac{\pi D^4}{32}, W_t = \frac{I_p}{\frac{D}{2}} = \frac{\pi D^3}{16}$$

对于内、外径比 $d/D = \alpha$ 的空心圆截面

$$I_p = \frac{\pi D^4}{32}(1 - \alpha^4), W_t = \frac{I_p}{\frac{D}{2}} = \frac{\pi D^3}{16}(1 - \alpha^4)$$

3. 圆轴扭转时,横截面产生绕轴线的相对转动,两截面间相对转过的角度,称为扭转角。计算公式为

扭转角 $\qquad\qquad\varphi = \frac{Tl}{GI_p}(\text{rad})$(计算扭转绝对变形)

单位长度扭转角 $\qquad\theta_{max} = \frac{T}{GI_p} \cdot \frac{180}{\pi}(°/\text{m})$(计算扭转相对变形)

4. 圆轴扭转时的强度条件和刚度条件为

$$\tau_{\max} = \frac{T_{\max}}{W_t} \leqslant [\tau], \quad \theta_{\max} = \frac{T}{GI_p} \cdot \frac{180}{\pi} \leqslant [\theta]$$

强度条件和刚度条件是两个互相独立的条件，可以应用于强度、刚度校核，设计截面尺寸和计算容许荷载等。当要求同时满足强度和刚度条件时，解出的直径或容许荷载均有两个不同的值，直径应取数值大的，容许扭矩取数值小的。

5. 运用强度条件和刚度条件解决实际问题的一般步骤为：

(1) 求出轴上的外力偶矩；

(2) 画出扭矩图，分析危险截面；

(3) 列出危险截面的强度、刚度条件并进行计算。

6. 圆形截面杆件扭转的应力分析方法，较全面地体现了材料力学研究方法的基本思路——在观察实验现象的基础上，作出合理的假设和推理，综合考虑变形几何方面、物理方面、静力学方面，推导出符合工程实际的力学计算公式。在学习中要认真体会这种科学的思维方法。

需要强调指出，圆形截面杆扭转的研究中提出了平面假设，所得应力、变形计算公式都是建立在平面假设的基础上，非圆形截面杆因发生翘曲，所以有关圆轴的计算公式均不再适用。

思考题

1. 圆轴直径增大一倍，其他条件均不变，那么最大剪应力、轴的扭转角将如何变化？

2. 直径 D 和长度 l 都相同，材料不同的两根轴，在相同扭矩 T 作用下，它们的最大剪应力 $\tau_{\max}$ 是否相同？扭转角是否相同？为什么？

3. 圆截面杆与非圆截面杆受扭转时，其应力与变形有什么不同？原因是什么？

4. 一空心圆轴的外径为 D，内径为 d，问其极惯性矩 I_p 和抗扭截面模量 W_p 是否可按下式计算：

$$I_p = I_{p外} - I_{p内} = \frac{\pi D^4}{32} - \frac{\pi d^4}{32} \qquad W_p = W_{p外} - W_{p内} = \frac{\pi D^3}{16} - \frac{\pi d^3}{16}$$

为什么？

5. 如图 6-10 所示的两种传动轴，试问哪一种轮的布置对提高轴的承载力有利？

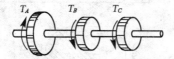 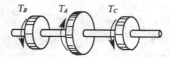

图 6-10

6. 两根圆轴的直径相同，长度相同，一根为钢，另一根为铜，问在相同扭矩作用下，两根轴的最大切应力是否相同？强度是否一样？扭转角 φ 是否相同？刚度是否一样？

7. 有两根长度及重量都相同，且由同一材料制成的轴，其中一轴是空心的，内外径之比 $\alpha = d/D = 0.8$，另一轴是实心的，直径为 D。试问：(1) 在相同许用应力情况下，空心轴和实心轴所能承受的扭矩哪个大？求出扭矩比；(2) 哪根轴的刚度大？求出刚度比。

习 题

6-1 作出题 6-1 图中结构的扭矩图。

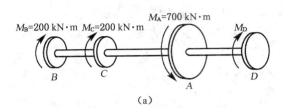
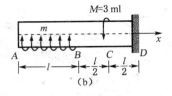

题 6-1 图

6-2 一传动轴的转速 $n = 200$ r/min,轴上装有五个轮子,主动轮 2 输入的功率为 80 kW,从动轮 1、3、4、5 依次分别输出 28 kW、12 kW、32 kW 和 8 kW,试作该轴的扭矩图。

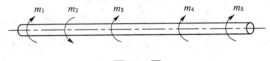

题 6-2 图

6-3 某汽车主传动轴钢管外径 $D = 76$ mm,壁厚 $t = 2.5$ mm,传递扭矩 $T = 1.98$ kN·m,$[\tau] = 100$ MPa,试校核轴的强度。

6-4 圆轴的直径 $d = 50$ mm,转速为 120 r/min。若该轴横截面上的最大切应力等于 60 MPa,试问所传递的功率为多大?

6-5 如题 6-5 图所示一等直圆杆,已知 $d = 40$ mm,$a = 400$ mm,$G = 80$ GPa,$\varphi_{DB} = 1°$。试求:

(1) 最大切应力;
(2) 截面 A 相对于截面 C 的扭转角。

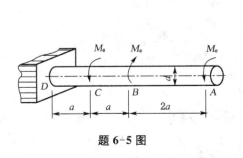

题 6-5 图

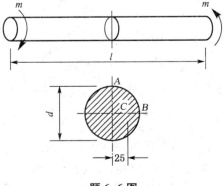

题 6-6 图

6-6 实心轴的直径 $d = 100$ mm,$l = 1$ m,其两端所受外力偶矩 $m = 14$ kN·m,材料的剪切弹性模量 $G = 80$ GPa。试求:

(1) 最大切应力及两端截面间的相对扭转角;

(2) 如题 6-6 图所示截面 A、B、C 三点处切应力的大小和方向。

6-7 如题 6-7 图所示的传动轴长 $l=510\,\text{mm}$，直径 $D=50\,\text{mm}$。现将此轴的一段钻成内径 $d_1=25\,\text{mm}$ 的内腔，而余下一段钻成 $d_2=38\,\text{mm}$ 的内腔。若材料的许用切应力 $[\tau]=70\,\text{MPa}$，试求：

(1) 此轴能承受的最大转矩 $M_{\max}$；

(2) 若要求两段轴内的扭转角相等，则两段的长度应分别为多少？

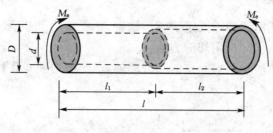

题 6-7 图

6-8 今欲以一内外径比值为 0.6 的空心轴来代替一直径为 40 cm 的实心轴，在两轴的许用切应力相等和材料相同的条件下，试确定空心轴的外径，并比较两轴的重量。

6-9 如题 6-9 图所示的阶梯形传动轴中，A 轮输入的转矩 $M=800\,\text{N}\cdot\text{m}$，$B$、$C$、$D$ 轮输出的转矩分别为 $M_B=M_C=300\,\text{N}\cdot\text{m}$，$M_D=200\,\text{N}\cdot\text{m}$。传动轴的许用切应力 $[\tau]=400\,\text{MPa}$，许用扭转角 $[\theta]=1°/\text{m}$，材料的剪切弹性模量 $G=80\,\text{GPa}$。求：

(1) 试根据轴的强度条件和刚度条件，确定传动轴各段的直径 d_1、d_2 和 d_3；

(2) 若将传动轴改为等截面空心圆轴，并要求内外直径之比 $\alpha=d/D=0.6$，试确定轴的外径 D，并比较两种情况下轴的重量。

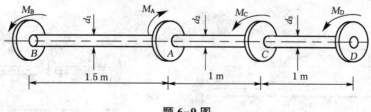

题 6-9 图

6-10 钻探机钻杆外径 $D=60\,\text{mm}$，内径 $d=50\,\text{mm}$，功率 $P=7.35\,\text{kW}$，轴的转速 $n=180\,\text{r/min}$，杆钻入土层的深度 $l=50\,\text{m}$，材料的切变模量 $G=80\,\text{GPa}$，许用切应力 $[\tau]=40\,\text{MPa}$。假设土壤对钻杆的阻力沿长度均匀分布，试求：

(1) 土壤对钻杆单位长度的阻力矩 M；

(2) 作钻杆的扭矩图，并进行强度校核；

(3) 计算 A、B 截面的相对扭转角。

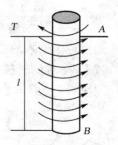

题 6-10 图

6-11 如图所示圆锥形杆 AB，两端承受扭力偶矩 m 作用。横截面 A 与 B 的直径分别为 d_1 与 d_2，轴长为 l，切变模量为 G，试求圆锥形杆的总扭转角。

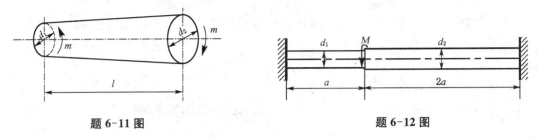

题 6-11 图   题 6-12 图

6-12 如题 6-12 图所示两端固定阶梯形圆轴，承受扭力偶矩 M 作用。为使轴的重量最轻，试确定轴径 d_1 与 d_2，已知许用切应力为 $[\tau]$。

6-13 如题 6-13 图所示两端固定的圆截面轴，承受扭力偶矩作用，设扭转刚度为已知常数，试求支反力偶矩。

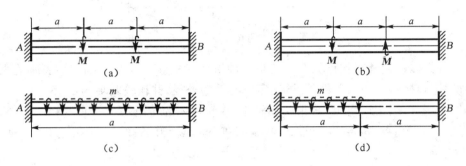

题 6-13 图

6-14 已知扭力偶矩 $M_1 = 400 \text{ N}\cdot\text{m}$，$M_2 = 600 \text{ N}\cdot\text{m}$，许用切应力 $[\tau] = 40 \text{ MPa}$，单位长度的许用扭转角 $[\theta] = 0.25°/\text{m}$，切变模量 $G = 80 \text{ GPa}$，图中单位为 mm，试确定图示轴的直径。

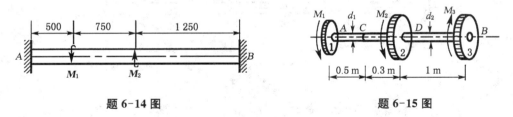

题 6-14 图   题 6-15 图

6-15 如题 6-15 图所示阶梯形圆轴，装有三个皮带轮，轴径 $d_1 = 40 \text{ mm}$、$d_2 = 70 \text{ mm}$。已知由轮 3 输入的功率 $P_3 = 30 \text{ kW}$，由轮 1 和轮 2 输出的功率分别为 $P_1 = 13 \text{ kW}$ 和 $P_2 = 17 \text{ kW}$，轴的转速 $n = 200 \text{ r/min}$，材料的许用切应力 $[\tau] = 60 \text{ MPa}$，切变模量 $G = 80 \text{ GPa}$，许用扭转角 $[\theta] = 2°/\text{m}$，试校核该轴的强度与刚度。

7 梁的内力

7.1 平面弯曲的概念

梁是以弯曲变形为主的非竖直杆件,在工程中十分常见,其特征为外力(包括力偶)的作用线垂直于杆轴线或作用在杆件上的荷载和支反力都垂直于杆件的轴线(通常称为横向力),轴线由直线变成曲线。

绝大多数受弯杆件的横截面都具有对称轴,如图 7-1 中的点画线。因而,梁对称轴与梁轴线所决定的平面称为梁的纵向对称平面(图 7-1 中的阴影面)。当所有外力(或者外力的合力)作用于纵向对称面内时,杆件的轴线在对称面内弯曲成一条平面曲线,这种变形称为**平面弯曲**。平面弯曲是最简单和基本的弯曲,本章着重讨论梁的内力计算以及梁的内力图绘制问题。

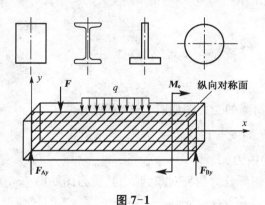

图 7-1

梁的结构形式很多,根据梁的约束反力是否可以用静力平衡条件全部确定,将梁分为静定梁和超静定梁;根据梁的跨数将梁分为单跨梁和多跨梁。本章只研究单跨静定梁。

单跨静定梁按其支承情况又分为悬臂梁、简支梁和外伸梁三种,如图 7-2 所示。

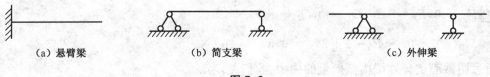

(a) 悬臂梁　　　　(b) 简支梁　　　　(c) 外伸梁

图 7-2

7.2 弯曲内力——剪力和弯矩

在横向力作用下梁的横截面上有两种内力：一种是与横截面相切的内力——**剪力**，用 Q 表示，规定使梁段产生顺时针转动的剪力取正值，反之取负；另一种是作用面与横截面垂直的内力偶的力偶矩——**弯矩**，用 M 表示，规定使梁段产生下凸变形的弯矩取正值，反之取负。

用截面法计算梁上指定截面内力的步骤为：

(1) 计算支座反力；

(2) 用假想的截面在欲求内力处将梁切开，任选其中一部分作为研究对象，并画出研究对象的受力图，在画截面上的内力时要遵循预设为正的原则；

(3) 列平衡方程计算出所求内力，计算剪力用投影方程 $\sum F_y = 0$，计算弯矩时用以切口的形心为矩心的力矩方程 $\sum M_{切口}(F) = 0$。

【**例 7-1**】 试计算如图 7-3(a)所示简支梁指定截面处的内力。

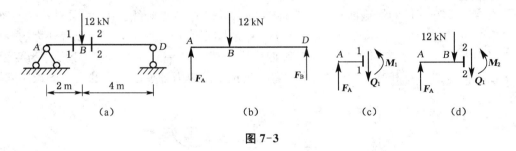

图 7-3

【**解**】 (1) 计算支座反力

以梁为研究对象，画出梁的受力图如图 7-3(b)所示。

$\sum M_D(F) = 0, -F_A \cdot 6 + 12 \times 4 = 0, F_A = 8 \text{ kN}(\uparrow)$

(2) 计算 1-1 截面的内力

在 1-1 处切开，取左侧部分为研究对象，画出其受力图如图 7-3(c)所示。

$\sum F_y = 0, F_A - Q_1 = 0, Q_1 = 8 \text{ kN}$

$\sum M_B(F) = 0, -F_A \cdot 2 + M_1 = 0, M_1 = 16 \text{ kN} \cdot \text{m}$

(3) 计算 2-2 截面的内力

在 2-2 处切开，取左侧部分为研究对象，画出其受力图如图 7-3(d)所示。

$\sum F_y = 0, F_A - 12 - Q_2 = 0, Q_2 = -4 \text{ kN}$

$\sum M_B(F) = 0, -F_A \cdot 2 + M_2 = 0, M_2 = 16 \text{ kN} \cdot \text{m}$

通过用截面法计算梁横截面上的内力，我们发现：

(1) 梁横截面上的剪力等于截面任一侧所有外力在 y 轴方向的代数和，即 $Q = \sum F_{左外}$

或 $Q = \sum F_{右外}$,其正负号口诀是"左上剪力正、左下剪力负、右上剪力负、右下剪力正"。

解读:"**左上剪力正**"的含义是截面左侧向上的外力引起的截面剪力取正号,其余的类推。

(2) 梁横截面上的弯矩等于截面任一侧的所有外力对截面形心力矩的代数和,即 $M = \sum M_{切口}(F_{左外})$ 或 $M = \sum M_{切口}(F_{右外})$,其正负号口诀是"左顺弯矩正、左逆弯矩负、右顺弯矩负、右逆弯矩正"。

解读:"**左顺弯矩正**"的含义是截面左侧对截面形心顺时针的外力矩引起的截面弯矩取正号,其余的类推。

这种不用画受力图、不用列平衡方程,直接根据外力计算内力的方法称为**直接观察法**。

【**例 7-2**】 计算如图 7-4(a)所示外伸梁上指定截面的内力。

【**解**】 (1) 计算支座反力

以梁为研究对象,画出梁的受力图如图 7-4(b)所示。

$\sum M_C(F) = 0, -F_A \cdot 4 + 30 - 10 \times 2 = 0, F_A = 2.5 \text{ kN}(\uparrow)$

$\sum M_A(F) = 0, 30 + F_C \cdot 4 - 10 \times 6 = 0, F_C = 7.5 \text{ kN}(\uparrow)$

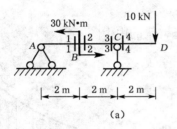

图 7-4

(2) 计算指定截面的内力

剪力:$Q_1 = F_A = 2.5 \text{ kN}$

$Q_2 = F_A = 2.5 \text{ kN}$

$Q_3 = F_A = 2.5 \text{ kN}$

$Q_4 = 10 \text{ kN}$

弯矩:$M_1 = F_A \cdot 2 = 5 \text{ kN} \cdot \text{m}$

$M_2 = F_A \cdot 2 - 30 = 2.5 \times 2 - 30 = -25 \text{ kN} \cdot \text{m}$

$M_3 = -10 \times 2 = -20 \text{ kN} \cdot \text{m}$

$M_4 = -10 \times 2 = -20 \text{ kN} \cdot \text{m}$

通过例题我们可以总结出梁上外力作用处内力的变化规律:

在集中力作用处的左、右两侧截面,剪力值发生突变,其突变大小等于该集中力的大小,弯矩值不变。

在集中力偶作用处的左、右两侧截面,剪力值不变,弯矩值发生突变,其突变大小等于该集中力偶的力偶矩大小。

7.3 剪力、弯矩方程和剪力、弯矩图

在一般情况下,梁横截面上的剪力和弯矩随截面的位置不同而变化。若以横坐标 x 表示横截面在梁轴线上的位置,则各横截面上的剪力和弯矩皆可表示成坐标 x 的函数,即

$$Q = Q(x), M = M(x)$$

这两个函数关系式分别称为梁的**剪力方程**和**弯矩方程**。

为了直观地反映梁的内力沿梁轴线的变化情况,我们把剪力方程和弯矩方程用函数图像表示出来,分别称为**剪力图**和**弯矩图**。这种根据内力方程绘制内力图的方法称为**内力方程法**,内力方程法是绘制内力图的基本方法。

绘制梁的内力图时通常规定:正的剪力画在 x 轴的上方,负的剪力画在 x 轴的下方;正的弯矩画在 x 轴的下方,负的弯矩画在 x 轴的上方。**内力图形画好后要进行标注:标图名、标控制值、标正负号、标单位。**

【例 7-3】 用内力方程法绘制如图 7-5(a)所示悬臂梁的内力图。

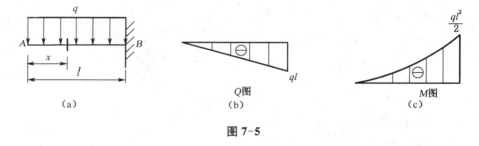

图 7-5

【解】 以 A 点为坐标 x 的原点,计算距坐标原点为 x 处的任意截面内力,便得到梁的内力方程

$$Q(x) = -qx \qquad (0 < x < l)$$

$$M(x) = -\frac{q}{2}x^2 \qquad (0 \leqslant x < l)$$

由剪力方程可知剪力图为一条直线,如图 7-5(b)所示。

由弯矩方程可知弯矩图为一条二次抛物线,如图 7-5(c)所示。

【例 7-4】 用内力方程法绘制如图 7-6(a)所示简支梁的内力图。

【解】 (1) 计算支座反力

以梁为研究对象,画出梁的受力图如图 7-6(b)所示。

$$\sum M_A(F) = 0, -10 \times 3 + F_B \cdot 5 = 0, F_B = 6 \text{ kN}(\uparrow)$$

$$\sum M_B(F) = 0, 10 \times 2 - F_A \cdot 5 = 0, F_A = 4 \text{ kN}(\uparrow)$$

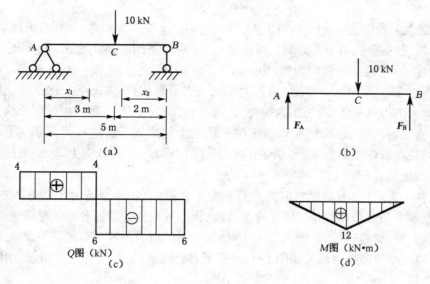

图 7-6

(2) 列出梁的内力方程

根据梁的受力情况将梁 AB 分为 AC 和 CB 两段。

AC 段:以 A 点为坐标 x_1 的原点,距 A 点为 x_1 处截面的内力为

$$Q(x_1) = F_A = 4 \text{ kN} \quad (0 < x_1 < 3 \text{ m})$$

$$M(x_1) = F_A x_1 = 4x_1 \quad (0 \leqslant x_1 \leqslant 3 \text{ m})$$

CB 段:以 B 点为坐标 x_2 的原点,距 B 点为 x_2 处截面的内力为

$$Q(x_2) = -F_B = -6 \text{ kN} \quad (0 < x_2 < 2 \text{ m})$$

$$M(x_2) = F_B x_2 = 6x_2 \quad (0 \leqslant x_2 \leqslant 2 \text{ m})$$

(3) 绘制梁的内力图

根据剪力方程绘制出梁的剪力图,如图 7-6(c)所示。

根据弯矩方程绘制出梁的弯矩图,如图 7-6(d)所示。

7.4 荷载集度、剪力和弯矩间的微分关系及其应用

研究梁的内力方程可以发现:若规定梁上的分布荷载集度 q 以向上为正,则梁上的弯矩、剪力、分布荷载集度三者之间存在如下微分关系:

$$\frac{\mathrm{d}Q(x)}{\mathrm{d}x} = q(x), \quad \frac{\mathrm{d}M(x)}{\mathrm{d}x} = Q(x), \quad \frac{\mathrm{d}^2 M(x)}{\mathrm{d}x^2} = q(x) \tag{7-1}$$

根据梁上 $M(x)$、$Q(x)$、$q(x)$ 三者之间的微分关系,可进一步发现梁的内力图具有如下

规律:

(1) 当梁上某段内的 $q=0$ 时,剪力为常数,弯矩为 x 的一次函数。因此,该段梁上的剪力图为平行于轴线的直线,弯矩图为斜直线。若 $Q>0$,弯矩图的斜率为正,为一向右上升的斜直线。若 $Q<0$,弯矩图的斜率为负,为一向右下降的斜直线。

(2) 当梁上某一段内 $q=$ 常数,剪力为 x 的一次函数,弯矩为 x 的二次函数。因此,在这一段梁上,剪力图为斜直线,弯矩图为抛物线。若均布荷载 q 向上,剪力图的斜率为正,为一向右上升的斜直线,弯矩图的斜率逐渐增加,为一凹向上的曲线。若均布荷载 q 向下,剪力图为向右下降的斜直线,弯矩图为一凹向下的曲线。在剪力 $Q=0$ 的截面上,弯矩图的斜率为零,此处的弯矩为极值。

利用这种关系,可以不必建立剪力方程和弯矩方程,直接绘制剪力图和弯矩图。其方法是:首先根据梁上荷载和约束情况将梁分成几段,再由各段内荷载的分布情况确定剪力图和弯矩图的形状,并算出特殊截面上的内力大小,作出全梁的剪力图和弯矩图。下面举例说明。

【例 7-5】 外伸梁受力情况如图 7-7(a)所示,试用微分关系作剪力图和弯矩图。

【解】 (1) 求支反力

由平衡方程,可求得 C、B 两支座处的支反力为

$$R_C = 2qa \qquad R_B = qa$$

方向如图 7-7(a)所示。

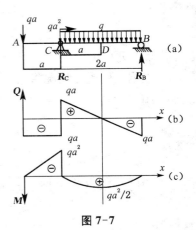

图 7-7

(2) 绘制剪力图

根据该梁的受力情况可知,应分成 AC 和 CB 两段作图。作图时应从梁的左端点 A 开始。AC 段内无均布荷载作用,即 $q=0$,剪力图为平行于 x 轴的直线,由截面法算得 $Q_{C左}=-qa$。由于 C 支座处有向上的反力 $R_C=2qa$,所以该处剪力图发生突变,则 C 截面右侧的剪力为

$$Q_{C右} = Q_{C左} + R_C = -qa + 2qa = qa$$

CB 段内,受均布荷载作用且 q 的方向向下,故剪力图为一向右下降的斜直线,$Q_B=-R_B=-qa$。将各特殊截面 A、C、B 的剪力值标在坐标上,以直线连接,即可得到全梁的剪力图(7-7(b))。

(3) 绘制弯矩图

梁仍需分成 AC、CB 两段作弯矩图,作图时还应从 A 点开始。AC 段内无均布荷载作用,且 $Q<0$,故为一向右下降的斜直线。由截面法求得 $M_A=0$,$M_{C左}=-qa^2$,将 A、C 截面上的弯矩值标在坐标上,用直线连接,即可得到 AC 段的弯矩图。支座 C 处有集中力偶的作用,弯矩图在此发生突变,因此有:$M_{C右}=M_{C左}+qa^2=0$。

CB 段内有向下的均布荷载作用,弯矩图为一向下凹的曲线,并且 D 点($Q_D=0$)为该曲线的极值点,该点的弯矩值为

$$M_D = R_B a - \frac{1}{2}qa^2 = \frac{1}{2}qa^2$$

B 截面的弯矩 $M_B=0$,将 C、D、B 三截面的弯矩值标在坐标上,连接各点画出抛物线,即得 CB 段的弯矩图。全梁的弯矩图如图 7-7(c)所示。

(4) 确定 $|Q|_{max}$ 和 $|M|_{max}$

由剪力图和弯矩图可知,梁上最大剪力和最大弯矩值为

$$|Q|_{max} = qa \qquad |M|_{max} = qa^2$$

7.5 用叠加法作弯矩图

7.5.1 叠加原理

所谓**叠加原理**,是指结构在多个荷载共同作用下引起的某种效应(如反力、内力、应力、变形等)的值,等于各个荷载单独作用下所引起的该种效应之值的代数和。

7.5.2 叠加法

根据叠加原理绘制梁内力图的方法称为**叠加法**。用叠加法绘制梁的内力图的步骤为:
① 荷载分解。将梁上所受荷载分解成若干个简单荷载。所谓简单荷载是指梁内力图已知的荷载,单跨静定梁在简单荷载作用下的内力图见表 7-1。
② 查表分别画出梁在各个简单荷载单独作用下的内力图。
③ 叠加画出梁在各个荷载共同作用下的内力图。

由于梁在常见简单荷载作用下的剪力图比较简单,一般不用叠加法绘制。下面举例说明用叠加法绘制梁的弯矩图。

【**例 7-6**】 用叠加法绘制如图 7-8(a)所示梁的弯矩图。

【**解**】(1) 先将作用在梁上的荷载分为两组:一组为简支梁受力偶作用,另一组为简支梁受集中力作用,如图 7-8(b)、(c)所示。

(2) 分别画出两组荷载单独作用下的弯矩图,如图 7-8(e)、(f)所示。

(3) 将图 7-8(e)、(f)叠加得到图 7-8(d)便是梁在两个荷载共同作用下的弯矩图。

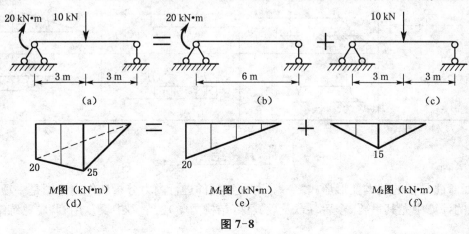

图 7-8

注意：叠加是将同一截面上的弯矩值代数相加，反映到弯矩图上是各简单荷载单独作用下的弯矩图在对应点处垂直于杆轴的纵坐标相叠加，而不是若干个弯矩图的简单合并。

表 7-1　简单荷载作用下的剪力图和弯矩图

小　结

平面弯曲是杆的基本变形形式之一。对受弯构件进行内力分析和作内力图是一项重要内容，在梁的计算中尤其重要，今后各章及后续课(结构力学)的学习中反复用到，应熟练掌握。

1. 杆件弯曲时，一般情况下，横截面上同时存在两种内力——弯矩 M 和剪力 Q。它们分别是微内力 τdA 和 σdA 合成的结果。计算内力的基本方法是截面法。在应用截面法时，可直接依据外力确定截面上内力的数据与符号。确定内力数值的规律为：剪力 Q 等于截面一侧外力的代数和，弯矩 M 等于截面一侧外力对横截面形心力矩的代数和。确定内力符号的规律为："左上右下剪力为正，左顺右逆弯矩为正"。

2. 剪力和弯矩的函数图像——剪力图和弯矩图，是分析危险截面的依据之一。熟练、正确、快捷地绘制剪力图和弯矩图是工程力学的一项基本功。本章讨论了三种作内力图的方法：

(1) 根据剪力方程和弯矩方程作内力图；

(2) 简捷作图法——利用 M、Q、q 之间的微分关系作内力图；

(3) 用叠加法作内力图。

其中第一种方法是最基本的方法，运算步骤为：①求支座反力（一般悬臂梁可省略）；②分段，在集中力（包括支座反力）和集中力偶作用处，以及分布荷载的分布规律发生变化的截面处将梁分段；③列出各段的内力方程；④计算控制截面的内力数值，并作图；⑤在图中确定最大内力的位置及数值。

当对梁在简单荷载作用下的弯矩图比较熟悉时，用叠加法作弯矩图是非常方便的。

3. 学习本章时，需特别注意下列几点：

(1) 应将截面法计算内力作为基本方法。要掌握截面法计算内力，则必须熟练而正确地画出研究对象图，根据研究对象上的力建立平衡方程。

(2) 在列平衡方程计算内力时，要弄清静力平衡方程中出现的正负号和对 Q、M 规定的正负号之间的区别。

(3) 正确校核支座反力值和方向精确性，正确判断外力和外力矩的正负。

思考题

1. 平面弯曲的受力特点及变形特点是什么？

2. 弯矩、剪力与分布荷载集度三者之间的微分关系是如何建立的？试述其物理意义和几何意义？建立微分关系时分布荷载集度与坐标轴的取向有什么联系？

3. 悬臂梁的剪力图和弯矩图分别如图 7-9(b)、7-9(c) 所示。试问：(1) A 点的剪力，弯矩图在 A 点的斜率应该怎样？其弯矩值是否为极值？(2) 弯矩图上的极值是否就是最大弯矩值？

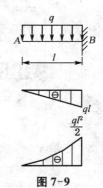

图 7-9

习 题

7-1 试求如题 7-1 图所示各梁中 1-1、2-2、3-3 截面的剪力和弯矩。所求截面无限接近于 A、B 或 C 截面。

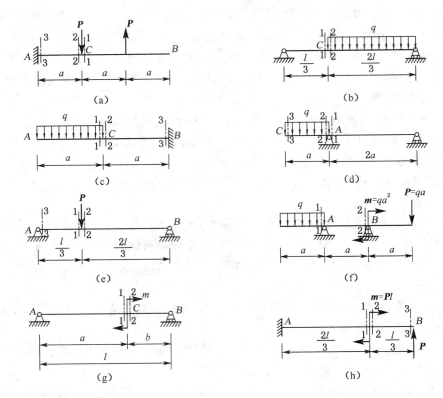

题 7-1 图

7-2 试列出如题图 7-2 图所示各梁的剪力方程和弯矩方程,并作出剪力图和弯矩图及确定 $|Q|_{max}$、$|M|_{max}$ 的值。

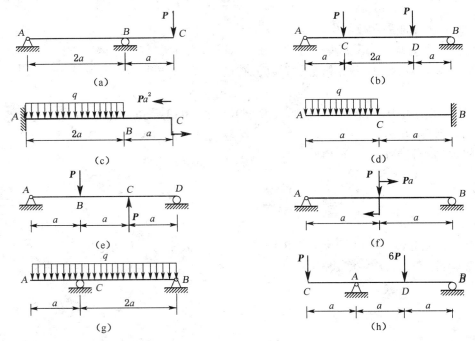

题 7-2 图

7-3 已知梁的剪力、弯矩图如题 7-3 图所示,试画梁的外力图。

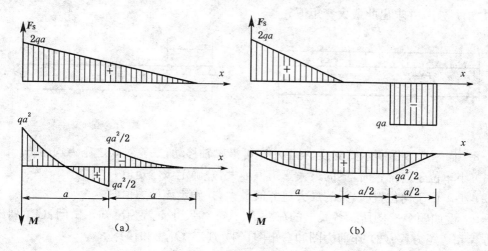

题 7-3 图

7-4 已知梁的弯矩图如题 7-4 图所示,试作荷载图和剪力图。

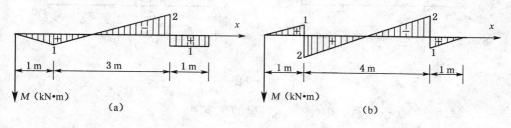

题 7-4 图

7-5 梁的剪力图如题 7-5 图所示,作弯矩图及荷载图。已知梁上没有作用集中力偶。

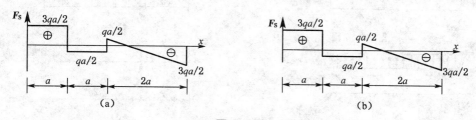

题 7-5 图

7-6 梁的剪力图如题 7-6 图所示,作弯矩图及荷载图。已知梁上 B 截面作用一集中力偶。

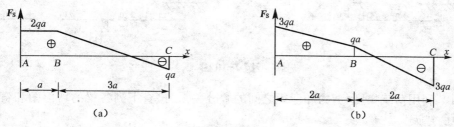

题 7-6 图

7-7 如题7-7图所示外伸梁,承受均布荷载q作用。试问当a为何值时梁的最大弯矩值(即$|M|_{max}$)最小,并求出此最大弯矩值。

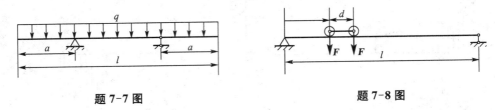

题7-7图　　　　　　　　题7-8图

7-8 如题7-8图所示简支梁,梁上小车可沿梁轴移动,二轮对梁之压力均为F。试问:
(1) 小车位于何位置时,梁的最大弯矩值最大,并确定该弯矩值;
(2) 小车位于何位置时,梁的最大剪力值最大,并确定该剪力值。

7-9 设如题7-9图所示各梁上的荷载P、q、m和尺寸a皆为已知。试问:(1) 列出梁的剪力方程和弯矩方程;(2) 作剪力图和弯矩图;(3) 判定$|Q|_{max}$和$|M|_{max}$。

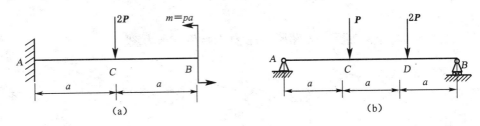

题7-9图

7-10 试用叠加法作如题7-10图所示各梁的弯矩图。

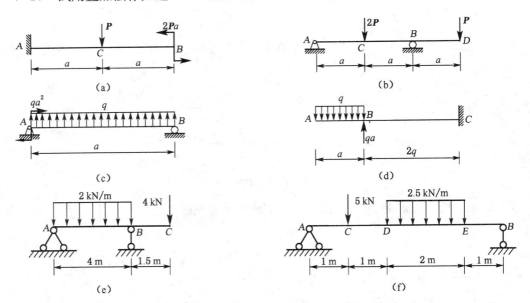

题7-10图

7-11 利用荷载集度、剪力和弯矩之间的微分关系,检查下列各梁的剪力图和弯矩图,并改正图中的错误。

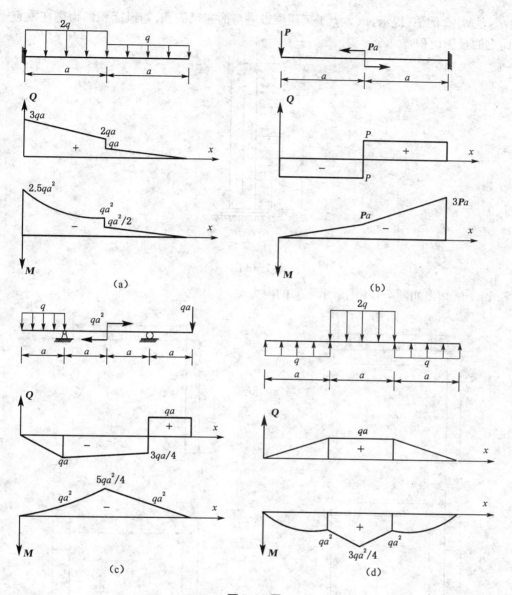

题 7-11 图

7-12 带有中间铰 C 的三支点梁,承受荷载 q 的作用,试作该梁的剪力图和弯矩图(提示:在中间铰 C 处拆开)。

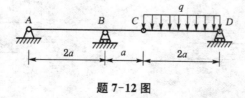

题 7-12 图

7-13 室外立式塔设备的风力荷载可简化为两段均布力。下段风力为 $p_1(\text{kN/m}^2)$,上段风力为 $p_2(\text{kN/m}^2)$,塔的直径为 d。若 p_1、p_2、h_1、h_2 和 d 均已知,试作剪力图和弯矩图,并确

定 $|Q|_{max}$、$|M|_{max}$ 的值(提示:风力等于风压乘以塔身的迎风面积,迎风面积即为塔在垂直于风力方向上的投影面积)。

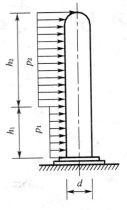

题 7-13 图

7-14 试画出如题 7-14 图所示刚架的内力图。

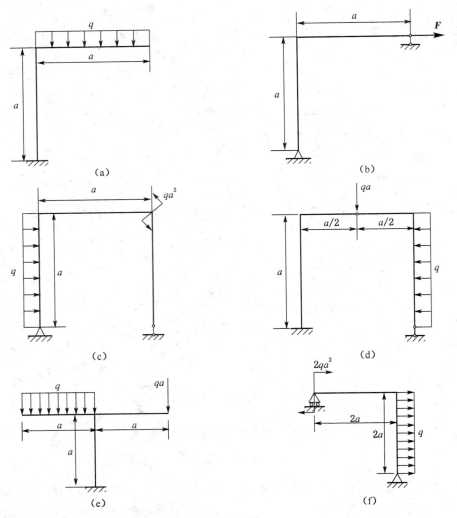

题 7-14 图

7-15 作如题 7-15 图所示刚架的轴力、剪力和弯矩图。

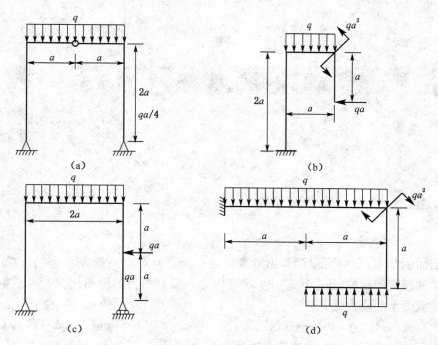

题 7-15 图

7-16 在如题 7-16 图所示梁上,作用有集度为 $m = m(x)$ 的分布力偶。试建立力偶矩集度、剪力与弯矩间的微分关系。

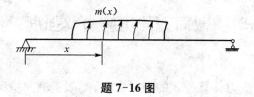

题 7-16 图

7-17 如题 7-17 图所示结构,作梁 ABC 的剪力图和弯矩图。

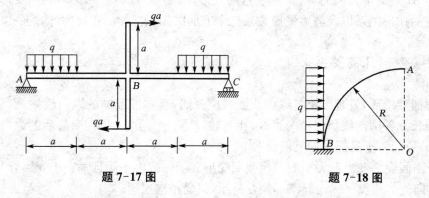

题 7-17 图　　题 7-18 图

7-18 写出如题 7-18 图所示曲杆的内力方程,并作轴力、剪力和弯矩图。

8 梁的应力

8.1 概述

通过前面的学习,我们可以计算出梁横截面上的剪力 Q 和弯矩 M。但是,仅知道内力是不能研究梁的强度问题的,还必须进一步研究内力在横截面上的分布情况。本章主要介绍平面弯曲梁横截面上的应力计算。

当梁上有横向外力作用时,一般情况下,梁的横截面上既有弯矩 M,又有剪力 Q。由于只有与切应力有关的切向内力元素才能合成剪力 Q,只有与正应力有关的法向内力元素才能合成弯矩 M,所以,在梁的横截面上一般既有正应力,又有切应力,被称为**横力弯曲**。但当梁平面弯曲时横截面上只有 M 而无 Q 时被称为**纯弯曲**。

8.2 梁在平面弯曲时横截面上的正应力及强度条件

梁横截面上各点的正应力计算公式的推导方法,类似于轴向拉压和扭转,仍然通过对梁进行试验。试验前在表面画上平行于轴线和垂直于轴线的直线,如图 8-1(a)所示,然后施加一对力偶矩为 M 的集中力偶后,杆件发生弯曲变形,如图 8-1(b)所示。再利用变形几何关系、应力与应变的物理关系以及静力平衡关系三个方面的知识推导出正应力计算公式。

8.2.1 变形几何关系

发生弯曲变形后,发现梁上各纵向线段弯成弧线,且靠近顶端的纵向线缩短,靠近底端的纵向线段伸长。各横向线仍保持为直线,相对转过了一个角度,仍与变形后的纵向弧线垂直,如图 8-1(b)所示。于是提出如下假设:

(1) 平面假设 变形前为平面的横截面变形后仍保持为平面且垂直于变形后的梁轴线。
(2) 单向受力假设 纵向纤维不相互挤压,只受单向拉压。

由以上变形可推出:梁上必有一层变形前后长度不变的纤维称为中性层。中性层与横截面的交线称为中性轴,中性轴垂直于纵向对称面。

现在根据变形的几何关系来寻找纵向纤维的线应变沿截面高度的变化规律。从梁中取出长为 $\mathrm{d}x$ 的一微段，梁变形后，$\mathrm{d}x$ 微段的两端面相对地转过一角度 $\mathrm{d}\theta$，该微段中性层的曲率半径为 ρ，如图 8-2(a)所示。设横截面的对称轴为 y，中性轴为 z（其位置尚未确定），如图 8-2(b)所示。由图 8-2(a)可见，中性层变为弧面 O_1O_2，但长度不变，故其弧长为 $\mathrm{d}x = \rho\mathrm{d}\theta$。距中性层为 y 处的纵向纤维 ab 变形后其弧长为 $(\rho+y)\mathrm{d}\theta$，故 ab 层纤维的纵向线应变为

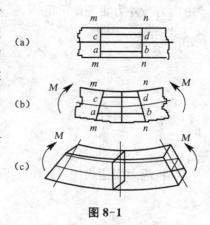

图 8-1

$$\varepsilon = \frac{(\rho+y)\mathrm{d}\theta - \rho\mathrm{d}\theta}{\rho\mathrm{d}\theta} = \frac{y}{\rho} \tag{a}$$

式中的 ρ 为常数。则该式表明，纵向纤维的正应变分布规律为直梁纯弯曲时纵向纤维的应变与它到中性层的距离成正比。

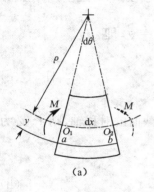
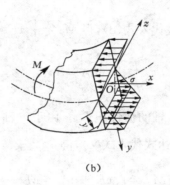
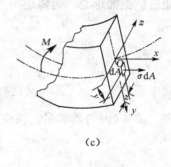

图 8-2

8.2.2 物理关系

在正应力没有超过材料的比例极限时，每一纵向纤维为轴向拉伸或压缩，故可由胡克定律得 $\sigma = E\varepsilon$，将式(a)代入得

$$\sigma = E\frac{y}{\rho} \tag{b}$$

该式表明梁横截面上正应力的分布规律为：直梁纯弯曲时横截面上任意一点的正应力，与该点到中性轴的距离 y 成正比；在距中性轴等远的各点处正应力相等；中性轴处正应力为零；距中性轴最远的截面边缘处，分别有最大拉应力或最大压应力，如图 8-2(b)所示。

8.2.3 静力关系

因曲率半径的值未知，应力大小仍然未知，为了获得正应力计算公式，于是引入静力关系。由于横截面上内力系为垂直于横截面的空间平行力系，将这一力系简化，得到三个内力分量，

由内力与外力相平衡可得

$$F_N = \int_A dF_N = \int_A \sigma dA = 0 \tag{c}$$

$$M_y = \int_A dM_y = \int_A z\sigma dA = 0 \tag{d}$$

$$M_z = \int_A dM_z = \int_A y\sigma dA = M \tag{e}$$

将应力表达式代入式(c)，得 $F_N = \int_A E \dfrac{y}{\rho} dA = 0$，即

$$\frac{E}{\rho}\int_A y dA = 0 \tag{f}$$

要满足上式，$\dfrac{E}{\rho}$ 不可能为零，则 $S_z = \int_A y dA = 0$ 必须满足，因此，要式(c)成立，中性轴必通过横截面形心。再将应力表达式代入式(d)，得 $M_y = \int_A zE\dfrac{y}{\rho} dA = 0$，即

$$\frac{E}{\rho}\int_A zy dA = 0 \tag{g}$$

式中积分 $\int_A zy dA$ 称为截面对 y、z 轴的惯性积 I_{yz}。由于 y 轴为横截面的对称轴，则 I_{yz} 必为零。故式(b)自然满足。将应力表达式代入式(c)，得

$$M_z = \int_A yE\frac{y}{\rho} dA = M \tag{h}$$

式中积分 $\int_A y^2 dA$ 称为截面对 z 轴(即中性轴)的惯性矩 I_z。由式(h)可得

$$\frac{1}{\rho} = \frac{M}{EI_z} \tag{8-1}$$

式中 $\dfrac{1}{\rho}$ 为弯曲变形后梁轴线的曲率，它与弯矩 M 成正比，与 EI_z 成反比。EI_z 愈大，曲率 $\dfrac{1}{\rho}$ 愈小，梁愈不容易变形，所以 EI_z 称为梁的抗弯刚度。将该式带入应力表达式(b)，得到应力计算公式为

$$\sigma = \frac{M}{I_z} y \tag{8-2}$$

式(8-2)为纯弯曲时横截面上正应力的计算公式。式中：M 为梁横截面上的弯矩；y 为梁横截面上任意一点到中性轴的距离；I_z 为梁横截面对中性轴的惯性矩。该式表明：平面弯曲梁横截面上各点的正应力与所在截面的弯矩成正比，与截面对中性轴的惯性矩成反比；正应力沿截面高度方向成直线规律分布，中性轴上正应力等于零，离中性轴愈远正应力愈大，在离中性轴最远的上、下边缘分别达到最大拉应力或最大压应力，如图 8-3 所示。

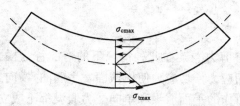 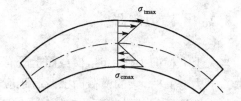

（a）发生下凸变形的梁横截面上正应力分布规律　　　（b）发生上凸变形的梁横截面上正应力分布规律

图 8-3

横截面上最大应力 $\sigma_{max} = \dfrac{M y_{max}}{I_z}$，令 $W_z = \dfrac{I_z}{y_{max}}$，则

$$\sigma_{max} = \dfrac{M}{W_z} \tag{8-3}$$

其中 W_z 称为**抗弯截面模量**，单位为 mm^3 或 m^3。对于中性轴不是对称轴的横截面，应分别以横截面上受拉和受压部分距中性轴最远的距离直接代入公式。

【例 8-1】 矩形截面悬臂梁如图 8-4 所示，试计算 C 截面上 a、b、c 三点的正应力。

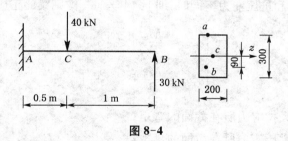

图 8-4

【解】 （1）计算 C 截面的弯矩

$$M_C = 30 \times 1 = 30 \text{ kN} \cdot \text{m （下部受拉）}$$

（2）计算惯性矩

$$I_z = \dfrac{bh^3}{12} = \dfrac{200 \times 300^3}{12} = 4.5 \times 10^8 \text{ mm}^4$$

（3）计算正应力

由图可知 a、b、c 三点到中性轴的距离分别为 $y_a = 150 \text{ mm}$，$y_b = 90 \text{ mm}$，$y_c = 0$，代入公式 (8-2) 得

$$\sigma_a = \dfrac{M_C}{I_z} y_a = \dfrac{30 \times 10^3}{4.5 \times 10^8 \times 10^{-12}} \times 150 \times 10^{-3} = 10 \text{ MPa （压应力）}$$

$$\sigma_b = \dfrac{M_C}{I_z} y_b = \dfrac{30 \times 10^3}{4.5 \times 10^8 \times 10^{-12}} \times 90 \times 10^{-3} = 6 \text{ MPa （拉应力）}$$

$$\sigma_c = \dfrac{M_C}{I_z} y_c = 0$$

8.2.4 横力弯曲

当梁上有横向力作用时,横截面上既有弯矩又有剪力。梁在此种情况下的弯曲称为**横力弯曲**。横力弯曲时,梁的横截面上既有正应力又有切应力。切应力使横截面发生翘曲,横向力引起与中性层平行的纵截面的挤压应力,纯弯曲时所作的平面假设和单向受力假设都不成立。

虽然横力弯曲与纯弯曲存在这些差异,但进一步的分析表明,工程中常用的梁,只要高跨比足够大,纯弯曲时的正应力计算公式仍可以精确地计算横力弯曲时横截面上的正应力。

8.2.5 强度条件

为了保证梁能够安全可靠地工作,必须使梁上的最大工作应力不超过材料的许用应力。
(1) 当材料的抗拉和抗压能力相同时,即 $[\sigma^+]=[\sigma^-]=[\sigma]$,梁的正应力强度条件为

$$\sigma_{\max}=\frac{M_{\max}}{W_z}\leqslant[\sigma] \tag{8-4a}$$

(2) 当材料的抗拉和抗压能力不同时,即 $[\sigma^+]\neq[\sigma^-]$,则梁的正应力强度条件为

$$\begin{cases}\sigma_{\max}^+=\dfrac{M_{\text{tmax}}}{W_{z1}}\leqslant[\sigma^+]\\ \sigma_{\max}^-=\dfrac{M_{\text{cmax}}}{W_{z2}}\leqslant[\sigma^-]\end{cases} \tag{8-4b}$$

式中:$M_{\max}^+$——梁上最大拉应力所在截面的弯矩;
$M_{\max}^-$——梁上最大压应力所在截面的弯矩;
W_{z1}——与 $\sigma_{\max}^+$ 对应的抗弯截面系数;
W_{z2}——与 $\sigma_{\max}^-$ 对应的抗弯截面系数。

根据梁的正应力强度条件,可以解决梁的三类强度计算问题。

(1) 强度校核   在已知梁的材料、横截面形状及尺寸和所受荷载的情况下,检验梁的最大正应力是否满足梁的正应力强度条件。

(2) 截面设计   在已知梁的材料和所受荷载的情况下,根据梁的正应力强度条件,先计算出该梁所需的抗弯截面系数 W_z,$W_z\geqslant\dfrac{M_{\max}}{[\sigma]}$,再根据梁的截面形状进一步确定截面的具体尺寸。

(3) 确定许可荷载   在已知梁的材料和截面形状与尺寸的情况下,根据梁的正应力强度条件,先计算出梁所能承受的最大弯矩 $M_{\max}\leqslant W_z\cdot[\sigma]$,再由 $M_{\max}$ 与荷载之间的关系进一步确定出该梁的许可荷载。

【**例 8-2**】 一钢轴受力如图 8-5(a)所示,材料的许用应力 $[\sigma]=100$ MPa,荷载 $P=30$ kN。试校核该轴的强度。

【**解**】 (1) 求支反力
轴的计算简图如图 8-5(b)所示。由静力平衡方程可求得支反力为

$$R_A = 27.7 \text{ kN} \qquad R_B = 32.3 \text{ kN}$$

方向如图 8-5(b)所示。

(2) 绘制弯矩图，判断危险截面

根据梁上受力情况，应该分成三段绘制弯矩图。由于梁上无均布荷载作用，故弯矩图为斜直线，全梁的弯矩图如图 8-5(c)所示。由弯矩图可见，最大弯矩发生在Ⅰ截面处，其值为

$$M_{max} = M_1 = 5.54 \text{ kN} \cdot \text{m}$$

Ⅰ截面有可能是危险截面。另外还有Ⅱ、Ⅲ截面，它们的弯矩虽然比Ⅰ截面小，然而这两个截面的直径也小一些，所以这两个截面也可能是危险截面，其弯矩值分别为

$$M_2 = R_A \times 0.15 = 27.7 \times 0.15 = 4.16 \text{ kN} \cdot \text{m}$$

$$M_3 = 27.7 \times 0.25 - 30 \times 0.05 = 5.43 \text{ kN} \cdot \text{m}$$

(3) 强度校核

由上述分析可知，应对Ⅰ、Ⅱ、Ⅲ三个截面分别进行计算才能得到全梁上的最大应力值。为了计算各截面上的最大应力值，首先要计算各截面的抗弯截面模量。对于直径为 d 的圆截面，其抗弯截面模量 W_z 的计算公式为

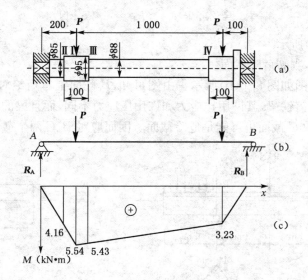

图 8-5

$$W_z = \frac{I_z}{y_{max}} = \frac{\pi d^4/64}{d/2} = \frac{\pi d^3}{32}$$

由该公式可得

$$W_{zⅠ} = \frac{\pi \times 95^3 \times 10^{-9}}{32} = 8.42 \times 10^{-5} \text{ m}^3$$

$$W_{zⅡ} = \frac{\pi \times 85^3 \times 10^{-9}}{32} = 6.03 \times 10^{-5} \text{ m}^3$$

$$W_{zIII} = \frac{\pi \times 88^3 \times 10^{-9}}{32} = 6.69 \times 10^{-5} \text{ m}^3$$

则三个截面上的最大正应力分别为

$$\sigma_I = \frac{M_1}{W_{zI}} = \frac{5.54 \times 10^3}{8.42 \times 10^{-5}} = 65.8 \text{ MPa}$$

$$\sigma_{II} = \frac{M_2}{W_{zII}} = \frac{4.16 \times 10^3}{6.03 \times 10^{-5}} = 69 \text{ MPa}$$

$$\sigma_{III} = \frac{M_3}{W_{zIII}} = \frac{5.43 \times 10^3}{6.69 \times 10^{-5}} = 81.2 \text{ MPa}$$

由计算得出,最大正应力发生在Ⅲ截面处,其值为 81.2 MPa < [σ],故该梁的强度足够。

【**例 8-3**】 T 字形截面铸铁梁,其截面尺寸和受力情况如图 8-6(a)所示。铸铁的许用拉应力 $[\sigma^+] = 30$ MPa,许用压应力 $[\sigma^-] = 60$ MPa。已知中性轴的位置 $y_1 = 52$ mm,截面对 z 轴的惯性矩 $I_z = 764$ cm^4。试校核梁的强度。

【**解**】 (1) 求支反力
由平衡方程可求得支反力为

$$R_A = 2.5 \text{ kN} \qquad R_B = 14.5 \text{ kN}$$

方向如图 8-6(a)所示。
(2) 绘制弯矩图,判断危险截面
该外伸梁的弯矩图如图 8-6(b)所示。由图可知,B 截面上弯矩绝对值最大,该截面是危险截面。但由于梁为铸铁梁,其许用拉应力和许用压应力不同,而且梁的横截面又是不对称于 z 轴的 T 字形截面,故 C 截面也可能是危险截面。因而应对 B、C 两个截面进行计算。

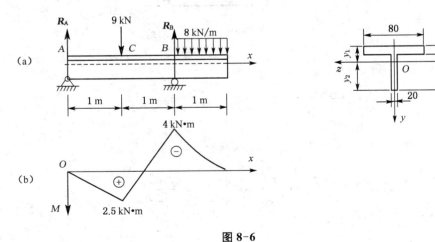

图 8-6

(3) 强度计算
对于 B 截面,最大拉应力发生在截面的上边缘各点处,其值为

$$(\sigma_{max}^+)_B = \frac{M_B y_1}{I_z} = \frac{4\,000 \times 52 \times 10^{-3}}{764 \times 10^{-8}} = 27.2 \text{ MPa}$$

最大压应力发生在截面的下边缘各点处，其值为

$$(\sigma_{\max}^{-})_B = \frac{M_B y_2}{I_z} = \frac{4\,000 \times (120+20-52) \times 10^{-3}}{764 \times 10^{-8}} = 46.1\,\text{MPa}$$

对于 C 截面，由于该截面上的弯矩为正值，其最大拉应力发生在截面的下边缘各点处，其值为

$$(\sigma_{\max}^{+})_C = \frac{M_C y_2}{I_z} = \frac{2\,500 \times (120+20-52) \times 10^{-3}}{764 \times 10^{-8}} = 28.8\,\text{MPa}$$

由上面的计算可看出，该梁的最大拉应力发生在 C 截面的下边缘，最大压应力发生在 B 截面的下边缘。由于梁上的最大应力

$$\sigma_{\max}^{+} = (\sigma_{\max}^{+})_C = 28.8\,\text{MPa} \qquad \sigma_{\max}^{-} = (\sigma_{\max}^{-})_B = 46.1\,\text{MPa}$$

都小于许用应力，故该梁强度足够。

由例 8-2、8-3 可以看出：梁的危险截面不一定是弯矩最大的截面，它还与梁的截面尺寸有关（例 8-2）；而且危险截面也不一定只有一个（例 8-3）。在强度计算中，必须根据具体情况进行分析，这一点十分重要。

【例 8-4】 一悬臂工字钢梁如图 8-7(a)所示，跨度 $l = 1.2\,\text{m}$，在自由端作用一集中力 P，横截面为№18 工字钢。已知钢的许用应力 $[\sigma] = 160\,\text{MPa}$，不计梁的自重，试计算 P 的最大许可值。

【解】 (1) 绘制弯矩图，判断危险截面

该梁的弯矩图如图 8-7(b)所示。由弯矩图可知，最大弯矩在 B 截面处，故 B 截面为危险截面。该梁为等截面工字形梁，而且材料的抗拉、抗压强度相同，故只需对 B 截面进行强度计算。

(2) 计算许可荷载

因为 $M_{\max} = Pl = 1.2P$，由型钢表查得№18 工字钢的抗弯截面模量为 $W_z = 185\,\text{cm}^3 = 185 \times 10^{-6}\,\text{m}^3$，据强度条件式(8-4a)可得

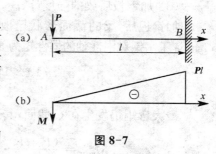

图 8-7

$$1.2P \leqslant W_z[\sigma] = 185 \times 10^{-6} \times 160 \times 10^{6}$$

因此，P 的最大许可值为

$$[P] = \frac{185 \times 160}{1.2} = 24.7 \times 10^{3}\,\text{N} = 24.7\,\text{kN}$$

【例 8-5】 一起重量为 $50\,\text{kN}$ 的单梁吊车如图 8-8(a)所示，电葫芦的重量 $F = 15\,\text{kN}$，不计梁的自重。梁的跨度 $l = 10.5\,\text{m}$，由№45a 工字钢制成，材料的许用应力 $[\sigma] = 140\,\text{MPa}$。试计算吊车能否起吊 $70\,\text{kN}$ 的重物。若在工字钢的上、下两翼缘处加焊一块 $100\,\text{mm} \times 10\,\text{mm}$ 的钢板（图 8-8(c)），钢板长 $a = 7\,\text{m}$，在这种情况下，起吊重 $70\,\text{kN}$ 的重物，梁的强度是否足够？

【解】 (1) 绘制弯矩图

当起吊重物的小车行至梁的中点处时，梁内的弯矩最大，其弯矩图如图 8-8(b)所示。最

大弯矩值为

$$M_{\max} = \frac{1}{4}(P+F)l$$

(2) 未加钢板时梁的强度计算

由 C 截面处的强度条件可得

$$M_{\max} = \frac{1}{4}(P+F)l \leqslant W_z[\sigma]$$

由型钢表查得№45a 工字钢的抗弯截面模量为：$W_z = 1\,430\text{ cm}^3 = 1\,430 \times 10^{-6}\text{ m}^3$。将 W_z 的值代入强度条件，可得该吊车所能起吊的最大重量为

$$[P] = \frac{4W_z}{l}[\sigma] - F$$
$$= \frac{4 \times 1\,430 \times 10^{-6} \times 140 \times 10^6}{10.5} - 15 \times 10^3$$
$$= 61.3\text{ kN} < 70\text{ kN}$$

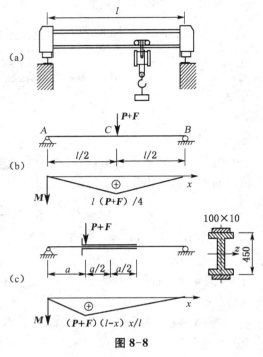

图 8-8

因此，该吊车不能起吊 70 kN 的重物。

(3) 加钢板后梁的强度计算

加钢板后，梁的截面形状已改变，须首先计算截面对中性轴的惯性矩。由型钢表查得№45a 工字钢对中性轴的惯性矩为 32 240 cm⁴，根据计算组合图形惯性矩的方法（见附录I）得

$$I_z = 32\,240 + 2 \times \left(\frac{10 \times 1^3}{12} + 10 \times 1 \times 23^2\right) = 42\,822\text{ cm}^4 = 4.282 \times 10^{-4}\text{ m}^4$$

最大弯矩仍发生在 C 截面，其最大弯矩值为

$$M_{\max} = \frac{(P+F)l}{4} = \frac{(70+15) \times 10^3 \times 10.5}{4} = 223\text{ kN} \cdot \text{m}$$

该截面上、下边缘处的最大拉（压）应力为

$$\sigma_{\max} = \frac{M_{\max} y_{\max}}{I_z} = \frac{223 \times 10^3 \times (225+10) \times 10^{-3}}{4.282 \times 10^{-4}} = 122.4\text{ MPa} < [\sigma]$$

计算表明，加钢板后梁中间截面是安全的。

另外，还应考虑梁未加固部分的强度是否够。为此，假定小车位于未加钢板边缘 I-I 截面处（图 8-8(c)），这时，该截面上的弯矩为

$$M_1 = \frac{(P+F)(l-x)}{l} \cdot x = \frac{(P+F)\left(\frac{l}{2}+\frac{a}{2}\right)}{l}\left(\frac{l}{2}-\frac{a}{2}\right) = \frac{85 \times 10^3 \times 17.5 \times 3.5}{10.5 \times 2 \times 2} = 124\text{ kN} \cdot \text{m}$$

截面的抗弯截面模量 $W_z = 1\,430\text{ cm}^3 = 1\,430 \times 10^{-6}\text{ m}^3$，则最大应力为

$$\sigma_1 = \frac{M_1}{W_z} = \frac{124 \times 10^3}{1\,430 \times 10^{-6}} = 86.7\text{ MPa} < [\sigma]$$

该截面强度够。由此可见,吊车梁安全。

根据上面的计算结果可以发现,加固钢板长度为 7 m,并未充分发挥梁的潜力。那么还可以对加固钢板的长度 a 进行计算,以达到既安全又经济的效果。为此,可由图 8-8(c)看出,只要 Ⅰ-Ⅰ 截面处的最大应力达到材料的许用应力值时,梁就充分发挥了它的潜力,保证全梁各截面均有足够的强度。有兴趣的读者可自行计算。

8.3 弯曲剪应力及强度校核

8.3.1 梁横截面上的剪应力

梁发生横力弯曲变形时,其横截面上不仅有正应力,而且还有剪应力。一般情况下,梁横截面上各点的剪应力计算公式为

$$\tau = \frac{Q \cdot S_z^*}{I_z \cdot b} \tag{8-5}$$

式中:τ——横截面上的剪力;

I_z——横截面对中性轴的惯性矩;

b——所求应力点处截面的宽度;

S_z^*——所求应力点所在水平线一侧(上侧或下侧)的截面面积(如图 8-9(a)所示阴影部分的面积)对截面中性轴的静矩。

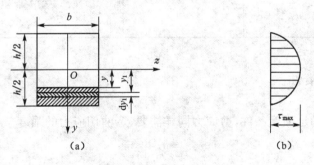

图 8-9

切应力沿截面高度的分布规律一般与截面的形状有关。切应力公式中,Q、I_z 为常数,若横截面的宽度 b 不变化,例如矩形截面,则横截面上切应力的变化规律主要取决于静矩 S_z^* 的变化规律。

对于图 8-9 所示的矩形截面,画阴影线部分的面积对中性轴的静矩 S_z^* 可以这样来计算,取一微面积 $b\mathrm{d}y_1$,由静矩的定义可得

$$S_z^* = \int_y^{h/2} y_1 b \mathrm{d}y_1 = \frac{b}{2}\left(\frac{h^2}{4} - y^2\right)$$

将 S_z^* 代入公式(8-5)，则有

$$\tau = \frac{Q}{2I_z}\left(\frac{h^2}{4} - y^2\right) \tag{8-6}$$

该式表示，矩形截面梁的切应力沿其高度按二次抛物线规律变化(图 8-9(b))。当 $y = 0$ 时，即在中性轴上的各点，切应力为最大，其值为

$$\tau_{\max} = \frac{Qh^2}{8I_z} = \frac{Qh^2}{8 \times bh^3/12} = \frac{3Q}{2bh} = \frac{3}{2}\frac{Q}{A} \tag{8-7}$$

可见，矩形截面的最大切应力为平均切应力的 1.5 倍。

对于其他形状的对称截面，仍可用式(8-5)计算而得到最大切应力 $\tau_{\max}$ 的近似值。一般情况下，横截面上的最大切应力发生在中性轴上(特殊情况除外)。几种常见的典型截面的切应力分布规律及其最大值见表 8-1。

表 8-1 常见典型截面的切应力分布规律及其最大值

序号	1	2	3	4
截面形状与应力分布规律				
最大切应力	$\tau_{\max} = \frac{3Q}{2A}$ $A = bh$	$\tau_{\max} = \frac{4Q}{3A}$ $A = \frac{\pi d^2}{4}$	$\tau_{\max} \approx \frac{Q}{A}$ $A = hd$	$\tau_{\max} = \frac{2Q}{A}$ $A = \frac{\pi(D^2 - d^2)}{4}$

8.3.2 强度条件

除了正应力要满足强度条件，剪应力同样需要，弯曲切应力的强度条件为

$$\tau_{\max} \leqslant [\tau] \tag{8-8}$$

许用切应力 $[\tau]$ 可查有关设计手册得到。

通常情况下剪应力不需要单独校核，需要校核剪应力的几种特殊情况是：①梁的跨度较短，M 较小，而 Q 较大时；②铆接或焊接的组合截面，其腹板的厚度与高度比小于型钢的相应比值时；③各向异性材料(如木材)的抗剪能力较差。

【例 8-6】 如图 8-10(a)所示的工字形截面简支梁，$l = 2$ m，$a = 0.2$ m，梁的荷载集度 $q = 10$ kN/m，$P = 200$ kN。许用正应力 $[\sigma] = 160$ MPa，许用切应力 $[\tau] = 100$ MPa。试选择工字钢型号。

【解】 (1) 求支反力并绘制 Q 和 M 图

由对称条件可求得支反力为 $R_A = R_B = 210$ kN，其方向如图 8-10(a)所示。

该梁的剪力图、弯矩图分别如图 8-10(b)、(c)所示。由图可知：

$$Q_{\max} = 210 \text{ kN} \quad M_{\max} = 45 \text{ kN} \cdot \text{m}$$

（2）根据正应力强度条件选择截面
由正应力强度条件式(8-4)可得

$$W_z \geqslant \frac{M_{\max}}{[\sigma]} = \frac{45 \times 10^3}{160 \times 10^6} = 281.3 \times 10^{-6} \text{ m}^3$$

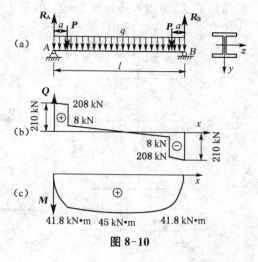

图 8-10

查型钢表，选用№22a 工字钢，$W_z = 390 \text{ cm}^3$。
（3）校核梁的切应力
查型钢表，№22a 工字钢的 $I_z/S_z^* = 18.9$ cm
（S_z^* 为中性轴一侧截面对中性轴的静矩），腹板厚度 $d = 7.5$ mm，由公式(8-5)可得最大切应力

$$\tau_{\max} = \frac{QS_z^*}{I_z d} = \frac{210 \times 10^3}{18.9 \times 10^{-2} \times 7.5 \times 10^{-3}} = 148 \text{ MPa} > [\tau]$$

也可根据表 8-1 中的公式算出近似的最大切应力为

$$\tau_{\max} \approx \frac{Q}{hd} = \frac{210 \times 10^3}{(220 - 2 \times 12.3) \times 10^{-3} \times 7.5 \times 10^{-3}} = 143.3 \text{ MPa} > [\tau]$$

可见，切应力强度条件不满足，必须重新选择工字钢型号。
若选№25b 工字钢，查得 $I_z/S_z^* = 21.27$ cm，$d = 10$ mm，则最大切应力为

$$\tau_{\max} = \frac{210 \times 10^3}{21.27 \times 10^{-2} \times 10 \times 10^{-3}} = 98.7 \text{ MPa} < [\tau]$$

满足切应力强度条件。因此，选择№25b 工字钢，既满足切应力强度条件又满足正应力强度条件，梁才能安全正常地工作。由本例可以看出，对于某些梁，切应力校核是必要的。

8.4 梁的合理设计

梁的强度包括正应力强度和剪应力强度两种，一般情况下梁的强度是由正应力控制的，即提高梁的强度主要是通过提高梁的正应力强度来实现的。等直梁的正应力强度条件为 $\sigma_{\max} = \frac{M_{\max}}{W_z} \leqslant [\sigma]$。从梁的正应力强度条件不难看出：降低梁上的最大弯矩、提高梁的抗弯截面系数，都能降低梁上的最大正应力，从而提高梁的弯曲强度，使梁的设计更为合理。下面简单介绍工程实际中经常采用的提高梁抗弯强度的几种措施。

（1）合理安排梁上的荷载。最大弯矩值不仅与荷载的大小有关，而且与荷载的作用位置和作用方式有关。如果工程条件允许，如图 8-11 所示，简支梁所受总荷载同为 F 作用，最大弯矩值却明显不同。因此，改善荷载的作用方式，在满足使用要求的前提下，合理地调整荷载

的作用方式,可以有效地降低梁上的最大弯矩。具体做法是应尽量将荷载化整为零分散分布或使荷载靠近支座,如图 8-11 所示。

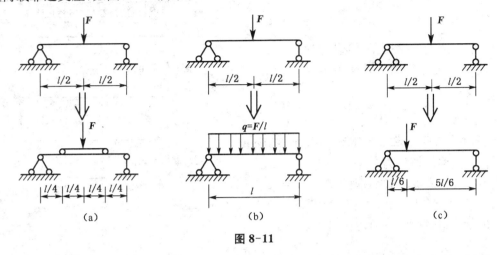

图 8-11

(2) 合理布置梁上的支座。由于梁的最大弯矩及最大挠度与梁的跨度有关,所以减小梁的跨度可以降低梁的最大弯矩。减小梁跨度的方式主要有两种:一种是将梁的支座适当内移,如图 8-12(b)所示;另一种是增加支座,如图 8-12(c)所示。

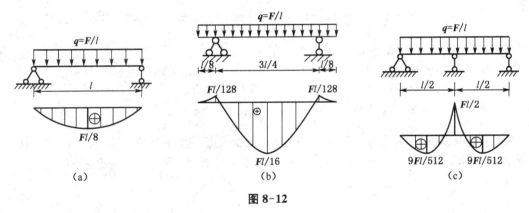

图 8-12

(3) 选择抗弯截面模量 W_z 与截面面积 A 比值高的截面

当梁上的弯矩确定时,梁横截面上的最大正应力与梁的抗弯截面模量成反比,因此应该尽可能增大梁的抗弯截面模量与其面积之比值。由于在一般的截面中,梁的抗弯截面模量与截面高度的平方成正比,所以应该尽可能使材料分布在横截面上距中性轴较远的地方。

梁横截面上正应力的大小与抗弯截面模量 W_z 成反比。梁的横截面面积越大,W_z 也越大,但消耗的材料多、自重也增大。梁的合理截面应该是:用最小的面积得到最大的抗弯截面模量。若用比值 W_z/A 来衡量截面的经济程度,则该比值越大截面就越经济。截面形状的合理性,可以从正应力分布来说明,弯曲正应力沿截面高度呈线性规律分布,在中性轴附近正应力很小,这部分材料强度没有得到充分的利用。如果将这些材料移至距中性轴较远处便可使它们得到充分利用,形成合理截面。因此,工程中常采用矩形、工字形、槽型、箱型截面梁。

(4) 根据材料的特性选择梁的截面。对于抗拉和抗压强度相等的塑性材料,可采用对称于中性轴的截面,如矩形、圆形、工字形等。对脆性材料来说,由于其抗拉强度远低于抗压强度,应采用不对称于中性轴的截面,使梁的形心靠近受拉的一侧,这样最大拉应力小于最大压应力,可以充分发挥脆性材料的作用,从而提高梁的承载能力。如图 8-13 所示的空心截面、T 形截面是脆性材料梁常采用的截面形式。

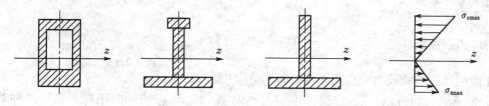

图 8-13

(5) 采用变截面梁。等截面梁的截面尺寸是根据危险截面上的最大弯矩值确定的,所以只有在最大弯矩值所在截面的最大工作应力才等于许用应力。其他截面由于弯矩值小,最大应力都未达到许用应力值,材料未得到充分利用。因此,若根据弯矩图的形状,沿梁轴线在弯矩值大的部位,相应采用较大尺寸的截面;在弯矩值小的部位,相应采用较小尺寸的截面。这样做可以达到节约材料、减轻结构自重等目的。这种横截面沿轴线变化的梁称为**变截面梁**。

理想的变截面梁是等强度梁,也就是使梁各横截面的最大工作应力相等,且接近材料的许用应力。但因截面变化大,这种梁的施工较困难,因此工程上常采用形状简单的变截面梁来代替理论上的等强度梁,在梁上弯矩较大的地方对梁的横截面进行局部加强,例如在悬臂梁的固定端和简支梁的跨中附近适当加宽、加高等,如图 8-14 所示。

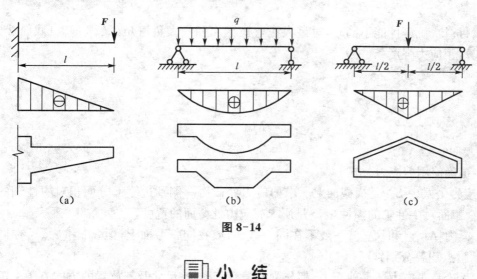

图 8-14

小 结

本章主要研究梁弯曲的有关理论:梁在平面弯曲情况下横截面上正应力及剪应力的分布规律;梁的强度计算。弯曲理论在工程中有着广泛的实用意义。同时,它比较集中和完整地反映了材料力学研究问题的基本方法,因此是工程力学的重点内容。

弯曲时梁的横截面上一般存在着弯曲正应力 σ 和剪应力 τ。

正应力计算公式 $\quad\sigma = \dfrac{My}{I_z}$

正应力强度条件 $$\sigma_{\max} = \frac{M}{W_z} \leqslant [\sigma]$$

剪应力计算公式 $$\tau = \frac{QS_z^*}{I_z b}$$

剪应力强度条件 $$\tau_{\max} = \frac{Q_{\max} S_{z\max}^*}{I_z b} \leqslant [\tau]$$

在使用计算公式及对梁进行强度计算时,应注意以下几点:

1. 通常,弯曲正应力是决定梁强度的主要因素。因此,应按弯曲正应力强度条件对梁进行强度计算(校核、设计截面尺寸及确定许可的外荷载),而在一些特殊情况下才需对梁进行剪应力强度校核。

2. 正确使用正应力公式及对梁进行强度计算

(1) 必须弄清楚所要求的是哪个截面上、哪一点的正应力,从而确定该截面上的弯矩 M、该截面对中性轴的惯性矩 I_z 及该点到中性轴的距离 y,然后代入公式进行计算。

(2) 梁在中性轴的两侧分别为受拉或受压区,弯曲正应力的正负号也由此来判断确定。

(3) 正应力在横截面上沿高度呈线性规律分布,在中性轴上正应力为零,而在梁的上、下边缘处正应力最大。材料的抗拉、抗压性能相同时,正应力强度条件为

$$\left.\begin{array}{r}\sigma_{\max}\\ \sigma_{\min}\end{array}\right\} = \pm \frac{M_{\max}}{W_z} \leqslant [\sigma]$$

材料抗拉、抗压性能不同时,对最大正弯矩截面和最大负弯矩(又称 $M_{\min}$)截面都要进行强度计算,正应力强度条件为

$$\sigma_{\max} = \frac{M_{\max} y_1}{I_z} \leqslant [\sigma_t]$$

$$\sigma_{\min} = \frac{M_{\min} y_2}{I_z} \leqslant [\sigma_y]$$

3. 正确使用剪应力公式

剪应力公式中 S_z^* 是横截面上所求剪应力处截面一侧到边缘部分面积对中性轴的静矩;I_z 是整个截面对中性轴的惯性矩,b 是所求剪应力处截面的宽度。

4. 梁内 $|M_{\max}|$ 和 $|Q_{\max}|$ 一般不在同一截面,或在同一截面上,但 $\sigma_{\max}$ 和 $\tau_{\max}$ 不在同一点。因此,危险点均要分别判断。

5. 无论是正应力还是剪应力,都与梁的横截面形状、尺寸及其放置的方式有关。因此,必须对有差截面图形的几何性质有足够的重视,并能熟练地进行运算。

6. 对梁进行强度计算的步骤

(1) 根据梁所受荷载及约束反力画出剪力图和弯矩图,确定 $|M_{\max}|$ 和 $|Q_{\max}|$ 及其所在截面位置,即确定危险截面;

(2) 判断危险截面上的危险点,即 $\sigma_{\max}$ 和 $\tau_{\max}$ 作用点(二者不一定都在同一截面上,更不在同一点),分别计算其数值;

(3) 进行弯曲正应力强度计算,必要时进行剪应力强度校核。

总之，在梁的弯曲强度计算这一部分内容中，应抓住"一个核心，两个推广"。即以弯曲正应力推导及其应用为核心，由对称截面梁的纯弯曲推广到横力弯曲，由对称截面梁推广到非对称截面梁。

思考题

1. 钢梁常采用对称于中性轴的截面形式，而铸铁梁常采用非对称于中性轴的截面形式，为什么？
2. 提高梁弯曲强度的主要措施是什么？
3. 试画出如图 8-15 所示两梁各截面上弯矩的方向，指出哪些部分受拉，哪些部分受压，并绘制应力分布图。

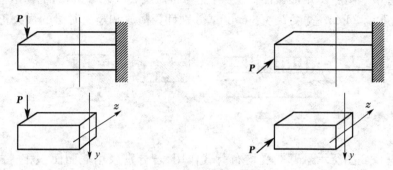

图 8-15

4. 如果矩形截面梁的高度或宽度分别增加一倍，梁的承载能力各增加几倍？

习 题

8-1　厚度 $h=1.5\,\mathrm{mm}$ 的钢带卷成直径 $D=3\,\mathrm{m}$ 的圆环，若钢带的弹性模量 $E=210\,\mathrm{GPa}$，试求钢带横截面上的最大正应力。

8-2　如题 8-2 图所示截面各梁在外荷载作用下发生平面弯曲，试画出横截面上正应力沿高度的分布规律。

题 8-2 图

8-3　发生平面弯曲的№25a 槽形截面简支梁如题 8-3 图所示，试比较横放和竖放两种情况下最大正应力的值。

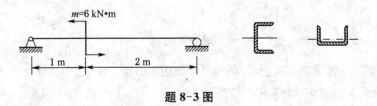

题 8-3 图

8-4 如题 8-4 图所示矩形截面梁受集中力作用,试计算 1-1 横截面上 a、b、c、d 四点的正应力(尺寸单位:mm)。

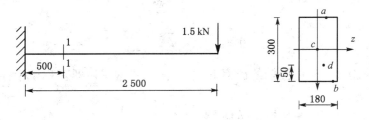

题 8-4 图

8-5 如题 8-5 图所示矩形截面简支梁,受均布荷载 $q = 20$ kN/m 的作用。已知跨度 $l = 3$ m,截面高度 $h = 24$ cm,宽度 $b = 8$ cm。试分别计算横放和竖放时梁的最大正应力。

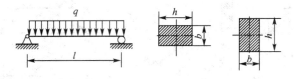

题 8-5 图

8-6 如题 8-6 图所示悬臂梁受均布荷载作用,若分别采用截面面积相等的实心和空心圆截面,且 $D_1 = 40$ mm,$d/D_2 = 3/5$。试分别计算它们的最大正应力,并回答空心截面梁比实心截面梁的最大应力减少了多少。

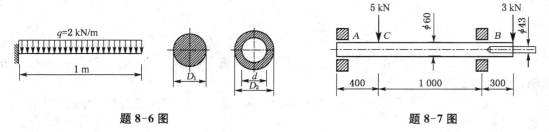

题 8-6 图   题 8-7 图

8-7 一钢制圆轴如题 8-7 图所示,其外伸部分为空心轴,材料的许用应力 $[\sigma] = 80$ MPa,试校核该轴的强度。

8-8 矩形截面外伸梁受力如题 8-8 图所示,材料的许用应力 $[\sigma] = 160$ MPa,试确定截面尺寸。

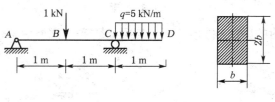

题 8-8 图

8-9 T 形截面悬臂梁由铸铁制成,截面尺寸如题 8-9 图所示,截面的惯性矩 $I_z = 10\ 180$ cm^4。$y_2 = 9.64$ cm。已知 $P = 40$ kN,许用拉应力 $[\sigma]^+ = 40$ MPa,许用压应力 $[\sigma]^- = 80$ MPa,试

校核该梁的强度。

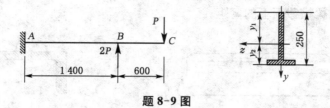

题 8-9 图

8-10 简支梁由No20a工字钢制成，受力如题 8-10 图所示，若许用应力 $[\sigma] = 160$ MPa，试求许可荷载。

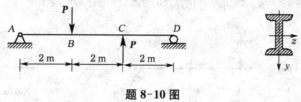

题 8-10 图

8-11 外伸梁如题 8-11 图所示，若材料的许用应力 $[\sigma] = 160$ MPa，试选择工字钢的型号。

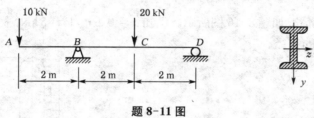

题 8-11 图

8-12 铸铁梁的荷载及截面如题 8-12 图所示。已知截面的惯性矩 $I_z = 5\,965$ cm^4，许用拉应力 $[\sigma^+] = 40$ MPa，许用压应力 $[\sigma^-] = 80$ MPa，试校核梁的强度。若荷载不变，但将T形截面倒置，即翼缘在下成为⊥形，是否合理？为什么？

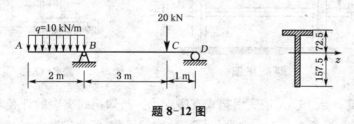

题 8-12 图

8-13 如题 8-13 图所示轧辊轴直径 $D = 280$ mm，跨度 $l = 1\,000$ mm，$a = 450$ mm，$b = 100$ mm，轧辊材料的弯曲许用应力 $[\sigma] = 100$ MPa，求轧辊能承受的最大允许轧制力。

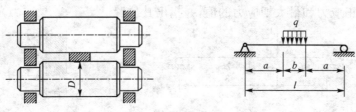

题 8-13 图

8-14　№20槽钢承受纯弯曲时,测得A、B两点间长度的改变$\Delta l = 27 \times 10^{-3}$ mm。材料的$E = 200$ GPa,试求梁横截面上的弯矩。

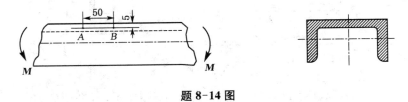

题 8-14 图

8-15　20a 工字钢梁的支承和受力情况如题 8-15 图所示,若$[\sigma] = 160$ MPa,试求许可荷载。

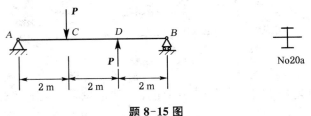

题 8-15 图

8-16　车轴受力情况如题 8-16 图所示。已知$a = 0.6$ m,$P = 5$ kN,材料的许用应力$[\sigma] = 80$ MPa,试计算车轴的直径。

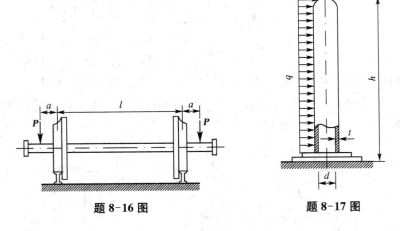

题 8-16 图　　　　题 8-17 图

8-17　某塔高$h = 10$ m,塔底由裙式支座支承。已知裙式支座的外径与塔的外径相同,内径$d = 1\,000$ mm,壁厚$t = 8$ mm,假设塔承受均匀风载,荷载集度$q = 468$ N/m,求裙式支座底部的$\sigma_{\max}$。

8-18　如题 8-18 图所示矩形截面简支梁,已知$h = 200$ mm,$b = 100$ mm,$l = 3$ m,$P = 60$ kN。试求最大正应力和最大切应力的值,并指出其位置。

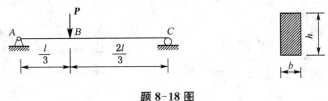

题 8-18 图

8-19 简支木梁 AB 如题 8-19 图所示，跨度 $l=5\,\mathrm{m}$，承受均布荷载 $q=3.6\,\mathrm{kN/m}$。木材顺纹许用正应力 $[\sigma]=10\,\mathrm{MPa}$，许用切应力 $[\tau]=1\,\mathrm{MPa}$，梁的横截面为矩形，试选择宽度与高度之比为 2∶3 的矩形截面。

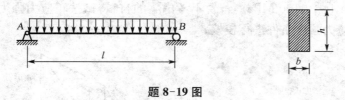

题 8-19 图

8-20 如题 8-20 图所示横截面为⊥形的铸铁承受纯弯曲，材料的拉伸和压缩许用应力之比为 $[\sigma_t]/[\sigma_c]=1/4$。求水平翼缘的合理宽度 b，图中单位为 mm。

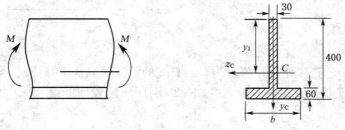

题 8-20 图

8-21 T 形截面铸铁梁承受荷载如题 8-21 图所示，已知铸铁的许用拉应力 $[\sigma_t]=36\,\mathrm{MPa}$，许用压应力 $[\sigma_c]=90\,\mathrm{MPa}$，试校核该梁的正应力强度。

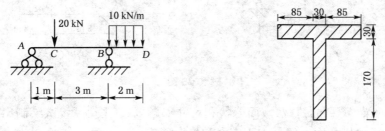

题 8-21 图

8-22 两根矩形截面简支木梁受均布荷载 q 作用，如题 8-22 图所示。梁的横截面有两种情况，一是如图(b)所示是整体，另一种情况如图(c)所示是由两根方木叠合而成（两方木间不加任何联系且不考虑摩擦）。若已知第一种情况整体时梁的最大正应力为 10 MPa，试计算第二种情况时梁中的最大正应力，并分别画出危险截面上正应力沿高度的分布规律图示。

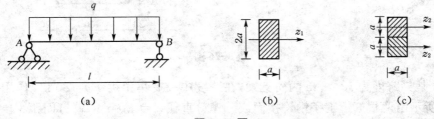

题 8-22 图

8-23 如题 8-23 图所示外伸梁,截面为工字钢 28a。试求横截面上的最大剪应力及相应位置。

8-24 起重机下的梁由两根工字钢组成,起重机自重 $Q=50$ kN,起重量 $P=10$ kN。许用应力 $[\sigma]=160$ MPa,$[\tau]=100$ MPa。若暂不考虑梁的自重,试按正应力强度条件选定工字钢型号,然后再按剪应力强度条件进行校核。

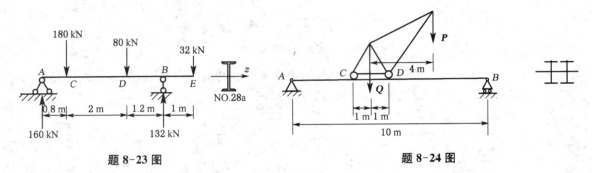

题 8-23 图   题 8-24 图

8-25 当荷载 P 直接作用在跨长为 $l=6$ m 的简支梁 AB 中截面时,梁内最大正应力超过 $[\sigma]$ 的 30%。为了消除此过载现象,如题 8-25 图所示配置辅助梁 CD。试计算辅助梁所需的最小跨长 a。

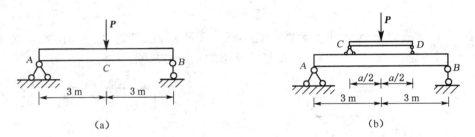

题 8-25 图

8-26 外伸梁 ACD 的荷载、截面形状和尺寸如题 8-26 图所示,试绘制出梁的剪力图和弯矩图,并计算梁内横截面上的最大正应力和最大剪应力。

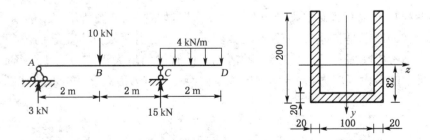

题 8-26 图

8-27 某一跨度为 $l=8$ m 的简支梁,在跨度中央受集中力 $P=80$ kN 作用。该梁如题 8-27 图所示由两根 36a 工字钢铆接而成。铆钉直径 $d=20$ mm,铆钉间距 $s=150$ mm。铆钉的容许剪应力 $[\tau]=60$ MPa,钢梁的容许正应力 $[\sigma]=160$ MPa。

(1) 试校核铆钉的强度。
(2) 当 P 值及作用于梁跨中央的条件不变时,试确定简支梁的容许跨度 $[l]$。

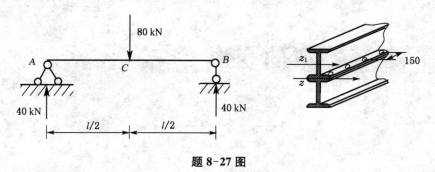

题 8-27 图

8-28 由三根木条胶合而成的悬臂梁截面尺寸(单位为 mm)如题 8-28 图所示,跨度 $l = 1\,\mathrm{m}$。若胶合面上的许用切应力为 $0.34\,\mathrm{MPa}$,木材的许用弯曲正应力为 $[\sigma] = 10\,\mathrm{MPa}$,许用切应力为 $[\tau] = 1\,\mathrm{MPa}$,试求许可荷载 P。

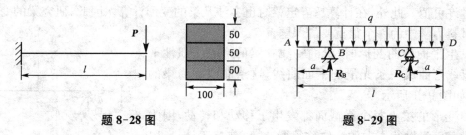

题 8-28 图   题 8-29 图

8-29 如题 8-29 图所示,梁的总长度为 l,受均布荷载 q 作用。若支座可对称地向中点移动,试问 a 为多少时最为合理?

8-30 ⊥形截面铸铁梁如题 8-30 图所示,若铸铁的许用拉应力为 $[\sigma_t] = 40\,\mathrm{MPa}$,许用压应力为 $[\sigma_c] = 160\,\mathrm{MPa}$,试求梁的许用荷载 P(尺寸单位:mm)。

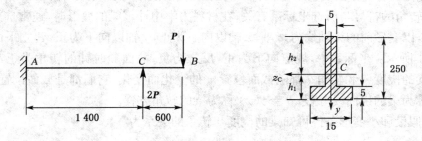

题 8-30 图

9 梁的变形

9.1 概述

在工程实际中,受弯构件不仅应该满足强度条件,还应该满足刚度条件,即要求梁的变形不能超过许可值。此外,在计算超静定梁时也会涉及梁的变形计算。因此,研究梁的变形计算问题是材料力学中的一个很重要的课题。

梁发生平面弯曲变形时,梁的轴线在梁的形心主惯性平面内由直线弯曲成一条光滑的平面曲线,这条曲线称为梁的**挠曲线**,如图 9-1 所示。

弯曲变形的梁上每个横截面都发生了移动和转动,因为梁上各横截面沿轴线方向的线位移很微小,可忽略不计,所以梁的弯曲变形引起的位移通常用如下两个量来描述:

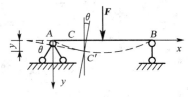

图 9-1

(1) **挠度**:梁横截面的形心在垂直于梁轴线方向上的线位移,用 y 表示。

(2) **转角**:梁的横截面绕其中性轴转动的角度,用 θ 表示,其单位是弧度(rad)。

挠度和转角的符号与所选坐标系有关,在材料力学中计算梁的变形时,通常选梁的左端点为坐标原点,以变形前的梁轴线为 x 轴,x 轴以向右为正,y 轴以向下为正,建立平面直角坐标系,如图 9-1 所示。坐标系中,规定向下为正,反之为负;截面顺时针的转角为正,反之为负。一般来说,梁的挠度 y 和转角 θ 都随截面位置 x 的变化而变化,它们都是截面位置 x 的函数,$y = f(x)$ 称为梁的挠曲线方程,$\theta = \theta(x)$ 称为梁的转角方程。

由平面假设和小变形条件可知梁的挠度与转角的关系为

$$\theta = \tan\theta = \frac{dy}{dx} = y' \tag{9-1}$$

式(9-1)表明,梁的挠曲线方程对 x 的一阶导数就是梁的转角方程。因此,计算梁变形的关键就是确定梁的挠曲线方程。

9.2 挠曲线近似微分方程

在弯曲应力的推导时,我们得到了曲率半径和弯矩的关系 $\frac{1}{\rho} = \frac{M}{EI}$,横力弯曲时,式中 M 和 ρ 都是 x 的函数。同时,由高等数学平面曲线的曲率与曲线方程的关系,略去高阶小量得 $\frac{1}{\rho(x)} = \pm \frac{d^2 y}{dx^2}$,即

$$\pm \frac{d^2 y}{dx^2} = \frac{M(x)}{EI} \tag{9-2a}$$

上式中等号左边的符号,取决于弯矩的符号规定和 x-y 坐标系的选取。如图 9-2 所示,在图(a)中,当梁段受到正弯矩作用时,挠曲线向下凸出。该曲线在图示 x-y 坐标系中的二阶导数为负;在图(b)中,负弯矩作用下梁段挠曲线的二阶导数为正。因此,式(9-2a)等号两侧的符号应该相反,于是,上式应为

$$\frac{d^2 y}{dx^2} = -\frac{M(x)}{EI} \tag{9-2b}$$

图 9-2

式(9-2b)即为**挠曲线近似微分方程**。称它为近似微分方程的原因:(1)忽略了剪力对弯曲变形的影响;(2)在推导过程中略去了高阶微量。由方程(9-2b)求得的结果,对工程应用来说是足够精确的。

9.3 用积分法求挠度和转角

若为等截面直梁,其抗弯刚度 EI 为一常量,上式可改写成

$$-EIy'' = M(x) \tag{a}$$

可得转角方程

$$-EIy' = \int M(x)dx + C \tag{b}$$

再积分一次,得挠度方程

$$-EIy = \int\left[\int M(x)\mathrm{d}x\right]\mathrm{d}x + Cx + D \tag{c}$$

式中的 C、D 为积分常数,其值可由梁的约束条件(边界条件)和连续条件确定。根据式(b)可以得到梁的转角方程;根据式(c)可以得到梁的挠曲线方程。

常见的边界条件为在悬臂梁中,固定端处的挠度和转角都等于 0,在外伸梁和简支梁中,滚动铰支座和固定铰支座处挠度为零。连续条件指挠度和转角方程在分段处,因为同一个点的挠度和转角,方程在此连续。下面举例说明用积分法求梁的转角和挠度的步骤。

【**例 9-1**】 一悬臂梁在自由端处受一集中力 P 的作用,如图 9-3 所示。梁跨度为 l,抗弯刚度 EI 为常数。试求梁的转角方程和挠度方程,并确定绝对值最大的转角 $|\theta|_{\max}$ 和挠度 $|y|_{\max}$。

【**解**】 (1) 写出弯矩方程

以左端点 A 为坐标原点,取直角坐标如图 9-3 所示。任一横截面 x 的弯矩方程为

$$M(x) = P(l-x) \quad (0 < x \leqslant l)$$

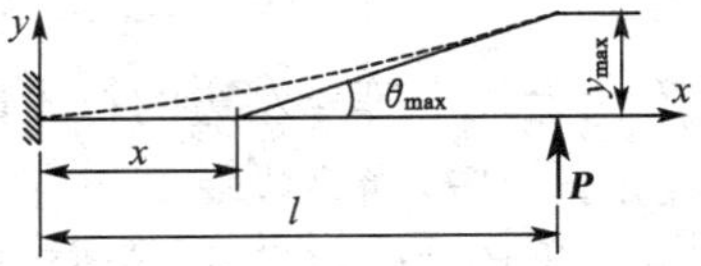

图 9-3

(2) 建立挠曲线的近似微分方程并积分

$$EIy'' = M(x) = P(l-x) \tag{a}$$

$$EIy' = Plx - \frac{P}{2}x^2 + C \tag{b}$$

$$EIy = \frac{Pl}{2}x^2 - \frac{P}{6}x^3 + Cx + D \tag{c}$$

(3) 在固定端 A 处,截面的挠度和转角均为零,其边界条件为

当 $x = 0$ 时

$$y' = 0 \tag{d}$$

$$\theta = y' = 0 \tag{e}$$

将边界条件式(d)代入式(c),式(e)代入式(b),分别得到

$$D = C = 0$$

将积分常数的结果代入(b)、(c)两式,得到该梁的转角方程和挠度方程分别为

$$\theta = y' = \frac{Px}{2EI}(2l - x) \tag{f}$$

$$y = \frac{Px^2}{6EI}(3l - x) \tag{g}$$

(4) 确定 $|\theta|_{\max}$、$|y|_{\max}$

挠曲线的形状如图 9-3 中的虚线所示。最大挠度和最大转角均发生在悬臂梁的自由端。以 $x = l$ 代入式(f)、(g)得

$$|\theta|_{\max} = \theta_B = \frac{Pl^2}{2EI} \qquad |y|_{\max} = y_B = \frac{Pl^3}{3EI}$$

【例 9-2】 桥式吊车大梁的自重可简化成均布荷载,其荷载集度为 q,EI 为常数。试计算大梁由自重引起的转角方程和挠度方程,并确定绝对值最大的转角 $|\theta|_{\max}$ 和挠度 $|y|_{\max}$。

【解】 （1）写出弯矩方程

选取坐标 x-y,如图 9-4 所示。由对称关系可知梁的支反力为 $R_A = R_B = \dfrac{ql}{2}$。

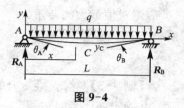

图 9-4

坐标为 x 的任一截面上的弯矩方程为

$$M(x) = \frac{ql}{2}x - \frac{q}{2}x^2 \quad (0 \leqslant x \leqslant l)$$

（2）建立挠曲线近似微分方程并积分

$$EIy'' = \frac{ql}{2}x - \frac{q}{2}x^2 \tag{a}$$

$$EIy' = \frac{ql}{4}x^2 - \frac{q}{6}x^3 + C \tag{b}$$

$$EIy = \frac{ql}{12}x^3 - \frac{q}{24}x^4 + Cx + D \tag{c}$$

（3）确定积分常数

简支梁两端铰支座处的边界条件为

当 $x = 0$ 时 $y = 0$ （d）

当 $x = l$ 时 $y = 0$ （e）

将边界条件式(d)、(e)分别代入式(c)得 $D=0$ 及 $\dfrac{ql^4}{12} - \dfrac{ql^4}{24} + Cl = 0$,则 $C = -\dfrac{ql^3}{24}$。

将积分常数 C 和 D 代入(b)、(c)两式中,可得转角方程和挠度方程分别为

$$\theta = y' = -\frac{q}{24EI}(l^3 - 6lx^2 + 4x^3)$$

$$y = -\frac{qx}{24EI}(l^3 - 2lx^2 + x^3)$$

在本例中,由于荷载和边界条件均对称于跨度中点,所以弯曲变形也应该对跨度中点对称。在中点处转角 $\theta = 0$。

（4）确定 $|\theta|_{\max}$ 和 $|y|_{\max}$

由图 9-4 中的挠曲线可知,最大挠度发生在梁的中点（$\theta = 0$ 处,y 取得极值）,其值为

$$y_C = -\frac{5ql^4}{384EI}$$

式中负号表示中点挠度向下。绝对值最大的挠度为

$$|y|_{\max} = \frac{5ql^4}{384EI}$$

最大的转角发生在梁的两端,其值为

$$\theta_A = -\theta_B = -\frac{ql^3}{24EI}$$

绝对值最大的转角为

$$|\theta|_{max} = \frac{ql^3}{24EI}$$

【例 9-3】 简支梁受力如图 9-5 所示,梁的抗弯刚度为 EI。试求梁的转角方程和挠度方程,并确定 $|\theta|_{max}$ 和 $|y|_{max}$。

【解】 (1) 写出弯矩方程

由平衡方程求得 A、B 两支座处的支反力为 $R_A = \frac{Pb}{l}$、$R_B = \frac{Pa}{l}$,方向如图 9-5 所示。由于集中力 P 的存在,梁的弯矩方程应分 AC、CB 两段建立,其弯矩方程分别为

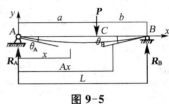

图 9-5

$$M_1(x) = \frac{Pb}{l}x \quad (0 \leqslant x \leqslant a)$$

$$M_2(x) = \frac{Pb}{l}x - P(x-a) \quad (a \leqslant x \leqslant l)$$

(2) 建立挠曲线方程并积分

AC 段 $(0 \leqslant x \leqslant a)$:$EIy_1'' = M_1(x) = \frac{Pb}{l}x$

$$EIy_1' = \frac{Pb}{2l}x^2 + C_1 \tag{a}$$

$$EIy_1 = \frac{Pb}{6l}x^3 + C_1 x + D_1 \tag{b}$$

CB 段 $(a \leqslant x \leqslant l)$:$EIy_2'' = M_2(x) = \frac{Pb}{l}x - P(x-a)$

$$EIy_2' = \frac{Pb}{2l}x^2 - \frac{P}{2}(x-a)^2 + C_2 \tag{c}$$

$$EIy_2 = \frac{Pb}{6l}x^3 - \frac{P}{6}(x-a)^3 + C_2 x + D_2 \tag{d}$$

(3) 由边界条件和连续条件定积分常数

AC 和 CB 两段共出现四个积分常数,确定这四个常数需要四个位移条件。简支梁的边界条件只有两个,另外两个位移条件可用集中力作用处 C 截面的连续条件得到。因为挠曲线是一条光滑连续的曲线,在 C 截面处只可能有唯一的挠度和转角。因此,C 截面处的连续条件为

当 $x = a$ 时 $\quad\quad\quad y_1' = y_2' \tag{e}$

$$y_1 = y_2 \tag{f}$$

在式(a)、(b)、(c)、(d)各式中，令 $x_1 = x_2 = a$，并利用式(e)、(f)可得到

$$C_1 = C_2 \quad D_1 = D_2$$

利用 A、B 两支座处的边界条件

当 $x = 0$ 时 $\quad\quad\quad\quad y_1 = 0$ \hfill (g)

当 $x = l$ 时 $\quad\quad\quad\quad y_2 = 0$ \hfill (h)

将式(g)代入式(b)得 $\quad\quad D_1 = D_2 = 0$

将式(h)代入式(d)得 $\quad\quad C_1 = C_2 = -\dfrac{Pb}{6l}(l^2 - b^2)$

把四个积分常数分别代入式(a)、(b)、(c)和式(d)中，可得转角方程和挠度方程为

AC 段 $(0 \leqslant x \leqslant a)$： $\quad y_1' = -\dfrac{Pb}{6EIl}(l^2 - b^2 - 3x^2)$ \hfill (i)

$$y_1 = -\dfrac{Pbx}{6EIl}(l^2 - b^2 - x^2)$$ \hfill (j)

CB 段 $(a \leqslant x \leqslant l)$： $\quad y_2' = -\dfrac{Pb}{6EIl}\left[(l^2 - b^2 - 3x^2) + \dfrac{3l}{b}(x-a)^2\right]$ \hfill (k)

$$y_2 = -\dfrac{Pb}{6EIl}\left[(l^2 - b^2 - x^2)x + \dfrac{l}{b}(x-a)^3\right]$$ \hfill (l)

需要指出，在 CB 段内积分时，是以 $(x-a)$ 作为自变量的，这样处理可以使得确定积分常数的计算得到简化。

(4) 确定 $|\theta|_{\max}$ 和 $|y|_{\max}$

对简支梁而言，最大转角一般发生在梁的两端截面处。由式(i)，令 $x = 0$，得

$$\theta_A = -\dfrac{Pb}{6EIl}(l^2 - b^2) = -\dfrac{Pab}{6EIl}(l+b)$$

由式(k)，令 $x = l$，得

$$\theta_B = \dfrac{Pab}{6EIl}(l+a)$$

当 $a > b$ 时，$\theta_B > \theta_A$，故

$$\theta_{\max} = \theta_B = \dfrac{Pab}{6EIl}(l+a)$$

根据极值条件，在 $\theta = 0$ 处，y 取得极值。因此，应首先确定转角为零的截面位置。假设最大挠度发生在 AC 段内，当 $x = x_0$ 时，转角为零，由式(i)得

$$-\dfrac{Pb}{6EIl}(l^2 - b^2 - 3x_0^2) = 0$$

$$x_0 = \sqrt{\dfrac{l^2 - b^2}{3}} = \sqrt{\dfrac{a^2 + 2ab}{3}}$$ \hfill (m)

当 $a>b$ 时，由式(m)可知 $x_0<a$，说明转角为零的截面是发生在 AC 段内的。因此可将式(m)代入式(j)而得最大挠度为

$$y_{\max}=-\frac{Pb}{9\sqrt{3}EIl}(l^2-b^2)^{\frac{3}{2}}$$

绝对值最大的挠度为

$$|y|_{\max}=\frac{Pb}{9\sqrt{3}EIl}(l^2-b^2)^{\frac{3}{2}}$$

若集中力 P 作用在跨度中点，即 $a=b=l/2$ 处，则最大转角发生在 A、B 两端点处；最大挠度发生在跨度中点。绝对值最大的转角、挠度分别为：$|\theta|_{\max}=\frac{Pl^2}{16EI}$，$|y|_{\max}=\frac{Pl^3}{48EI}$。

另外还可讨论，当 $b\to 0$ 时，梁的最大挠度发生在 $x=l/\sqrt{3}=0.577l$ 处，该处的最大挠度为

$$|y|_{\max}=\frac{Pbl^2}{9\sqrt{3}EI}$$

由上面的结果可看出，即使是在 $b\to 0$ 的极端情况下，最大挠度的位置也非常接近梁的中点。因此，对简支梁而言，只要挠曲线上无拐点就可用中点的挠度近似地作为梁的最大挠度，这样带来的误差不会很大。

9.4 用叠加法求挠度和转角

工程中计算梁变形的方法有很多，在材料力学中计算梁变形的方法主要有积分法和叠加法两种，其中积分法是最基本的方法，叠加法是较为简便的实用方法。

梁的变形微小，且梁在线弹性范围内工作时，梁在几项荷载(可以是集中力、集中力偶或分布力)同时作用下的挠度和转角，就分别等于每一荷载单独作用下该截面的挠度和转角的叠加。当每一项荷载所引起的挠度为同一方向(如均沿 y 轴方向)，其转角是在同一平面内(如均在 xy 平面内)时，则叠加就是代数和，这就是**叠加原理**。

梁在简单荷载作用下的挠度和转角可用积分法计算出来，并将计算结果绘制成表 9-1。

表 9-1 单跨静定梁在简单荷载作用下的挠度和转角

序号	梁的简图	梁端转角	最大挠度
1		$\theta_B=\dfrac{Fl^2}{2EI}$	$y_B=\dfrac{Fl^3}{3EI}$

续表 9-1

序号	梁的简图	梁端转角	最大挠度
2	悬臂梁，A端固定，集中力 F 作用于距A为 a 处，长 l	$\theta_B = \dfrac{Fa^2}{2EI}$	$y_B = \dfrac{Fa^2}{6EI}(3l - a)$
3	悬臂梁，A端固定，均布载荷 q，长 l	$\theta_B = \dfrac{ql^3}{6EI}$	$y_B = \dfrac{ql^4}{8EI}$
4	悬臂梁，A端固定，B端力偶 m，长 l	$\theta_B = \dfrac{ml}{EI}$	$y_B = \dfrac{ml^2}{2EI}$
5	简支梁，跨中 C 处集中力 F，$l/2 + l/2$	$\theta_A = -\theta_B = \dfrac{Fl^2}{16EI}$	$y_C = \dfrac{Fl^3}{48EI}$
6	简支梁，集中力 F 在距A为 a，距B为 b 处	$\theta_A = \dfrac{Fab(l+b)}{6lEI}$ $\theta_B = -\dfrac{Fab(l+a)}{6lEI}$	设 $a > b$ 在 $x = \sqrt{\dfrac{l^2 - b^2}{3}}$ 处，$y_{max} = \dfrac{\sqrt{3}Fb}{27lEI}(l^2 - b^2)^{3/2}$ 在 $x = \dfrac{l}{2}$ 处，$y_{l/2} = \dfrac{Fb}{48EI}(3l^2 - 4b^2)$
7	简支梁，均布载荷 q，长 l	$\theta_A = -\theta_B = \dfrac{ql^3}{24EI}$	在 $x = \dfrac{l}{2}$ 处，$y_{max} = \dfrac{5ql^4}{384EI}$
8	简支梁，A端力偶 m，长 l	$\theta_A = \dfrac{ml}{3EI}$ $\theta_B = -\dfrac{ml}{6EI}$	在 $x = \left(1 - \dfrac{1}{\sqrt{3}}\right)l$ 处，$y_{max} = \dfrac{ml^2}{9\sqrt{3}EI}$ 在 $x = \dfrac{l}{2}$ 处，$y_{l/2} = \dfrac{ml^2}{16EI}$
9	简支梁，B端力偶 m，长 l	$\theta_A = \dfrac{ml}{6EI}$ $\theta_B = \dfrac{ml}{3EI}$	在 $x = \dfrac{1}{\sqrt{3}}l$ 处，$y_{max} = \dfrac{ml^2}{9\sqrt{3}EI}$ 在 $x = \dfrac{l}{2}$ 处，$y_{l/2} = \dfrac{ml^2}{16EI}$
10	外伸梁，AB跨 l，BC外伸 a，C端集中力 F	$\theta_A = -\dfrac{Fal}{6EI}$ $\theta_B = \dfrac{Fal}{3EI}$ $\theta_C = \dfrac{Fa(2l+3a)}{6EI}$	$y_C = \dfrac{Fa^2}{3EI}(l + a)$

序号	梁的简图	梁端转角	最大挠度
11		$\theta_A = -\dfrac{qa^2 l}{12EI}$ $\theta_B = \dfrac{qa^2 l}{6EI}$ $\theta_C = \dfrac{qa^2(l+a)}{6EI}$	$y_C = \dfrac{qa^3}{24EI}(4l+3a)$
12		$\theta_A = -\dfrac{ml}{6EI}$ $\theta_B = \dfrac{ml}{3EI}$ $\theta_C = \dfrac{m}{3EI}(l+3a)$	$y_C = \dfrac{ma}{6EI}(2l+3a)$

【例 9-4】 简支梁受荷载作用如图 9-6(a)所示,已知梁的 EI 为常数,试用叠加法计算梁中点 C 的挠度。

【解】 ① 如图 9-6(a)所示梁的变形是均布荷载和集中力偶共同作用引起的,把梁上的荷载分解为两种简单荷载,如图 9-6(b)、(c)所示。

② 查表 9-1 可知

梁在均布荷载单独作用下 $\qquad y_{Cq} = \dfrac{5ql^4}{384EI}$

梁在集中力偶单独作用下 $\qquad y_{Cm} = \dfrac{ml^2}{16EI}$

③ 根据叠加原理可得 $\qquad y_C = y_{Cq} + y_{Cm} = \dfrac{5ql^4}{384EI} + \dfrac{ml^2}{16EI}$

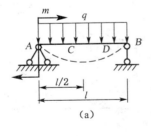
(a)

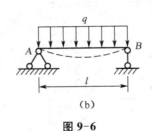
(b)

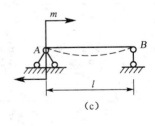
(c)

图 9-6

区段叠加法又叫相应简支梁法,就是在梁上的局部区域使用叠加原理绘制梁弯矩图的一种方法。其要点是:

(1) 分段选取适当的控制截面把梁分成若干段,使每一梁段内或者无荷载,或者只受有一个集中力,或者只受均布荷载作用。

(2) 计算出各控制截面的弯矩。

(3) 连线。对于无荷载作用的梁段,直接将两端截面的弯矩竖标的顶点连成直线;对于受有荷载作用的梁段,应先将两端截面弯矩竖标的顶点用虚线连接,再叠加上相应简支梁在该荷载作用下的弯矩图。

9.5 平面弯曲梁的刚度校核

有时某些构件虽然不发生破坏,但并不代表就能保证构件或整个结构能够正常工作。如:房屋建筑中的楼、板、梁在荷载作用下产生的变形过大,下面的抹灰层就会开裂、脱落;屋面上的檩条变形过大时就会引起屋面漏水。因此,在荷载作用下构件所产生的变形不应超过工程允许的范围,也就是说构件除了必须满足强度要求之外,还需要具有足够的刚度。

在实际工程中,根据强度条件对梁进行设计后,常常还要对梁进行刚度校核,即核查梁的位移是否在规定的范围内。在土建工程中通常只校核梁的挠度,一般用 f 表示梁的最大挠度,$[f]$ 表示梁的允许挠度。通常用最大挠度 f 与梁跨度 l 的比值 $\dfrac{f}{l}$ ——挠跨比来表示梁的刚度条件,许用挠跨比用 $\left[\dfrac{f}{l}\right]$ 表示,则梁的刚度条件可表示为

$$\frac{f}{l} \leqslant \left[\frac{f}{l}\right] \tag{9-3}$$

根据梁的刚度条件,可进行三种计算:刚度校核、截面设计和确定许可荷载。工程设计中,都是先按强度条件进行梁的设计,再用刚度条件进行刚度校核。

【例 9-5】 在如图 9-7 所示的工字型钢梁中,已知 $l = 4$ m,$q = 10$ kN/m,$F = 10$ kN,截面为 20b 工字钢,材料的弹性模量 $E = 2 \times 10^5$ MPa,许用挠跨比值 $\left[\dfrac{f}{l}\right] = \dfrac{1}{400}$,试校核梁的刚度。

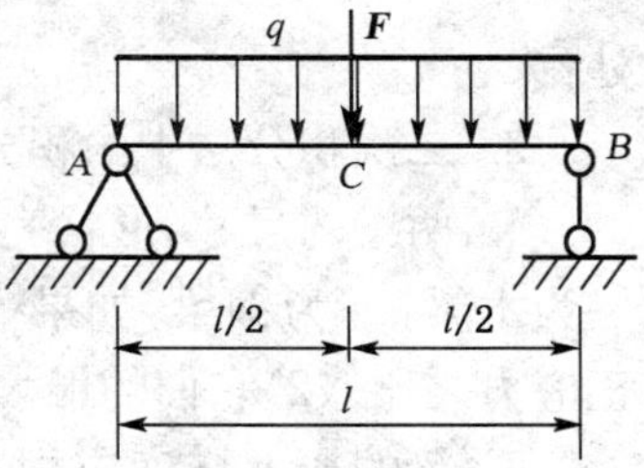

【解】 (1) 根据梁的受力情况可知梁的最大挠度在跨中 C 点,用叠加法计算如下:

$$f = y_C = y_{Cq} + y_{CF} = \frac{5ql^4}{384EI} + \frac{Fl^3}{48EI}$$

$$= \frac{5 \times 10 \times (4 \times 10^3)^4}{384 \times 2 \times 10^5 \times 2\,500 \times 10^4} \text{ mm} + \frac{10 \times 10^3 \times (4 \times 10^3)^3}{48 \times 2 \times 10^5 \times 2\,500 \times 10^4} \text{ mm} = 9.3 \text{ mm}$$

图 9-7

(2) 校核梁的刚度

$$\frac{f}{l} = \frac{9.3}{4 \times 10^3} = 0.002\,33 < \left[\frac{f}{l}\right] = \frac{1}{400} = 0.002\,5$$

所以该梁满足刚度条件要求。

小 结

1. 本章主要介绍了用积分法和叠加法求梁的变形。积分法是求梁变形的基本方法,其优点是可以直接运用数学方法求得梁的转角方程和挠曲线方程,但求解过程比较繁琐。掌握这种方法,可以加深对梁的挠曲线、挠度、转角及边界条件等概念的理解。叠加法是一种辅助方

法,其优点是可利用计算梁变形的现成结果将问题化繁为简,有较大的实用意义。它是首先利用变形表先求各荷载单独作用时,在指定截面产生的挠度与转角,然后代数(几何)相加,便得指定截面在几个荷载共同作用时的挠度与转角。

2. 用积分法求梁变形的基本步骤:①求支座反力,列弯矩方程;②列出梁的挠曲线近似微分方程,并对其进行两次积分;③利用变形协调条件(边界条件或连续条件)确定积分常数;④确定转角方程和挠曲线方程;⑤求最大转角、最大挠度或指定截面的转角和挠度。

3. 叠加原理的使用条件:构件的变形很小,材料服从胡克定律。

梁的刚度条件为

$$\frac{f}{l} \leqslant \left[\frac{f}{l}\right]$$

$$\theta_{\max} \leqslant [\theta]$$

4. 为提高梁的弯曲刚度,须先明确影响梁变形的有关因素,然后采取适当的措施,例如改变截面形状或尺寸、增大惯性矩、减小构件的跨度或有关长度等。这些措施很有实用价值,应充分理解。

思考题

1. 什么是梁的挠度和转角?纯弯曲的挠曲线是什么形状?为什么?
2. 挠曲线近似微分 $\dfrac{\mathrm{d}^2 y}{\mathrm{d}x^2} = -\dfrac{M(x)}{EI}$ 中,$\dfrac{\mathrm{d}^2 y}{\mathrm{d}x^2}$ 及 $\dfrac{M(x)}{EI}$ 各代表什么意义?其"近似"表现在何处?
3. 二次积分法中的积分常数具有什么物理意义?
4. 两梁的尺寸、形状完全相同,受力情况与支座也相同,一为木梁,一为钢梁,如果 $E_{钢} = 7E_{木}$,试求:(1)它们的最大正应力之比;(2)它们的最大挠度之比。
5. 梁的最大挠度应根据什么条件去求?梁的最大弯矩处是否就是最大挠度处?
6. 已知悬臂梁 AB 受力如图 9-8 所示,其自由端的挠度 $y_B = \dfrac{Pl^3}{3EI} + \dfrac{Ml^2}{2EI}(\downarrow)$。试问 C 点处的挠度为何值?

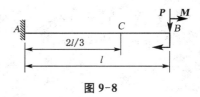

图 9-8

习　题

9-1　如题 9-1 图所示,设梁的抗弯刚度为 EI,试问用积分法求解各梁的转角和挠度方程时应分几段积分?将出现几个积分常数?相应的边界条件、连续条件是什么?图(e)中,B 处的弹簧刚度(引起弹簧单位长度变形所需之力)为 K。

9-2　如题 9-2 图所示各梁,弯曲刚度 EI 均为常数。试根据梁的弯矩图与约束条件画出挠曲轴的大致形状。

9-3　如题 9-3 图所示简支梁,左、右端各作用一个力偶矩分别为 M_1 与 M_2 的力偶。如欲使挠曲轴的拐点位于离左端 $l/3$ 处,则力偶矩 M_1 与 M_2 应保持何种关系?

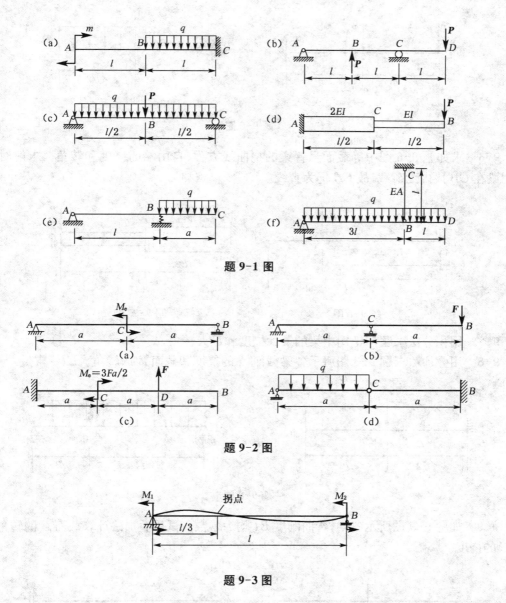

题 9-1 图

题 9-2 图

题 9-3 图

9-4 如题 9-4 图所示各梁，弯曲刚度 EI 均为常数。试用积分法计算截面 B 的转角与截面 C 的挠度。

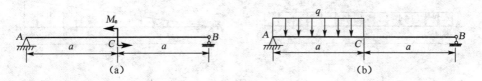

题 9-4 图

9-5 用积分法求题 9-5 图中各梁的挠曲线方程、自由端的截面转角、跨度中点的挠度和最大挠度。设 $EI =$ 常量。

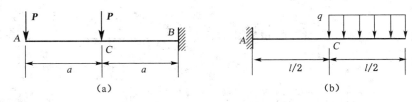

题 9-5 图

9-6 求如题 9-6 图中等截面悬臂梁的挠曲线方程、自由端的挠度和转角。求解时应注意到梁在 CB 段内无荷载,故 CB 仍为直线。

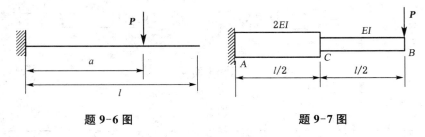

题 9-6 图   题 9-7 图

9-7 用积分法求题 9-7 图中梁的最大挠度和最大转角。

9-8 用叠加法求题 9-8 图所示各梁截面 A 的挠度和截面 B 的转角。$EI=$ 常量。

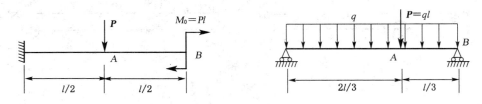

题 9-8 图

9-9 如题 9-9 图所示各梁,弯曲刚度 EI 均为常数。试用叠加法计算截面 B 的转角与截面 C 的挠度。

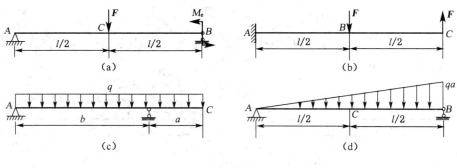

题 9-9 图

9-10 用叠加法求题 9-10 图所示外伸梁外伸端的挠度和转角,设 $EI=$ 常量。

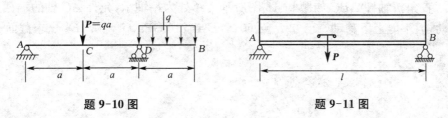

题 9-10 图   题 9-11 图

9-11 如题 9-11 图所示桥式起重机的最大荷载为 $P = 20\,\text{kN}$。起重机大梁为 32a 工字钢，$E = 210\,\text{GPa}$，$l = 8.7\,\text{m}$。规定 $[f] = l/500$，试校核大梁刚度。

9-12 如题 9-12 图所示电磁开关，由铜片 AB 与电磁铁 S 组成。为使端点 A 与触点 C 接触，试求电磁铁 S 所需吸力的最小值 F 以及间距 a 的尺寸。铜片横截面的惯性矩 $I_z = 0.18 \times 10^{-12}\,\text{m}^4$，弹性模量 $E = 101\,\text{GPa}$。

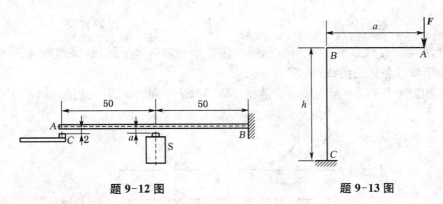

题 9-12 图   题 9-13 图

9-13 试计算如题 9-13 图所示刚架截面 A 的水平和铅垂位移。设弯曲刚度 EI 为常数。

9-14 试用叠加法计算题 9-14 图中各阶梯形梁的最大挠度。设惯性矩 $I_2 = 2I_1$。

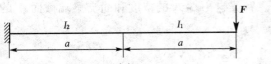 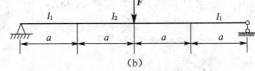

题 9-14 图

9-15 如题 9-15 图所示悬臂梁，承受均布荷载 q 与集中荷载 ql 作用。试计算梁端的挠度及其方向，材料的弹性模量为 E。

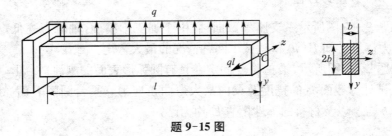

题 9-15 图

9-16 直角折轴杆 ABC 如题 9-16 图所示。A 处为一轴承,允许 AC 轴的端截面在轴承内自由转动,但不能上下移动。已知 $P = 60\text{ N}, E = 210\text{ GPa}, G = 0.4E$。试求截面 B 的垂直位移。

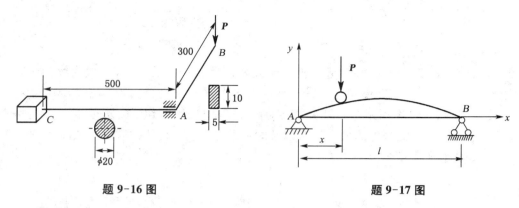

题 9-16 图   题 9-17 图

9-17 滚轮沿等截面简支梁移动时,要求滚轮恰好走一水平路径,试问需将题 9-17 图所示梁的轴线预弯成怎样的曲线?

9-18 如题 9-18 图中两根梁由铰链相互联接,EI 相同,且 EI = 常量。试求 P 力作用点 D 的位移。

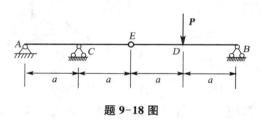

题 9-18 图

9-19 利用弯曲变形能求题 9-19 图所示悬臂梁自由端 A 的挠度和简支梁端截面 A 的转角。

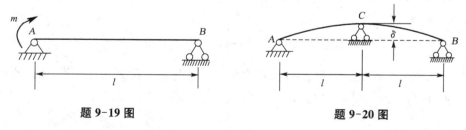

题 9-19 图   题 9-20 图

9-20 如题 9-20 图所示三支座等截面轴,由于加工不精确,轴承有高低,这在装配时就将引起轴内应力。设已知 EI、δ 和 l,试求两种情况的最大弯矩。

9-21 如题 9-21 图所示,梁左端 A 固定在具有圆弧形表面的刚性平台上,自由端 B 承受荷载 F 作用。试计算截面 B 的挠度及梁内最大弯曲正应力。平台圆弧表面 AC 的曲率半径 R、梁的尺寸 l、b 与 δ 以及材料的弹性模量 E 均为已知。

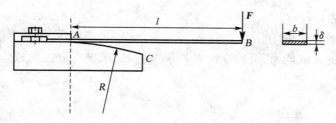

题 9-21 图

9-22 试求题 9-22 图中各梁的支反力。设弯曲刚度 EI 为常数。

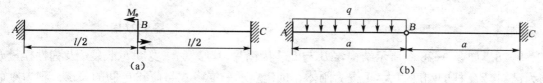

题 9-22 图

9-23 如题 9-23 图所示刚架,弯曲刚度 EI 为常数,试画刚架的弯矩图。

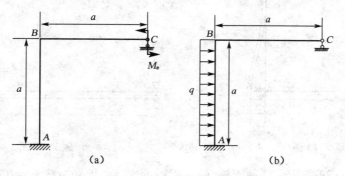

题 9-23 图

9-24 如题 9-24 图所示匀质梁,放置在水平的刚性平台上,若伸出台外部分 AB 的长度为 a,试计算平台内梁上拱部分 BC 的长度 b。设弯曲刚度 EI 为常数,梁单位长度的重量为 q。

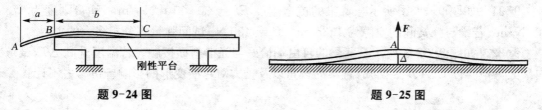

题 9-24 图   题 9-25 图

9-25 如题 9-25 图所示匀质梁,放置在水平刚性平台上。若在横截面 A 作用一铅垂向上的荷载 F,试建立该截面的挠度 Δ 与荷载 F 的关系。设弯曲刚度 EI 为常数,梁单位长度的重量为 q。

9-26 如题 9-26 图所示梁 AB 与 CD,B 端、C 端与刚性圆柱体相连,其上作用一矩为 M_e 的集中力偶。试画梁的剪力、弯矩图。设二梁各截面的弯曲刚度均为 EI,长度均为 l,圆柱体的直径为 d,且 $d = l/2$。

9-27 如题 9-27 图所示静不定梁 AB,承受集度为 q 的均布荷载作用。已知抗弯截面系

数为 W，许用应力为 $[\sigma]$。

（1）试求荷载的许用值 $[q]$；

（2）为提高梁的承载能力，可将支座 B 提高少许，试求提高量 Δ 的最佳值及荷载 q 的相应许用值 $[q']$。

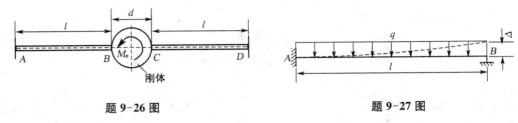

题 9-26 图　　　　　　题 9-27 图

9-28　如题 9-28 图所示结构，AB 与 DC 为铜片，其厚度 δ、宽度 b、长度 l 及弹性模量 E 均为已知，BD 杆的刚度很大，可视为刚体。试建立水平位移 Δ 与荷载 F 间的关系。轴力对铜片变形的影响忽略不计。

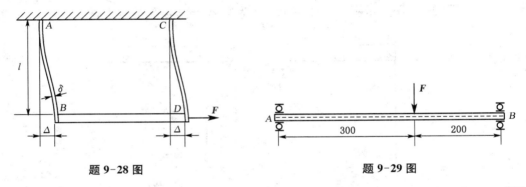

题 9-28 图　　　　　　题 9-29 图

9-29　如题 9-29 图所示圆截面轴，两端用轴承支持。承受荷载 $F=10\ \text{kN}$ 作用。若轴承处的许用转角 $[\theta]=0.05\ \text{rad}$，材料的弹性模量 $E=200\ \text{GPa}$，试根据刚度要求确定轴径 d。

9-30　如题 9-30 图所示结构中，梁为 16 号工字钢；拉杆的截面为圆形，$d=10\ \text{mm}$。两者均为低碳钢，$E=200\ \text{GPa}$。试求梁及拉杆内的最大正应力。

9-31　如题 9-31 图所示悬臂梁的抗弯刚度 $EI=30\times10^3\ \text{N}\cdot\text{m}^2$。弹簧刚度为 $175\times10^3\ \text{N/m}$。若梁与弹簧间的空隙为 $1.25\ \text{mm}$，$P=450\ \text{N}$。试问弹簧将分担多大的力？

9-32　如题 9-32 图所示悬臂梁的自由端恰好与光滑斜面接触。若温度升高 ΔT，试求梁内最大弯矩。设 E、A、I、α 已知，且梁的自重以及轴力对弯曲变形的影响皆可略去不计。

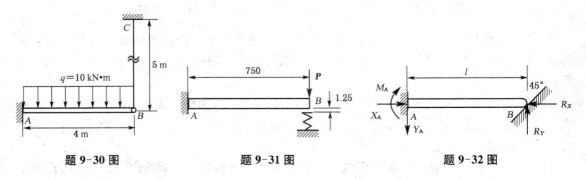

题 9-30 图　　　　　题 9-31 图　　　　　题 9-32 图

10 应力应变分析和强度理论

前面几章,我们研究了轴向拉压、扭转等单一受力状态下的受力和变形情况,但实际工程中,构件的受力相对复杂,于是不能再简单地通过正应力或剪应力强度条件来直接校核构件,它要求我们要全面地考虑危险点的受力状态。

10.1 应力状态的概念

10.1.1 应力状态的概念

通常情况下,构件的受力相对复杂,构件截面上可能既有拉应力也有剪应力,而且不仅横截面上存在应力,斜截面上也存在应力,而同一截面上不同位置点的应力也各不相同。所以,必须研究过一点不同方向面上应力的情况,即一点的应力状态,亦指该点的应力全貌。

10.1.2 应力状态的研究方法

研究过一点不同方向面上应力的情况,通常采用单元体,即一个微小的六面体,如图 10-1 所示,其尺寸无限小,每个面上应力均匀分布,且任意一对平行平面上的应力相等。于是知道了单元体三个互相垂直面上的应力后,单元体任一斜截面上的应力都可通过截面法求出,这样一点处的应力状态就完全确定了。普遍状态下,描述一点处的应力状态需要九个应力分量(图 10-1)。考虑到剪应力互等定理,τ_{xy} 和 τ_{yx},τ_{yz} 和 τ_{zy},τ_{zx} 和 τ_{xz} 数值上分别相等。这样原来九个应力分量中,独立的就只有六个,即 σ_x、σ_y、σ_z、τ_{xy}、τ_{yz}、τ_{zx}。因此,又可以说,可用单元体三个互相垂直面上的六个独立的应力分量表示一点的应力状态。当各侧面上剪应力均为零的单元体为主单元体,剪应力为零的截面则为主平面,而主平面上的正应力为主应力。

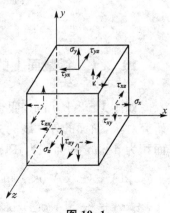

图 10-1

在一般情况下,构件内每一点处必定存在这样的一个主单元体,三个相互垂直的面均为主平面,三个互相垂直的主应力分别记为 σ_1、σ_2、σ_3 且规定按代数值大小的顺序来排列,即 $\sigma_1 > \sigma_2 > \sigma_3$。

根据主单元体上三个主应力有几个非零的数值,可以将应力状态分为三类:
(1) 空间应力状态:三个主应力 σ_1、σ_2、σ_3 均不等于零。
(2) 平面应力状态:三个主应力 σ_1、σ_2、σ_3 中有两个不等于零。
(3) 单向应力状态:三个主应力 σ_1、σ_2、σ_3 中只有一个不等于零。

10.2 二向应力状态分析

平面应力状态是最常见的一种应力状态,其普遍形式如图 10-2(a)所示,单元体上有 σ_x、τ_{xy} 和 σ_y、τ_{yx},其中正应力仍规定拉应力 σ 为正,剪应力 τ 对单元体内任一点取矩,顺时针转为正。

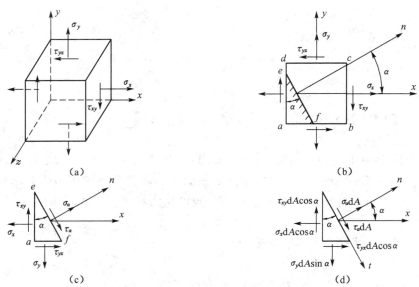

图 10-2

10.2.1 斜截面上的应力

如图 10-2(b)所示,假想地沿斜截面 ef 将单元体截开,留下左边部分的单元体 eaf 作为研究对象,斜面的外法线的方向角 α,以由 x 轴转到外法线 n,逆时针转向时为正。设斜截面的面积为 dA,ae 的面积为 $dA\cos\alpha$,af 的面积为 $dA\sin\alpha$,对研究对象列 n 和 t 方向的平衡方程得

$$\sigma_\alpha dA + (\tau_{xy}dA\cos\alpha)\sin\alpha - (\sigma_x dA\cos\alpha)\cos\alpha + (\tau_{yx}dA\sin\alpha)\cos\alpha - (\sigma_y dA\sin\alpha)\sin\alpha = 0$$

$$\tau_\alpha dA - (\tau_{xy}dA\cos\alpha)\cos\alpha - (\sigma_x dA\cos\alpha)\sin\alpha + (\tau_{yx}dA\sin\alpha)\sin\alpha + (\sigma_y dA\sin\alpha)\cos\alpha = 0$$

化简以上两个平衡方程最后得

$$\sigma_\alpha = \frac{\sigma_x + \sigma_y}{2} + \frac{\sigma_x - \sigma_y}{2}\cos 2\alpha - \tau_{xy}\sin 2\alpha \tag{10-1}$$

$$\tau_\alpha = \frac{\sigma_x - \sigma_y}{2}\sin 2\alpha + \tau_{xy}\cos 2\alpha \tag{10-2}$$

在推导上述两式时,式中各量均设为正值,所以在具体计算 σ_α 和 τ_α 时,应注意按规定的符号将 σ_x、σ_y、τ_{xy} 及 α 的代数值代入式(10-1)和式(10-2)。

不难看出 $\sigma_\alpha + \sigma_{\alpha+90°} = \sigma_x + \sigma_y$,即两相互垂直面上的正应力之和保持一个常数,而切应力满足切应力互等定理。

10.2.2 最大正应力和最大剪应力

1) 最大正应力的方位

在高等数学里求极值,可用求导为零的方法求得,同理对斜截面的正应力公式(10-1)求导,使其为零,可求出最大的正应力及其位置。设 $\alpha = \alpha_0$ 时,式(10-1)求导为零,即

$$\frac{d\sigma_\alpha}{d\alpha} = -2\left[\frac{\sigma_x - \sigma_y}{2}\sin 2\alpha + \tau_{xy}\cos 2\alpha\right] = 0$$

得到

$$\tan 2\alpha_0 = -\frac{2\tau_{xy}}{\sigma_x - \sigma_y} \tag{10-3}$$

由式(10-3)可解出 α_0 和 $\alpha_0 + 90°$ 两个互相垂直的平面,一个是最大正应力所在的平面,另一个是最小正应力所在的平面。将 α_0 和 $\alpha_0 + 90°$ 分别代入公式(10-1),得到

$$\left.\begin{array}{c}\sigma_{\max}\\ \sigma_{\min}\end{array}\right\} = \frac{\sigma_x + \sigma_y}{2} \pm \sqrt{\left(\frac{\sigma_x - \sigma_y}{2}\right)^2 + \tau_{xy}^2} \tag{10-4}$$

当 $\alpha = \alpha_0$ 和 $\alpha = \alpha_0 + 90°$ 时,有 $\tau = 0$,所以最大正应力和最小正应力所在的平面就是主平面,而主应力就是最大正应力或最小正应力,加上法线与 z 轴平行的面上的零主应力,这三个主应力按代数值由大至小的次序分别表示为 σ_1、σ_2、σ_3。

若约定 $|\alpha_0| < 45°$ 即 α_0 取值在 $\pm 45°$ 范围内,则确定主应力方向的具体规则如下:
① 当 $\sigma_x > \sigma_y$ 时,α_0 是 σ_x 与 $\sigma_{\max}$ 之间的夹角;
② 当 $\sigma_x < \sigma_y$ 时,α_0 是 σ_x 与 $\sigma_{\min}$ 之间的夹角;
③ 当 $\sigma_x = \sigma_y$ 时,$\alpha_0 = 45°$,主应力的方向可由单元体上切应力情况直观判断出来。

2) 最大剪应力的方位

同样地对公式(10-2)求导,使其为零,也能求出最大剪应力及方位。设 $\alpha = \alpha_1$ 时,式(10-1)求导为零,即

$$\frac{d\tau_\alpha}{d\alpha} = 2\left[\frac{\sigma_x - \sigma_y}{2}\cos 2\alpha - \tau_{xy}\sin 2\alpha\right] = 0$$

得到

$$\tan 2\alpha_1 = \frac{\sigma_x - \sigma_y}{2\tau_{xy}} \tag{10-5}$$

由式(10-5)可解出 α_1 和 $\alpha_1 + 90°$ 两个互相垂直的平面,一个是最大切应力所在的平面,另一个是最小切应力所在的平面。将 α_1 和 $\alpha_1 + 90°$ 分别代入公式(10-2),得

$$\left.\begin{array}{c}\tau_{\max}\\ \tau_{\min}\end{array}\right\} = \pm\sqrt{\left(\frac{\sigma_x - \sigma_y}{2}\right)^2 + \tau_{xy}^2} \tag{10-6}$$

需要注意的是,由上所求得的最大切应力,只是垂直于零应力平面各斜截面上切应力的最大值,它不一定是过一点的所有截面上切应力的最大值。在10.3节中将可知,过一点的所有截面上的切应力的最大值为

$$\tau_{\max} = \frac{\sigma_1 - \sigma_3}{2}$$

【例 10-1】 已知某构件一点处的应力状态如图 10-3 所示,求该点处主平面方位、主应力数值、最大切应力并画出主单元体。

【解】 (1) 按符号规定,确定已知应力的代数值

$$\sigma_x = 40 \text{ MPa}, \sigma_y = -20 \text{ MPa}, \tau_{xy} = -30 \text{ MPa}$$

(2) 求主平面方位
据式(11-3),得

$$\tan 2\alpha_0 = -\frac{2\tau_{xy}}{\sigma_x - \sigma_y} = -\frac{2\times(-30)}{40-(-20)} = 1$$

所以 $2\alpha_0 = \frac{\pi}{4}, \alpha_0 = \frac{\pi}{8} = 22.5°$

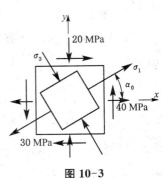

图 10-3

(3) 求主应力
据式(10-4),得

$$\left.\begin{array}{c}\sigma_{\max}\\ \sigma_{\min}\end{array}\right\} = \frac{\sigma_x + \sigma_y}{2} \pm \sqrt{\left(\frac{\sigma_x - \sigma_y}{2}\right)^2 + \tau_{xy}^2}$$

$$= \frac{40+(-20)}{2} \pm \sqrt{\left[\frac{40-(-20)}{2}\right]^2 + (-30)^2} = \left\{\begin{array}{c}52.4\\ -32.4\end{array}\right\} \text{MPa}$$

根据它们的代数值排列,可知 $\sigma_1 = 52.4 \text{ MPa}, \sigma_3 = -32.4 \text{ MPa}$。

(4) 在原始单元体中画出主单元体
因为 $\sigma_x > \sigma_y$,所以 α_0 为 σ_1 与 σ_x 的夹角。画出主单元体如图 10-3 所示。

(5) 求最大切应力

$$\tau_{\max} = \frac{\sigma_1 - \sigma_3}{2} = \frac{52.4-(-32.4)}{2} = 42.4 \text{ MPa}$$

10.2.3 平面应力状态分析——图解法

将斜截面应力计算公式改写为

$$\sigma_\alpha - \frac{\sigma_x + \sigma_y}{2} = \frac{\sigma_x - \sigma_y}{2}\cos 2\alpha - \tau_{xy}\sin 2\alpha$$

$$\tau_\alpha = \frac{\sigma_x - \sigma_y}{2}\sin 2\alpha + \tau_{xy}\cos 2\alpha$$

把上面两式等号两边平方,然后相加便可消去 α,得

$$\left(\sigma_\alpha - \frac{\sigma_x + \sigma_y}{2}\right)^2 + \tau_\alpha^2 = \left(\frac{\sigma_x - \sigma_y}{2}\right)^2 + \tau_{xy}^2$$

因为 σ_x、σ_y、τ_{xy} 皆为已知量,所以上式是一个以 σ_α、τ_α 为变量的圆周方程。当斜截面随方位角 α 变化时,其上的应力 σ_α、τ_α 在 σ-τ 直角坐标系内的轨迹是一个圆。其圆心坐标为 $\left(\frac{\sigma_x + \sigma_y}{2}, 0\right)$, 半径为 $\sqrt{\left(\frac{\sigma_x - \sigma_y}{2}\right)^2 + \tau_{xy}^2}$。而任一斜截面上的正应力和切应力则可用圆周上与之相应点的横坐标和纵坐标来代表,通常称此圆为**应力圆**,又称**莫尔圆**。设单元体上的应力 σ_x、σ_y 和 τ_{xy} 为已知(图10-4(a)),就可按下述步骤画出应力圆:

(1) 取 σ,τ 直角坐标系。以横坐标表示 σ,纵坐标表示 τ。

(2) 按选定的比例尺量取横坐标 $OA = \sigma_x$,纵坐标 $AD_x = \tau_{xy}$,得到 $D_x(\sigma_x, \tau_{xy})$ 点;量取 $OB = \sigma_y$,$BD_y = \tau_{yx}$,确定 $D_y(\sigma_y, \tau_{yx})$ 点,如图 10-4(b)。

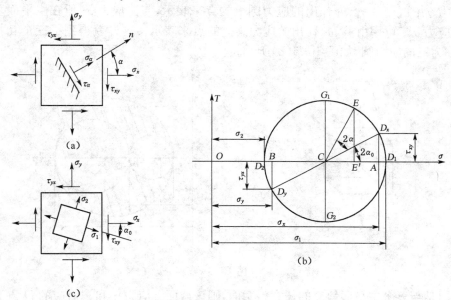

图 10-4

(3) 连接 $D_x D_y$,交 σ 轴于 C 点,C 点即为应力圆的圆心。

(4) 以 C 为圆心、CD_x 为半径作圆,该圆就是相应于该单元体的应力圆。应力圆上任一点的坐标代表单元体内某一相应截面上的应力。利用应力圆可以确定单元体上任意斜截面上的应力、主应力和主平面及最大切应力。

为求单元体上任意斜截面上的应力 σ_α 和 τ_α(图 10-4(b)),自半径 $D_x C$ 按相同方向转过 2α 角,在应力圆上得到 D_α 点,该点的坐标即为(τ_α,τ_α)。

由于应力圆的 D_1、D_2 两点交于横轴,其纵坐标为零,因此这两点的横坐标即为主应力 σ_1 和 σ_2。同时,根据夹角对应关系可知,由 D_x 到 D_1 的圆弧所对的圆心角为顺时针的 $2\alpha_0$。因此单元体上自 x 按相同方向转过 α_0 角即可确定主平面的方位。

在应力圆上作垂直于横轴的直径 $G_1 G_2$,显然,G_1 和 G_2 的纵坐标就是最大剪应力和最小剪应力。

10.3 三向应力状态的最大应力

由于三向应力状态十分复杂,本章只利用应力圆说明三向应力状态的最大正应力和最大切应力。

已知受力物体内某一点处三个主应力 σ_1、σ_2、σ_3(图 10-5(a)),要利用应力圆确定该点的最大正应力和最大切应力。首先研究与其中一个主平面(例如主应力 σ_3 所在的平面)垂直的斜截面上的应力。用截面法,沿求应力的截面将单元体截为两部分,取左下部分为研究对象,主应力 σ_3 所在的两平面上是一对自相平衡的力,因而该斜面上的应力 σ、τ 与 σ_3 无关,只由主应力 σ_1、σ_2 决定,与 σ_3 垂直的斜截面上的应力可由 σ_1、σ_2 作出的应力圆上的点来表示,该应力圆上的点对应于与 σ_3 垂直的所有斜截面上的应力。同理,与主应力 σ_2 所在主平面垂直的斜截面上的应力 σ、τ 可用由 σ_1、σ_3 作出的应力圆上的点来表示,与主应力 σ_1 所在主平面垂直的斜截面上的应力 σ、τ 可用由 σ_2、σ_3 作出的应力圆上的点来表示。这样就得到了三个互相相切的应力圆,称为三向应力圆,如图 10-5(b)所示。

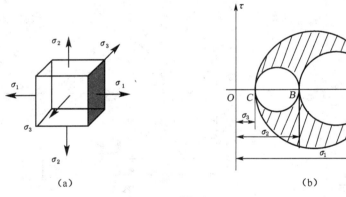

图 10-5

如截面是与三个主平面斜交的任意斜截面,则该截面上应力 σ 和 τ 对应的 D 点必位于上述三个应力圆所围成的阴影内。

从三向应力圆中可看出,最大剪应力则等于最大的应力圆的半径

$$\tau_{\max} = \frac{\sigma_1 - \sigma_3}{2} \tag{10-7}$$

最大剪应力所在的截面与 σ_2 所在的主平面垂直,并与 σ_1 和 σ_3 所在的主平面成45°角。

10.4 广义胡克定律

在轴向拉压的介绍中,我们已经得到了单向的胡克定律 $\varepsilon = \dfrac{\sigma}{E}$,此外,还知道杆的轴向变

形会引起横向尺寸的变化,横向应变为 $\varepsilon' = -\mu\varepsilon = -\mu\dfrac{\sigma}{E}$。

设现有受力构件内任意取得的一单元体,其上的主应力分别为 σ_1、σ_2 和 σ_3,如图 10-5(a) 所示,受力后这个单元体各方向的尺寸都会发生改变。沿三个主应力方向的应变称为主应变,分别用 ε_1、ε_2、ε_3 表示。

用叠加原理计算出 σ_x、σ_y、σ_z 分别单独存在时, x、y、z 方向的线应变 ε_x、ε_y、ε_z,然后代数相加。σ_1 单独作用时,引起的线应变为 $\varepsilon_1' = \dfrac{\sigma_1}{E}$;$\sigma_2$、$\sigma_3$ 单独作用时,将会引起横向应变 $\varepsilon_1'' = -\mu\dfrac{\sigma_2}{E}$,$\varepsilon_1''' = -\mu\dfrac{\sigma_3}{E}$,根据叠加原理,得

$$\varepsilon_1 = \varepsilon_1' + \varepsilon_1'' + \varepsilon_1''' = \dfrac{\sigma_1}{E} - \mu\dfrac{\sigma_2}{E} - \mu\dfrac{\sigma_3}{E}$$

用同样的方法可求得 ε_2 和 ε_3,最后得三个主应变的表达式为

$$\begin{cases} \varepsilon_1 = \dfrac{1}{E}[\sigma_1 - \mu(\sigma_2 + \sigma_3)] \\ \varepsilon_2 = \dfrac{1}{E}[\sigma_2 - \mu(\sigma_3 + \sigma_1)] \\ \varepsilon_3 = \dfrac{1}{E}[\sigma_3 - \mu(\sigma_1 + \sigma_2)] \end{cases} \quad (10\text{-}8)$$

这就是各向同性材料用主应力表示的**广义胡克定律**。由于 $\sigma_1 \geqslant \sigma_2 \geqslant \sigma_3$,故 $\varepsilon_1 \geqslant \varepsilon_2 \geqslant \varepsilon_3$,所以最大线应变为

$$\varepsilon_{\max} = \varepsilon_1 \quad (10\text{-}9)$$

对于非主单元体,各截面上既有正应力又有剪应力,但在弹性范围内和小变形的情况下,线应变只与正应力有关,与剪应力无关,剪应变只与剪应力有关,而与正应力无关。所以沿 σ_x、σ_y 和 σ_z 方向的线应变为

$$\begin{cases} \varepsilon_x = \dfrac{1}{E}[\sigma_x - \mu(\sigma_y + \sigma_z)] \\ \varepsilon_y = \dfrac{1}{E}[\sigma_y - \mu(\sigma_z + \sigma_x)] \\ \varepsilon_z = \dfrac{1}{E}[\sigma_z - \mu(\sigma_x + \sigma_y)] \end{cases} \quad (10\text{-}10)$$

此时,剪应变的表达式为

$$\begin{cases} \gamma_{xy} = \dfrac{\tau_{xy}}{G} \\ \gamma_{yz} = \dfrac{\tau_{yz}}{G} \\ \gamma_{zx} = \dfrac{\tau_{zx}}{G} \end{cases} \quad (10\text{-}11)$$

广义胡克定律除了表述应力与应变间的关系外,还可以用来通过测应变求得构件的实际应力,从而检查构件是否安全,检验设计是否合理。

【**例 10-2**】 一直径为 d 的实心圆轴,两端受扭转力矩 m 的作用,现测得圆轴表面 A 点处沿

$-45°$ 方向的线应变为 ε(图 10-6(a)),已知材料的弹性常数 E 和 μ,试求扭转力矩 m 的大小。

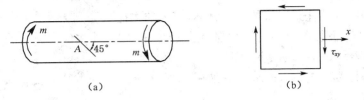

图 10-6

【解】 (1) 应力分析

用纵横截面绕轴上 A 点处取一单元体(图 10-6(b)),可知 A 点的应力状态为纯剪切应力状态。横截面上只有切应力 $\tau_{xy} = \dfrac{T}{W_p} = \dfrac{16m}{\pi d^3}$,据公式(10-3)和公式(10-4)

$$\tan 2\alpha_0 = -\dfrac{2\tau_{xy}}{\sigma_x - \sigma_y} = -\infty \qquad \alpha_0 = -45°$$

$$\left.\begin{array}{c}\sigma_1\\\sigma_2\end{array}\right\} = \pm\sqrt{\tau_{xy}^2} = \pm\tau_{xy}$$

所以主应力 σ_1 沿与 x 轴成 $45°$ 的方向。

(2) 应用广义胡克定律

据广义胡克定律式(10-8)的第一式,得

$$\varepsilon_1 = \varepsilon = \dfrac{1}{E}(\sigma_1 - \mu\sigma_3) = \dfrac{1+\mu}{E}\tau_{xy} = \dfrac{16(1+\mu)m}{E\pi d^3}$$

所以

$$m = \dfrac{\pi d^3 E\varepsilon}{16(1+\mu)}$$

10.5 强度理论

10.5.1 概述

由于实际工程中构件受力较复杂,前面已经介绍过的简单受力状态下的强度条件已经无法满足需要,所以需要建立复杂应力状态下的强度条件。于是根据材料在复杂应力状态下破坏时的一些现象与形式进行分析,提出破坏原因的假说。在这些假说的基础上,可利用材料在单向应力状态时的试验结果来建立材料在复杂应力状态下的强度条件。

10.5.2 常见的强度条件

长期的实践和大量的试验表明,构件受外力作用而发生破坏时,不论破坏的表面现象如何

复杂,其破坏形式总不外乎几种类型,而同一类型的破坏则可能是某一个共同因素所引起的。材料在常温、静载作用下主要发生两种形式的强度破坏:一种是脆性断裂;另一种是屈服失效。前者如第一强度理论和第二强度理论,后者如第三强度理论和第四强度理论。

(1) 最大拉应力理论(第一强度理论)

当作用在构件上的外力过大时,其危险点处的材料就会沿最大拉应力所在截面发生脆断破坏。所以认为最大拉应力是引起材料断裂破坏的主要原因。于是最大拉应力理论,不管材料处于何种应力状态,只要其最大拉应力 σ_1 达到单向拉伸时的强度极限 σ_b,材料就发生断裂破坏。因此材料的破坏条件为 $\sigma_1 = \sigma_b$,相应的强度条件则是

$$\sigma_1 \leqslant \frac{\sigma_b}{n} = [\sigma] \tag{10-12}$$

试验表明,该强度理论能较好地解释脆性材料的断裂破坏。如铸铁等脆性材料在单向拉伸时断裂破坏发生于拉应力最大的横截面上,扭转也沿拉应力最大的斜截面发生断裂。但该理论没有考虑其他两个主应力 σ_2 和 σ_3 对材料破坏的影响,而且对于压缩应力状态,由于根本不存在拉应力而无法应用。

(2) 最大拉应变理论(第二强度理论)

该理论认为引起材料断裂破坏的主要原因是最大拉应变。即不管材料处于何种应力状态,只要其最大拉应变 ε_1 达到单向拉伸时应变的极限值 ε_u,材料就发生断裂破坏。因此,材料的破坏条件为 $\varepsilon_1 = \varepsilon_u = \frac{\sigma_b}{E}$。根据广义胡克定律得到,破坏条件可改写为 $\sigma_1 - \mu(\sigma_2 + \sigma_3) = \sigma_b$,相应的强度条件则是

$$\sigma_1 - \mu(\sigma_2 + \sigma_3) \leqslant [\sigma] \tag{10-13}$$

试验表明,该强度理论可以较好地解释岩石等脆性材料在单向压缩时沿纵向开裂的脆断现象,但并不能为金属材料的试验所证实。

(3) 最大切应力理论(第三强度理论)

由于塑性材料的广泛使用,新的关于屈服失效的强度理论被建立,该理论认为最大切应力是引起材料屈服破坏的主要原因。即不管材料处于何种应力状态,只要其最大切应力 τ_{max} 达到单向拉伸屈服时的切应力极限值 τ_u,材料就发生屈服破坏,因此,材料的破坏条件为 $\tau_{max} = \tau_u$。单向拉伸时,切应力的极限值 $\tau_u = \frac{\sigma_s}{2}$,而三向应力状态下 $\tau_{max} = \frac{\sigma_1 - \sigma_3}{2}$,所以材料的破坏条件可改写为 $\sigma_1 - \sigma_3 = \sigma_s$,即

$$\sigma_1 - \sigma_3 \leqslant \frac{\sigma_s}{n} = [\sigma] \tag{10-14}$$

试验表明,该强度理论能较好地解释低碳钢、铜等塑性材料的屈服破坏。但这个理论没考虑 σ_2 对材料破坏的影响。

(4) 第四强度理论(畸变能密度理论)

试验表明,σ_2 对材料的屈服失效确实存在一定影响,因此有人提出了畸变能密度理论。该强度理论认为形状改变比能是引起材料屈服破坏的主要原因。即不管材料处于何种应力状态,只要其形状改变比能 u_x 达到单向拉伸屈服时形状改变比能的极限值 u_{xu},材料就发生屈服

破坏。因此材料的破坏条件为 $u_x = u_{xu}$。

三向应力状态下,形状改变比能的表达式为

$$u_x = \frac{1+\mu}{6E}[(\sigma_1-\sigma_2)^2 + (\sigma_2-\sigma_3)^2 + (\sigma_3-\sigma_1)^2]$$

单向拉伸屈服时,$\sigma_1 = \sigma_s, \sigma_2 = \sigma_3 = 0$,则 $u_{xu} = \frac{1+\mu}{3E}\sigma_s^2$,所以材料的破坏条件可改写为

$$\sqrt{\frac{1}{2}[(\sigma_1-\sigma_2)^2 + (\sigma_2-\sigma_3)^2 + (\sigma_3-\sigma_1)^2]} = \sigma_s$$

相应的强度条件为

$$\sqrt{\frac{1}{2}[(\sigma_1-\sigma_2)^2 + (\sigma_2-\sigma_3)^2 + (\sigma_3-\sigma_1)^2]} \leqslant \frac{\sigma_s}{n} = [\sigma] \quad (10\text{-}15)$$

试验表明,对于塑性材料,第四强度理论比第三强度理论更符合试验结果。但由于第三强度理论的数学表达式较简单,因此,第三与第四强度理论一样在工程中均得到广泛应用。

10.5.3 强度理论的应用

在工程上,常把上述几种强度理论的强度条件写成统一的形式:

$$\sigma_r \leqslant [\sigma] \quad (10\text{-}16)$$

σ_r 称为相当应力。按照强度理论提出的先后顺序,可写出相应的相当应力及强度条件为

$$\begin{cases} \sigma_{r1} = \sigma_1 \leqslant [\sigma] \\ \sigma_{r2} = \sigma_1 - \mu(\sigma_2 + \sigma_3) \leqslant [\sigma] \\ \sigma_{r3} = \sigma_1 - \sigma_3 \leqslant [\sigma] \\ \sigma_{r4} = \sqrt{\frac{1}{2}[(\sigma_1-\sigma_2)^2 + (\sigma_2-\sigma_3)^2 + (\sigma_3-\sigma_1)^2]} \leqslant [\sigma] \end{cases} \quad (10\text{-}17)$$

一般说来,脆性材料适用于最大拉应力理论与最大拉应变理论,但在压缩应力状态下,由于不存在拉应力,应用第三或第四强度理论。而塑性材料一般适用于最大切应力理论与畸变能密度理论。但在三向拉伸应力状态下,最大切应力的数值较小,应用第一强度理论。

【**例 10-3**】 如图 10-7(a)所示的一圆截面直杆,同时承受扭转和轴向拉伸作用,设材料的许用应力为$[\sigma]$,试按第三和第四强度理论导出其强度计算公式。

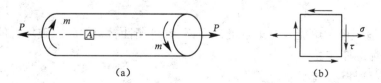

图 10-7

【**解**】 (1) 应力分析

危险点在表面任一点 A，用纵横截面围绕 A 点截取单元体，单元体左右两面为横截面的一部分，其上有拉应力 σ 和扭转切应力 τ（图 10-7(b)）。

(2) 确定主应力

根据公式(10-4)，令 $\sigma_x = \sigma$、$\sigma_y = 0$、$\tau_{xy} = \tau$，得

$$\left.\begin{matrix}\sigma_{\max}\\ \sigma_{\min}\end{matrix}\right\} = \frac{\sigma}{2} \pm \sqrt{\left(\frac{\sigma}{2}\right)^2 + \tau^2}$$

显然，$\sigma_{\max}$ 与 $\sigma_{\min}$ 异号，所以

$$\sigma_1 = \frac{\sigma}{2} + \sqrt{\left(\frac{\sigma}{2}\right)^2 + \tau^2} \qquad \sigma_2 = 0 \qquad \sigma_3 = \frac{\sigma}{2} - \sqrt{\left(\frac{\sigma}{2}\right)^2 + \tau^2}$$

(3) 强度计算

据第三强度理论

$$\sigma_{r3} = \sigma_1 - \sigma_3 = \sqrt{\sigma^2 + 4\tau^2} \leqslant [\sigma] \tag{a}$$

又据第四强度理论

$$\sigma_{r4} = \sqrt{\sigma_1^2 + \sigma_3^2 - \sigma_1\sigma_3} = \sqrt{\sigma^2 + 3\tau^2} \leqslant [\sigma] \tag{b}$$

【例 10-4】 如图 10-8(a)所示为工程上常用的圆筒形薄壁容器，若它受到的内压力为 p，圆筒部分的直径为 D，壁厚为 t，且 $t < \dfrac{D}{20}$，试按第三和第四强度理论导出其强度条件。

【解】 (1) 应力分析

若只考虑内压作用，容器只是向外扩张，而无其他变形，因此筒壁的纵横截面上都只有正应力而无切应力，围绕筒壁上 A 用纵横截面取一单元体（图 10-8(a)）。

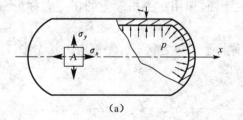
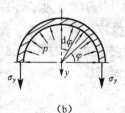

图 10-8

(2) 确定主应力

由于单元体四面只有正应力，故为主单元体，横截面上的正应力即轴向应力

$$\sigma_x = \frac{p\pi D^2/4}{\pi D t} = \frac{pD}{4t}$$

用相距为单位长度的两个横截面和包含直径的纵向截面从筒中假想地截取一部分（图 10-8b）研究，则由该部分的平衡条件

$$\sum F_y = 0 \qquad 2t\sigma_y - \int_0^\pi p \cdot \frac{D}{2}\sin\varphi\,\mathrm{d}\varphi = 0$$

得到纵向截面上的正应力(即环向应力)

$$\sigma_y = \frac{pD}{2t}$$

单元体的第三个方向,由于内压 p 远小于 σ_x 和 σ_y,故可略去。于是有

$$\sigma_1 = \frac{pD}{2t} \qquad \sigma_2 = \frac{pD}{4t} \qquad \sigma_3 = 0$$

(3) 强度计算

据第三强度理论

$$\sigma_{r3} = \sigma_1 - \sigma_3 = \frac{pD}{2t} \leqslant [\sigma]$$

据第四强度理论

$$\sigma_{r4} = \sqrt{\sigma_1^2 + \sigma_2^2 - \sigma_1\sigma_2} = \frac{\sqrt{3}pD}{4t} \leqslant [\sigma]$$

薄壁圆筒可以根据以上两式进行强度校核或确定壁厚 t 或计算许可内压 $[p]$ 的大小。

小 结

1. 本章讨论了梁的主应力、材料破坏的基本形式和强度理论,其目的是分析材料的破坏现象,解决复杂应力状态下构件的强度计算问题,这些理论将使构件在复杂应力状态下的强度问题解决得更深刻、更全面。平面应力状态分析的一个主要问题是已知两个互相垂直的截面上的应力,求主应力和最大剪应力的大小和作用平面方位。

2. 单元体上,剪应力为零的平面是主平面,作用在主平面上的正应力称为主应力。主应力是正应力的极值。

3. 有两个主应力不为零的应力状态称为平面应力状态。平面应力状态中,任意斜面上的应力解析计算公式为

$$\sigma_\alpha = \frac{\sigma_x + \sigma_y}{2} + \frac{\sigma_x - \sigma_y}{2}\cos 2\alpha - \tau_{xy}\sin 2\alpha$$

$$\tau_\alpha = \frac{\sigma_x - \sigma_y}{2}\sin 2\alpha + \tau_{xy}\cos 2\alpha$$

4. 材料破坏的基本形式有两种:脆性断裂和塑性断裂。脆性断裂常发生在最大正应力所作用的截面上,破坏前不产生塑性变形,破坏是突然发生的;塑性屈服是在最大剪应力所作用的截面上,由于晶体的滑移,使材料产生较大的塑性变形所致。材料究竟发生什么形式的破坏,这不仅与材料本身的抗力有关,还与材料所处的应力状态有关。

强度理论是为解决复杂应力状态下的强度问题,对材料的破坏原因提出的假说。根据这个假说可利用单向应力状态下的实验结果建立复杂应力状态下的强度条件。常用的有四种强度理论,见表 10-1。

强度理论		强 度 条 件
名　　称	适用范围	
最大拉应力理论	适用于脆断作为破坏标志的情况	$\sigma_1 \leqslant [\sigma]$
最大拉应变理论		$\sigma_1 - \mu(\sigma_2 + \sigma_3) \leqslant [\sigma]$
最大剪应力理论	适用于屈服作为破坏标志的情况,应用广泛	$\sigma_1 - \sigma_3 \leqslant [\sigma]$
形状改变比能理论	较第三强度理论更为符合实际	$\sqrt{\dfrac{1}{2}[(\sigma_1-\sigma_2)^2+(\sigma_2-\sigma_3)^2+(\sigma_3-\sigma_1)^2]} \leqslant [\sigma]$

思考题

1. 什么是一点处的应力状态？为什么要研究一点处的应力状态？什么是主平面和主应力？主应力与正应力有什么区别？

2. 一单元体中，在最大正应力作用面上有无切应力？在最大切应力作用面上有无正应力？

3. 在常温静载下，金属材料有几种破坏形式？在处理实际问题时如何正确应用强度理论？

4. 圆截面直杆受力如图 10-9 所示，试用单元体表示 A 点的应力状态。

5. 铸铁试件，拉伸时沿横截面断裂，扭转时沿与轴线成 45°倾角的螺旋面断裂，这是什么原因引起的？低碳钢试件，拉伸屈服时，与轴向成 45°方向出现滑移线，而扭转屈服时则沿纵横方向出现滑移线，这是由什么原因引起的？

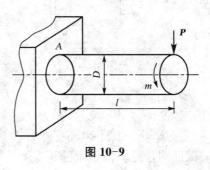

图 10-9

习　题

10-1　已知应力状态如题 10-1 图所示，图中应力单位皆为 MPa，试用解析法求：(1) 指定截面上的应力；(2) 主应力大小，主平面方位，并画出主单元体；(3) 最大切应力（应力单位为 MPa）。

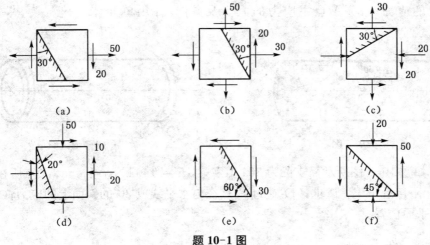

题 10-1 图

10-2 用应力圆求解题 10-1 图各小题。

10-3 试求如题 10-3 图所示各应力状态的主应力及最大切应力(应力单位为 MPa)。

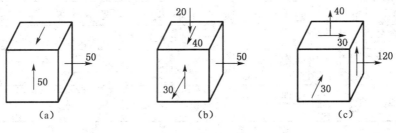

题 10-3 图

10-4 已知应力状态如题 10-4 图所示(应力单位为 MPa),试用解析法计算图中指定截面的正应力与切应力。

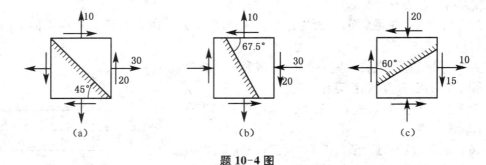

题 10-4 图

10-5 如题 10-5 图所示双向拉伸应力状态,应力 $\sigma_x = \sigma_y = \sigma$。试证明任意斜截面上的正应力均等于 σ,而切应力则为零。

10-6 如题 10-6 图所示锅炉直径 $D = 1\,\mathrm{m}$,壁厚 $t = 10\,\mathrm{mm}$,锅炉蒸汽压力 $p = 3\,\mathrm{MPa}$。试求:(1) 壁内主应力 σ_1、σ_2 及最大切应力 $\tau_{\max}$;(2) 斜截面 ab 上的正应力及切应力。

10-7 题 10-7 图为薄壁圆筒的扭转-拉伸示意图。若 $P = 20\,\mathrm{kN}$,$T = 600\,\mathrm{N \cdot m}$,且 $d = 50\,\mathrm{mm}$,$\delta = 2\,\mathrm{mm}$。试求:(1) A 点在指定斜截面上的应力;(2) A 点主应力的大小及方向,并用单元体表示。

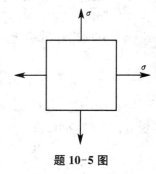

题 10-5 图

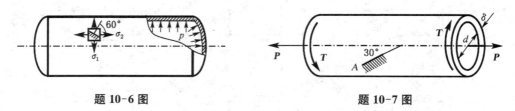

题 10-6 图　　　　　　题 10-7 图

10-8 如题 10-8 图所示简支梁为 36a 工字梁,$P = 140\,\mathrm{kN}$,$l = 4\,\mathrm{m}$。A 点所在截面在 P 的左侧,且无限接近于 P。试求:(1) 通过 A 点在与水平线成 $30°$ 的斜面上的应力;(2) A 点的主应力及主平面位置。

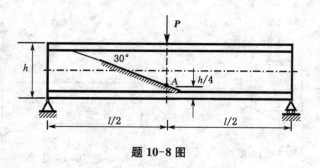

题 10-8 图

10-9 如题 10-9 图所示悬臂梁，承受荷载 $F=20$ kN 作用，试绘微体 A、B 与 C 的应力图，并确定主应力的大小及方位。

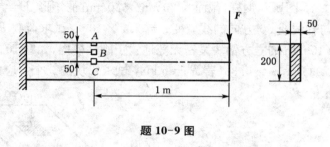

题 10-9 图

10-10 对于如题 10-10 图所示的应力状态，若要求其中的最大剪应力 $\tau_{max} < 160$ MPa，试求 τ_{xy} 的值。

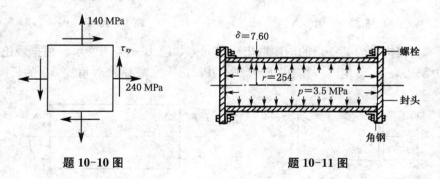

题 10-10 图　　　　　　　题 10-11 图

10-11 承受内压的铝合金制的圆筒形薄壁容器如题 10-11 图所示。已知内压 $p=3.5$ MPa，材料的 $E=75$ GPa，$\mu=0.33$。试求圆筒的半径改变量。

10-12 围绕构件内某点处取出的微棱柱体如题 10-12 图所示，σ_y 和 α 角均为未知。试求 σ_y 及该点处主应力的数值和主平面的方位（图中应力单位为 MPa）。

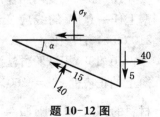

题 10-12 图

10-13 应力状态如题 10-13 图所示（应力单位 MPa），已知材料的 $E=210$ GPa，泊松比 $\mu=0.28$。试求：(1) x 方向的线应变；(2) 主应变；(3) 最大切应变。

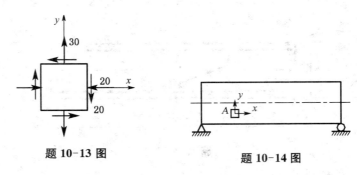

题 10-13 图   题 10-14 图

10-14 列车通过钢桥时,如题 10-14 图所示。在钢桥横梁的 A 点用应变仪测得 $\varepsilon_x=0.0004$, $\varepsilon_y=-0.00012$,试求 A 点在 x 及 y 方向的正应力。设 $E=200\,\text{GPa}$,$\mu=0.3$。

10-15 如题 10-15 图所示钢杆,截面为 $20\,\text{mm}\times 40\,\text{mm}$ 的矩形,$E=200\,\text{GPa}$,$\mu=0.3$,现从杆中 A 点测得与轴线成 $30°$ 方向的线应变 $\varepsilon=2.7\times 10^{-4}$,试求荷载 P 的大小。

10-16 边长为 $10\,\text{mm}$ 的立方铝块紧密无隙地置于刚性模内,如题 10-16 图所示,模的变形不计。铝的 $E=70\,\text{GPa}$,$\mu=0.33$。若 $P=6\,\text{kN}$,试求铝块的三个主应力和主应变。

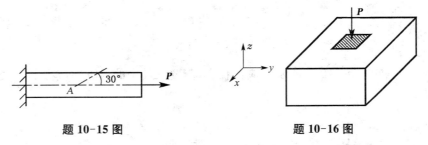

题 10-15 图   题 10-16 图

10-17 从钢构件内某一点的周围取出一单元体如题 10-17 图所示。根据理论计算已经求得 $\sigma=30\,\text{MPa}$,$\tau=15\,\text{MPa}$,材料的 $E=200\,\text{GPa}$,$\mu=0.3$。试求对角线 AC 的长度改变 Δl。

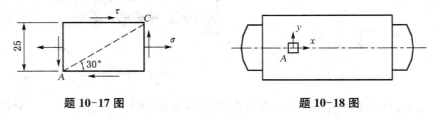

题 10-17 图   题 10-18 图

10-18 一受内压作用的薄壁容器如题 10-18 图所示,当承受最大内压力时,测得圆筒筒壁上任一点 A 的线应变 $\varepsilon_x=1.88\times 10^{-4}$,$\varepsilon_y=7.99\times 10^{-4}$。已知钢材的弹性模量 $E=210\,\text{GPa}$,泊松比 $\mu=0.3$,$[\sigma]=200\,\text{MPa}$。试用第三强度理论对 A 点作强度校核。

10-19 用试验方法测得空心圆轴表面上某一点(距两端稍远处)与轴之母线夹 $45°$ 角方向上的正应变 $\varepsilon_{45°}=200\times 10^{-6}$。如题 10-19 图所示,若已知轴的转速 $n=120\,\text{r/min}$(转/分),材料的 $G=81\,\text{GPa}$,$\mu=0.28$,求轴所受之外力矩 m。$\left(\text{提示:}G=\dfrac{E}{2(1+\mu)}\right)$

10-20 在构件表面某点 O 处,沿 $0°$、$45°$、$90°$ 与 $135°$ 方位粘贴四个应变片,并测得相应正应变依次为 $\varepsilon_{0°}=450\times 10^{-6}$,$\varepsilon_{45°}=350\times 10^{-6}$,$\varepsilon_{90°}=100\times 10^{-6}$ 与 $\varepsilon_{135°}=100\times 10^{-6}$,试判断上述测试结果是否可靠。

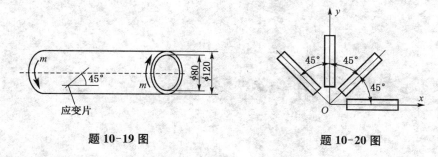

题 10-19 图　　　　　　　　题 10-20 图

10-21　圆截面杆受载如题 10-21 图所示。已知 $d=10\,\text{mm}, m=\dfrac{1}{10}Pd$，试求以下两种情况下的许可荷载：(1) 材料为钢，$[\sigma]=160\,\text{MPa}$，用第三强度理论求解；(2) 材料为铸铁，$[\sigma^+]=30\,\text{MPa}$，用第一强度理论求解。

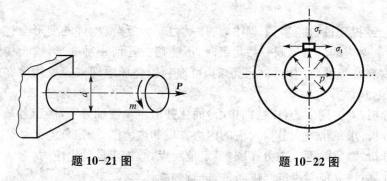

题 10-21 图　　　　　　　　题 10-22 图

10-22　某厚壁筒横截面如题 10-22 图所示。在危险点处，$\sigma_t=500\,\text{MPa}$，$\sigma_r=-350\,\text{MPa}$，第三个主应力垂直于图面是拉应力，且其数值为 420 MPa。试按第三和第四强度理论计算其相当应力。

10-23　铸铁薄壁圆管如题 10-23 图所示。若管的外径为 200 mm，厚度为 15 mm，管内压力 $p=4\,\text{MPa}$，$P=200\,\text{kN}$。铸铁的抗拉许用压力 $[\sigma_t]=30\,\text{MPa}$，$\mu=0.25$。试用第一和第二强度理论校核薄管的强度。

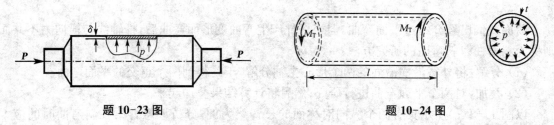

题 10-23 图　　　　　　　　题 10-24 图

10-24　如题 10-24 图所示已知薄壁容器的平均直径 $D_0=100\,\text{cm}$。容器内压 $p=3.6\,\text{MPa}$，扭转力矩 $M_T=314\,\text{kN}\cdot\text{m}$，材料许用应力 $[\sigma]=160\,\text{MPa}$。试按第三和第四强度理论设计此容器的壁厚。

11 组合变形

11.1 组合变形的概念

前面我们已经提到过,在实际工程中,构件受力较为复杂,构件的变形会包含几种简单变形,当几种变形所对应的应力属同一数量级时,不能略去任何一种变形,这类构件的变形称为**组合变形**。当材料在弹性范围内和小变形时,可以利用叠加原理来解决构件在组合变形下的强度和刚度问题,具体方法为:

(1) 外力分析:外力向形心(或弯曲中心)简化并沿主惯性轴分解,确定各基本变形。
(2) 内力分析:求每个外力分量对应的内力方程和内力图,确定危险面。
(3) 应力分析:画危险面应力分布图,确定危险点,叠加求危险点应力。
(4) 强度计算:建立危险点的强度条件,进行强度计算。

本章主要讨论两个平面弯曲组合、弯曲与拉伸(压缩)和弯曲与扭转这三种常见组合变形杆件的强度计算问题。

11.2 斜弯曲

前面我们已经介绍过平面弯曲,但当杆件产生弯曲变形而弯曲后,杆轴线与横向力不共面则称为**斜弯曲**。斜弯曲的研究方法:

(1) 分解:将外载沿横截面的两个形心主轴分解,于是得到两个正交的平面弯曲。
(2) 叠加:对两个平面弯曲进行研究;然后将计算结果叠加起来。

以图 11-1(a)所示具有两个纵向对称面的悬臂梁为例,分析该悬臂梁在斜弯曲时的应力和变形。作用于梁横截面内的外力 F 并不在纵向对称面内,不与形心主惯性轴 y、z 重合,而与 y 轴成一倾斜角度 φ。将外力 F 沿形心主惯性轴 y、z 分解,这时梁在分力 F_y 和 F_z 的作用下,分别在竖直纵向对称面(xOy 面)内以 z 轴为中性轴和水平纵向对称面(xOz 面)内以 y 轴为中性轴同时发生平面弯曲变形。

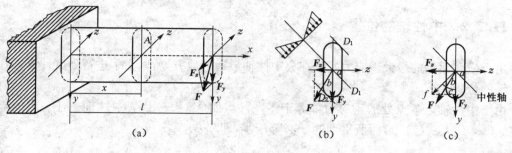

图 11-1

11.2.1 正应力的计算

将外力 F 沿形心主惯性轴 y、z 分解,其分力为

$$F_z = F\sin\varphi$$

$$F_y = F\cos\varphi$$

这时梁在分力 F_y 和 F_z 的作用下,分别在竖直纵向对称面(xOy 面)内以 z 轴为中性轴和水平纵向对称面(xOz 面)内以 y 轴为中性轴同时发生平面弯曲变形。由此可见,斜弯曲是梁在两个相互正交的形心主惯性平面内平面弯曲的组合。

一般情况下,由于剪力影响较小,故通常认为梁在斜弯曲情况下的强度是由弯曲正应力控制的。在梁的任一 x 横截面上,由 F_y 和 F_z 引起的弯矩分别为

$$M_z = F_y(l-x) = F(l-x)\cos\varphi = M\cos\varphi$$

$$M_y = F_z(l-x) = F(l-x)\sin\varphi = M\sin\varphi$$

式中,$M=F(l-x)$ 为集中力 F 在 x 截面上所引起的弯矩,且各弯矩均不考虑其正、负号。

对于横截面上坐标为 (y,z) 的任一点 A 处,考虑 y、z 的正负号,则由 M_z 和 M_y 引起的弯曲正应力分别为

$$\sigma' = -\frac{M_z y}{I_z} = -\frac{M\cos\varphi}{I_z}y$$

$$\sigma'' = \frac{M_y z}{I_y} = \frac{M\sin\varphi}{I_y}z$$

根据叠加原理,任意点 A 处由集中力 F 引起的弯曲正应力应为这两个正应力的代数和,即

$$\sigma = \sigma' + \sigma'' = M\left(-\frac{\cos\varphi}{I_z}y + \frac{\sin\varphi}{I_y}z\right) \tag{11-1}$$

式中的 I_z 和 I_y 分别是横截面对 z 轴和 y 轴的惯性矩。正应力的正负号,可以直接观察由弯矩 M_z 和 M_y 分别引起的正应力 σ' 和 σ'' 是拉应力还是压应力来决定。

11.2.2 中性轴的位置

由于横截面上的最大正应力发生在离中性轴最远的地方,所以为了进行强度计算,需确定中性轴的位置。

由于中性轴上各点处的正应力都等于零,所以,如令 y_0、z_0 代表中性轴上任一点的坐标,则将 y_0、z_0 代入式(11-1)后所得到的 σ 必等于零,即

$$-\frac{\cos\varphi}{I_z}y_0 + \frac{\sin\varphi}{I_y}z_0 = 0 \tag{a}$$

显然,中性轴是一条通过坐标原点的直线。设它与 z 轴的夹角为 α(图11-1(b)),则

$$\tan\alpha = \frac{y_0}{z_0} = \frac{I_z}{I_y}\tan\varphi \tag{b}$$

由式(b)可知,中性轴的位置与外力 F 的大小无关,而只与 F 力和形心主惯性轴 y 的夹角 φ 以及截面的几何形状和尺寸有关。

11.2.3 最大正应力和强度条件

在横截面上,离中性轴最远的点,正应力最大。为此,在确定中性轴的位置以后,在中性轴两侧各作一条与中性轴平行且与截面周边相切的直线,则切点 D_1、D_2 即为离中性轴最远的点,也就是正应力最大的点(如图11-1(b))。将两点的坐标分别代入式(11-1),即可求得横截面上的最大拉应力和最大压应力。

对于矩形、工字形等一类常用的截面,横截面周边具有棱角,其距中性轴最远的点必在角点处,如图11-2所示的 D_1 和 D_2 处。将 D_1 或 D_2 的坐标代入式(11-1)即可求得最大拉应力和最大压应力。设材料的抗拉和抗压强度相等,则强度条件为

$$\sigma_{\max} = M_{\max}\left(-\frac{\cos\varphi}{I_z}y_1 + \frac{\sin\varphi}{I_y}z_1\right) = \frac{M_{z\max}}{W_z} + \frac{M_{y\max}}{W_y} \leqslant [\sigma] \tag{11-2}$$

式中,计算时各弯矩取绝对值,坐标取代数值。$M_{\max}$ 为危险截面的弯矩。

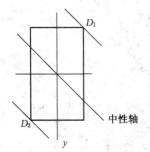
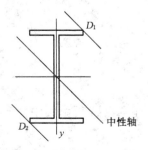

图 11-2

11.2.4 挠度的计算

仍以上述悬臂梁为例，同样按叠加原理计算斜弯曲时的挠度。在 xy 平面内，自由端处由 F_y 引起的挠度和在 xz 平面内自由端处由 F_z 引起的挠度分别为

$$f_y = \frac{F_y l^3}{3EI_z} = \frac{Fl^3}{3EI_z}\cos\varphi$$

$$f_z = \frac{F_z l^3}{3EI_y} = \frac{Fl^3}{3EI_y}\sin\varphi$$

自由端由集中力 F 引起的总挠度 f 就是 f_y 和 f_z 的矢量和(图 11-1(c))，其大小为

$$f = \sqrt{f_y^2 + f_z^2}$$

设挠度 f 的方向与 y 轴的夹角为 β(图 11-1(c))，则

$$\tan\beta = \frac{f_z}{f_y} = \frac{I_z}{I_y}\tan\varphi = \tan\alpha \tag{c}$$

当 $I_y \neq I_z$，如矩形、工字形这类截面时，由(b)、(c)二式可知，$\alpha = \beta, \beta \neq \varphi$。这表示挠度方向垂直于中性轴但与外力平面不重合，"斜弯曲"一词即由此而来。而当 $I_y = I_z$，如方形、圆形一类截面时，有 $\alpha = \beta = \varphi$，此时的挠度方向不仅垂直于中性轴而且与外力平面重合，此时所产生的弯曲为平面弯曲，而不再是斜弯曲了。

【**例 11-1**】 如图 11-3(a)所示简支梁由 28a 号工字钢制成，已知 $F = 25 \text{ kN}, l = 4 \text{ m}, \varphi = 15°$，材料的许用应力 $[\sigma] = 170 \text{ MPa}$，试按正应力强度条件校核此梁。

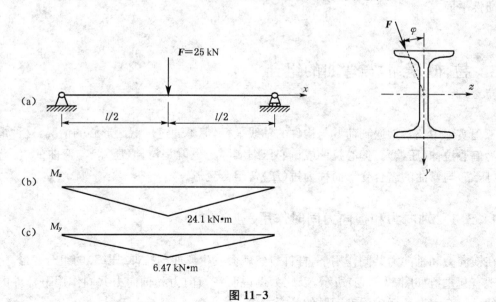

图 11-3

【**解**】 梁的危险截面在跨度中央。首先将集中力 F 沿 y 轴和 z 轴方向分解，得

$$F_y = F\cos\varphi = 25\cos 15° = 24.1 \text{ kN}$$

$$F_z = F\sin\varphi = 25\sin 15° = 6.47 \text{ kN}$$

在两个形心主惯性平面 xy 和 xz 内的弯矩图如图 11-3(b)、(c)所示,其最大弯矩值分别为

$$M_{zmax} = \frac{F_y l}{4} = \frac{24.1 \times 4}{4} = 24.1 \text{ kN} \cdot \text{m}$$

$$M_{ymax} = \frac{F_z l}{4} = \frac{6.47 \times 4}{4} = 6.47 \text{ kN} \cdot \text{m}$$

从型钢表中查得 28a 号工字钢的抗弯截面模量 $W_z = 508 \text{ cm}^3$,$W_y = 56.6 \text{ cm}^3$,按公式(11-2)得

$$\sigma_{max} = \frac{M_{zmax}}{W_z} + \frac{M_{ymax}}{W_y} = \frac{24.1 \times 10^3}{508 \times (10^{-2})^3} + \frac{6.47 \times 10^3}{56.6 \times (10^{-2})^3}$$
$$= (47.4 + 114.3) \times 10^6 = 161.7 \text{ MPa} < [\sigma]$$

计算结果表明,此梁满足强度要求。

在此例中,若 $\varphi = 0$,即 F 力与形心主惯性轴 y 重合,则梁的最大正应力

$$\sigma'_{max} = \frac{M_{max}}{W_z} = \frac{25 \times 10^3}{508 \times (10^{-2})^3} = 49.2 \text{ MPa}$$

由此可见,对于工字形这样窄而高截面的梁,如外力稍有偏斜,就会使梁的最大正应力显著增大。产生这种结果的原因是由于这类截面的 W_y 远小于 W_z。因此,对于两个形心主惯性轴的抗弯截面模量相差较大的梁应尽量避免斜弯曲,即外力尽可能作用在抗弯截面模量较大的主惯性平面内。

11.3 拉伸(压缩)与弯曲的组合

工程实际中还常常遇到荷载与构件的轴线平行,但不通过横截面形心的情况,这种情况通常称为**偏心拉伸(压缩)**。偏心拉伸或偏心压缩实际上也就是拉伸(压缩)与弯曲的组合变形。拉伸(压缩)与弯曲的组合变形简称为**拉(压)弯组合变形**。

11.3.1 轴向力和横向力同时作用

在横向力和轴向力共同作用下,杆件自然就会发生弯曲与拉伸(压缩)的组合变形。

现有起重机如图 11-4(a)所示,以此为例说明在横向力和轴向力共同作用下杆件的弯曲与拉伸(压缩)组合变形的强度问题的分析方法。

设横梁 AB 由№20a 工字钢制成,最大吊重 $P = 20$ kN,材料的许用应力 $[\sigma] = 120$ MPa,试校核横梁 AB 的强度。

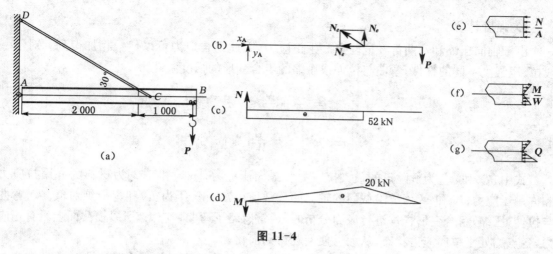

图 11-4

1) 外力分析,确定基本变形

AB 梁的受力简图如图 11-4(b)所示。由平衡条件得

$$\sum m_A = 0 \qquad N_{CD}\sin 30° \times 2 - P \times 3 = 0$$

$$N_{CD} = 3P = 60 \text{ kN}$$

N_{CD} 在水平和铅垂方向的投影分别为

$$N_{CDx} = N_{CD}\cos 30° = 60 \times \frac{\sqrt{3}}{2} = 52 \text{ kN}$$

$$N_{CDy} = N_{CD}\sin 30° = 60 \times \frac{1}{2} = 30 \text{ kN}$$

再由平衡方程

$$\sum F_x = 0 \qquad X_A = N_{CDx} = 52 \text{ kN}$$

$$\sum F_y = 0 \qquad Y_A = P - N_{CDy} = 20 - 30 = -10 \text{ kN}$$

由此可知,AB 梁在横向力 P、N_{CDy}、Y_A 作用下产生弯曲变形,在轴向力 N_{CDx}、X_A 作用下产生压缩变形。

2) 内力分析,确定危险截面

由 AB 梁的受力图,可作出其轴力图(图 11-4(c))和弯矩图(11-4(d))。显然,危险截面在 C 截面的左侧(建议进行危险点的应力分析时绘出应力分布图),其内力值

$$N = -52 \text{ kN} \qquad M = -20 \text{ kN} \cdot \text{m}$$

3) 应力分析,确定危险点

根据轴向压缩应力和弯曲正应力的分布特点,危险截面的下边缘点有最大压应力,上边缘点有最大拉应力(图 11-4(e)、(f)、(g)),故危险点在上、下边缘点(对于本问题,最大拉应力在 C 截面右侧的上边缘点)。

169

4) 强度计算

由于轴向压缩和弯曲都在危险点产生正应力,因此组合应力可以代数相加得到。对于一般拉、压强度不同的杆件,弯曲与拉伸或压缩的组合变形的强度条件为

$$\begin{cases} \sigma_{max}^+ = \dfrac{N}{A} + \dfrac{M}{W} \leqslant [\sigma^+] \\ \sigma_{max}^- = \left|\dfrac{N}{A} - \dfrac{M}{W}\right| \leqslant [\sigma^-] \end{cases} \tag{11-3}$$

式中 σ_{max}^+ 和 σ_{max}^- 为危险点的最大拉应力和最大压应力;$[\sigma^+]$ 和 $[\sigma^-]$ 为材料的许用拉应力和许用压应力;N 和 M 为危险截面的轴力的代数值(拉为正,压为负)和弯矩绝对值。对弯曲与拉伸(压缩)组合变形杆件进行应力分析时,通常忽略了弯曲切应力,所以横截面上只有正应力,各点均处于单向应力状态,从而可使问题得到简化。

由于材料为 No20a 工字钢,为拉压等强度材料,只需校核绝对值最大的应力。由型钢表查得抗弯截面模量 $W = 237 \text{ cm}^3$,横截面面积 $A = 35.5 \text{ cm}^2$,而 $N = -52 \text{ kN}, M = 20 \text{ kN} \cdot \text{m}$,代入式(11-3),得

$$\sigma_{max}^- = \left|\dfrac{N}{A} - \dfrac{M}{W}\right| = \left|\dfrac{-52 \times 10^3}{35.5 \times 10^{-4}} - \dfrac{20 \times 10^3}{237 \times 10^{-6}}\right|$$

$$= |-14.6 - 84.4| \times 10^6 \text{ N/m}^2 = 99 \text{ MPa} < [\sigma] = 120 \text{ MPa}$$

所以 AB 梁强度足够。

11.3.2 偏心拉伸(压缩)

当外力的作用线平行于杆件的轴线,但不通过杆件横截面的形心时,将引起偏心拉伸(压缩)。我们将通过讨论横截面具有两根对称轴的直杆,且偏心压力 P 作用在一根对称轴上的简单情况(图11-5(a)),来说明这类问题的计算方法。e 为拉力 P 到横截面形心的距离,称为**偏心距**。

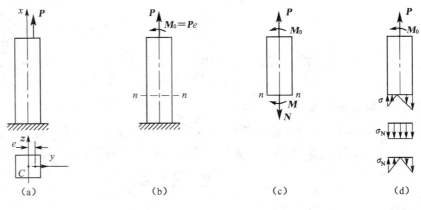

图 11-5

1) 外力分析,确定基本变形

根据力的平移定理,将力 P 平移到截面形心,得轴向拉力 P 和力偶矩。轴向拉力 P 使杆

发生拉伸变形,而力偶矩则使杆发生弯曲变形(图 11-5(b)),因此偏心拉伸实质上仍是弯曲与拉伸的组合变形。

2) 内力分析,确定危险截面

用截面法取 $n-n$ 截面以上一段研究,根据平衡条件,得弯矩 $M = M_0 = Pe$,轴力 $N = P$(图 11-5(c))。

3) 应力分析,确定危险点

横截面上的应力是弯曲正应力与拉伸应力的代数和(图 11-5(d)),即

$$\sigma_{\max}^+ = \frac{N}{A} + \frac{M}{W} \qquad \sigma_{\max}^- = \left| \frac{N}{A} - \frac{M}{W} \right|$$

式中 N 是轴力,取代数值,拉为正,压为负;M 是弯矩,取绝对值;A 和 W 为横截面面积和抗弯截面模量。

4) 强度计算

偏心拉伸(压缩)的强度条件同式(11-3)。在进行强度计算时,对于拉压等强度的塑性材料,只需 $\sigma_{\max}^+$ 和 $\sigma_{\max}^-$ 中绝对值最大者满足强度条件即可;对于脆性材料,由于其抗拉压强度不同,则要求 $\sigma_{\max}^+$ 和 $\sigma_{\max}^-$ 同时满足强度条件。

若偏心外力的作用点不在截面对称轴上,外力向截面形心平移后,附加力偶矩将有两个分量 M_y 和 M_z,杆在 M_y 和 M_z 作用下将在两个纵向对称面内同时产生弯曲,称为斜弯曲。此时仍然可用前面所讲的方法,根据弯矩 M_y、M_z 和轴力 N 引起的正应力方向判断危险点位置,对危险点的正应力求代数和,便得到杆的最大正应力。相应的强度条件为

$$\begin{cases} \sigma_{\max}^+ = \dfrac{N}{A} + \dfrac{M_y}{W_y} + \dfrac{M_z}{W_z} \leqslant [\sigma^+] \\ \sigma_{\max}^- = \left| \dfrac{N}{A} - \dfrac{M_y}{W_y} - \dfrac{M_z}{W_z} \right| \leqslant [\sigma^-] \end{cases} \tag{11-4}$$

【例 11-2】 一钻床如图 11-6 所示,工作时 $P = 15\text{ kN}$,立柱为铸铁,许用拉应力 $[\sigma^+] = 35\text{ MPa}$,试计算所需的直径 d。

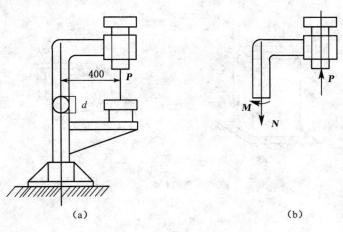

图 11-6

【解】 (1) 外力分析

外力 P 平行于立柱轴线但不过截面形心,故为偏心拉伸。偏心距 $e = 0.4$ m。

(2) 内力分析

利用截面法,可得轴力和弯矩(图 11-6(b))分别为

$$N = 15 \text{ kN} \qquad M = 6 \text{ kN} \cdot \text{m}$$

(3) 应力分析

因为轴力和弯矩均在立柱内侧边缘产生拉应力,故此处为危险点。

$$\sigma_{\max}^+ = \frac{N}{A} + \frac{M}{W}$$

(4) 强度计算

因为 A、W 中均含有未知量 d,为计算简便,可先根据弯曲正应力选择直径 d,然后再校核最大拉应力。

$$\sigma_M = \frac{M}{W} = \frac{32M}{\pi d^3} \leqslant [\sigma^+]$$

$$d \geqslant \sqrt[3]{\frac{32M}{\pi[\sigma^+]}} = \sqrt[3]{\frac{32 \times 6 \times 10^3}{\pi \times 35 \times 10^6}} = 0.120\,4 \text{ m}$$

取 $d = 122$ mm,校核最大拉应力

$$\sigma_{\max}^+ = \frac{N}{A} + \frac{M}{W} = \frac{4N}{\pi d^2} + \frac{32M}{\pi d^3} = \frac{4 \times 15 \times 10^3}{\pi \times 0.122^2} + \frac{32 \times 6 \times 10^3}{\pi \times 0.122^3} = 34.9 \text{ MPa} < [\sigma^+]$$

因此选择 $d = 122$ mm 是安全的。

【例 11-3】 已知矩形截面杆如图 11-7 所示,已知 $h = 200$ mm,$b = 100$ mm,$P = 20$ kN,试计算最大正应力。

【解】 (1) 外力分析

力 P 向杆截面形心平移,得压力 P 和力偶矩 M_y 和 M_z。P 使杆产生压缩变形,M_y 和 M_z 使杆产生斜弯曲。

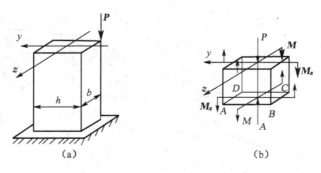

图 11-7

(2) 内力分析

用截面法在 $ABCD$ 横截面截开,取上半部分研究,横截面上有轴力 N,弯矩 M_y、M_z。据

平衡方程,得 $N = P, M_y = P \cdot \dfrac{b}{2}, M_z = P \cdot \dfrac{h}{2}$。

(3) 应力分析

轴力 N 在横截面上产生压应力;弯矩 M_y 使 AB 边产生最大拉应力、CD 边产生最大压应力;M_z 使 AD 边产生最大拉应力、BC 边产生最大压应力。因此,正应力最大的点在 C 点,其值为

$$\sigma_{\max}^- = \left| -\dfrac{N}{A} - \dfrac{M_y}{W_y} - \dfrac{M_z}{W_z} \right| = \dfrac{P}{bh} + \dfrac{P \cdot b/2}{hb^2/6} + \dfrac{P \cdot h/2}{bh^2/6}$$

$$= \dfrac{7P}{bh} = \dfrac{7 \times 20 \times 10^3}{100 \times 200 \times 10^{-6}} = 7 \text{ MPa}$$

11.4 弯曲与扭转的组合

弯曲与扭转的组合变形是机械工程中最常见也是最为重要的一种组合变形。下面以处于水平位置的圆截面直角曲拐轴的 AB 段(图 11-8(a))为例,来说明弯曲与扭转组合变形时的强度计算方法。

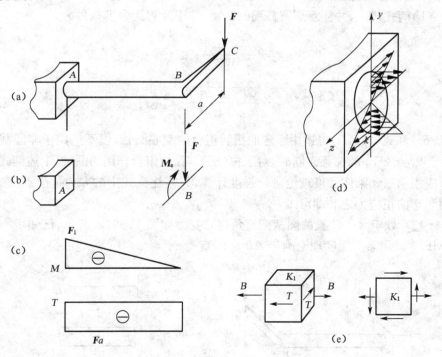

图 11-8

首先将力 F 向 AB 杆右端截面形心 B 简化,得一作用于杆端的横向力 F 和作用于横截面内的力偶 $M_e = Fa$ (如图 11-8(b))。作 AB 段的弯矩和扭矩图(图 11-8(c)),可知 A 端为危险截面,且该截面上的弯矩、扭矩值(均取绝对值)分别为

$$M = Fl$$
$$T = Fa$$

忽略弯曲切应力，则沿危险截面上、下缘两点 K_1、K_2 的连线，应力分布如图 11-8(d)所示。由该图可看出，K_1 点和 K_2 点处的弯曲正应力和扭转切应力均为最大值，故都是危险点。最大弯曲正应力和最大扭转切应力分别为

$$\sigma = \frac{M}{W_z} \tag{a}$$

$$\tau = \frac{T}{W_t} \tag{b}$$

从 K_1 点取出一单元体，单元体各面上的应力分量如图 11-8(e)所示。由于 K_1 点处于二向应力状态，可求出主应力为

$$\sigma_1 = \frac{\sigma}{2} + \sqrt{\left(\frac{\sigma}{2}\right)^2 + \tau^2} \qquad \sigma_2 = 0 \qquad \sigma_3 = \frac{\sigma}{2} - \sqrt{\left(\frac{\sigma}{2}\right)^2 + \tau^2}$$

若构件为塑性材料，则可选用第三或第四强度理论进行强度计算。

若选第三强度理论，强度条件为 $\qquad \sigma_{r3} = \sqrt{\sigma^2 + 4\tau^2} \leqslant [\sigma]$

若选第四强度理论，强度条件为 $\qquad \sigma_{r4} = \sqrt{\sigma^2 + 3\tau^2} \leqslant [\sigma]$

将(a)、(b)两式代入，并注意到圆截面的 $W_t = 2W_z$，得到强度条件为

$$\sigma_{r3} = \frac{\sqrt{M^2 + T^2}}{W_z} \leqslant [\sigma] \tag{11-5a}$$

$$\sigma_{r4} = \frac{\sqrt{M^2 + 0.75T^2}}{W_z} \leqslant [\sigma] \tag{11-5b}$$

式(11-5a)和式(11-5b)也适用于弯曲扭转组合的空心圆轴，但不适用于非圆截面杆。因非圆截面无 $W_t = 2W_z$ 的关系。同时，对于拉(压)、弯、扭组合作用的圆轴，上述两式也不再适用，但仍可应用第三和第四强度理论进行强度计算，只需注意式中的 σ 为危险点处的拉伸(压缩)正应力和弯曲正应力之和即可。

【例 11-4】 处于水平位置的圆截面直角拐轴受力如图 11-9(a)所示，已知 $P = 3.2$ kN，$[\sigma] = 50$ MPa，试用第三强度理论确定 AB 段的直径 d。

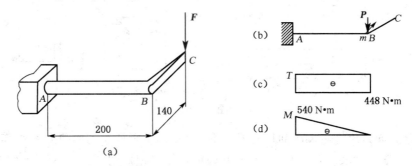

图 11-9

【解】 (1) 外力分析

研究 AB，P 向 B 截面形心简化，得一横向力 P 和一力偶矩 M，AB 产生弯曲与扭转的组合变形(图 11-9(b))。

(2) 内力分析

作出 AB 的扭矩图与弯矩图(图 11-9(c)、(d))，可知危险截面为 A 截面，其上的扭矩与弯矩分别为

$$T = P \times 0.14 = 448 \text{ N} \cdot \text{m} \qquad M = P \times 0.2 = 640 \text{ N} \cdot \text{m}$$

(3) 强度计算

由于适合圆截面杆的弯扭组合变形的强度公式(11-5a)已经建立，故可直接应用，不需要再进行应力分析了。据公式(11-5a)

$$\sigma_{r3} = \frac{\sqrt{M^2+T^2}}{W} = \frac{32\sqrt{M^2+T^2}}{\pi d^3} \leqslant [\sigma]$$

$$d \geqslant \sqrt[3]{\frac{32 \times \sqrt{M^2+T^2}}{\pi[\sigma]}} = \sqrt[3]{\frac{32 \times \sqrt{640^2+448^2}}{\pi \times 50 \times 10^6}} = 5.4 \times 10^{-2} \text{ m} = 54 \text{ mm}$$

【例 11-5】 如图 11-10(a)所示圆轴，直径 $d = 56$ mm，其上有两个直径相同的带轮，直径 $D = 600$ mm，C 轮的皮带处于水平，E 轮的皮带位于铅垂位置，两轮的皮带张力均为 $F_1 = 3\,000$ N，$F_2 = 1\,500$ N。材料的许用应力 $[\sigma] = 100$ MPa，试按第四强度理论校核轴的强度。

【解】 (1) 外力分析

将各轮皮带拉力向轴线简化，得轴的计算简图如图 11-10(b)所示。其中

$$F_y = F_z = F_1 + F_2 = 4\,500 \text{ N}$$

$$m = (F_1 - F_2)\frac{D}{2} = 450 \text{ N} \cdot \text{m}$$

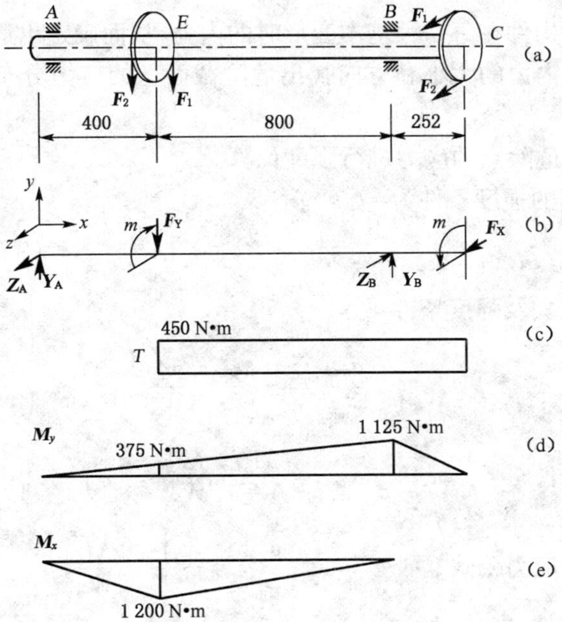

图 11-10

不难看出,在 F_z、Z_A、Z_B 作用下,轴在水平面内弯曲;在 F_y、Y_A、Y_B 作用下,轴在铅垂面内弯曲;在 M 作用下,轴产生扭转。可见该轴为弯扭组合变形。

(2) 内力分析

根据轴的计算简图可分别作出扭矩图(图 11-10(c))、水平面内的弯矩图(图 11-10(d))和铅垂面内的弯矩图(图 11-10(e))。由各内力图可知,危险截面在 E 轮处。

(3) 强度计算

对于圆截面轴,其截面上相互垂直的弯矩 M_y 和 M_z 可以按矢量合成为一个合成弯矩 M,它引起的弯曲还是平面弯曲,所产生的弯曲正应力仍可按平面弯曲正应力公式计算。由此可知轴为弯扭组合变形。危险截面 E 处的合成弯矩为 $M = \sqrt{M_y^2 + M_z^2}$,据第四强度理论:

$$\sigma_{r4} = \frac{\sqrt{M^2 + 0.75T^2}}{W} = \frac{32 \times \sqrt{M_y^2 + M_z^2 + 0.75T^2}}{\pi d^3}$$

$$= \frac{32 \times \sqrt{375^2 + 1200^2 + 0.75 \times 450^2}}{\pi \times 56^3 \times 10^{-9}} = 76 \text{ MPa} < [\sigma]$$

所以轴的强度足够。

小 结

本章在各种基本变形的基础上,主要讨论斜弯曲与偏心压缩两种组合变形的强度计算以及有关截面核心的概念。

组合变形的应力计算仍采用叠加法。分析组合变形构件强度问题的关键在于:对任意作用的外力进行分解或简化,只要能将组成组合变形的几个基本变形找出,便可应用我们所熟悉的基本变形计算知识来解决。

组合变形杆件强度计算的一般步骤:

1. 外力分析:首先将作用于构件上的外力向截面形心处简化,使其产生几种基本变形形式。

2. 内力分析:分析构件在每一种基本变形时的内力,从而确定出危险截面的位置。

3. 应力分析:根据内力的大小和方向找出危险截面上的应力分布规律,确定出危险点的位置并计算其应力。

4. 强度计算:根据危险点的应力进行强度计算。

斜弯曲与偏心压缩的强度条件为

$$\sigma_{\max} \leqslant [\sigma]$$

本章主要的应力公式及强度条件:

斜弯曲　　应力公式　　　　$\sigma_{\max} \atop \sigma_{\min}$ $= \pm \dfrac{M_z}{W_z} \pm \dfrac{M_y}{W_y}$

　　　　　强度条件　　　　$\sigma_{\max} = \dfrac{M_z}{W_z} + \dfrac{M_y}{W_y} \leqslant [\sigma]$

单向偏心压缩　　应力公式　　$\sigma_{\max} \atop \sigma_{\min}$ $= -\dfrac{P}{A} \pm \dfrac{M_z}{W_z}$

| 强度条件 | $\sigma_{\max} = -\dfrac{P}{A} + \dfrac{M_z}{W_z} \leqslant [\sigma_t]$ |

$$\sigma_{\max} = -\dfrac{P}{A} - \dfrac{M_z}{W_z} \leqslant [\sigma_c]$$

双向偏心压缩　应力公式　　$\begin{matrix}\sigma_{\max}\\ \sigma_{\min}\end{matrix} = -\dfrac{P}{A} \pm \dfrac{M_z}{W_z} \pm \dfrac{M_y}{W_y}$

强度条件　　$\sigma_{\max} = -\dfrac{P}{A} + \dfrac{M_z}{W_z} + \dfrac{M_y}{W_y} \leqslant [\sigma_t]$

$$\sigma_{\max} = -\dfrac{P}{A} - \dfrac{M_z}{W_z} + \dfrac{M_y}{W_y} \leqslant [\sigma_c]$$

偏心压缩的杆件,若外力作用在截面形心附近的某一个区域内,杆件整个横截面上只有压应力而无拉应力,则截面上的这个区域称为截面核心。截面核心是工程中很有用的概念,应学会确定工程实际中常见简单图形的截面核心。

思考题

1. 何谓组合变形？组合变形构件的应力计算是依据什么原理进行的？
2. 斜弯曲与平面弯曲有何区别？
3. 何谓偏心压缩和偏心拉伸？它与轴向拉(压)有什么不同？它和拉(压)与弯曲组合变形是否是一回事？
4. 何谓截面核心？矩形截面杆和圆形截面杆受偏心压力作用时,不产生拉应力的极限偏心距各是多少？它们的截面核心各为什么形状？
5. 试判别图 11-11 所示构件的 AB、BC 和 CD 杆有哪几种基本变形。

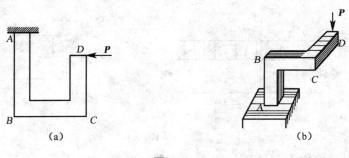

图 11-11

习　题

11-1　如题 11-1 图所示构架的立柱 AB 用 25a 工字钢制成。已知 $P = 20$ kN,$[\sigma] = 160$ MPa,试对立柱 AB 进行强度校核。

11-2　如题 11-2 图所示悬臂起重架,梁 AB 为一根 18 号工字钢,$l = 2.6$ m。试求梁内最大正应力。

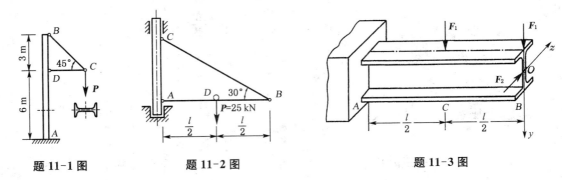

题 11-1 图　　　　题 11-2 图　　　　题 11-3 图

11-3　14 号工字钢悬臂梁受力情况如题 11-3 图所示。已知 $l = 0.8\,\text{mm}, F_1 = 2.5\,\text{kN}$，试求危险截面上的最大正应力。

11-4　矩形截面杆受力如题 11-4 图所示。已知 $F_1 = 0.8\,\text{kN}, F_2 = 1.65\,\text{kN}, b = 90\,\text{mm}$，$h = 180\,\text{mm}$，材料的许用应力 $[\sigma] = 10\,\text{MPa}$，试校核此梁的强度。

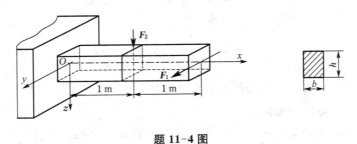

题 11-4 图

11-5　受集度为 q 的均布荷载作用的矩形截面简支梁，如题 11-5 图所示。其荷载作用面与梁的纵向对称面间的夹角为 $\alpha = 30°$。已知该梁材料的弹性模量 $E = 10\,\text{GPa}$；梁的尺寸为 $l = 4\,\text{m}, h = 160\,\text{mm}, b = 120\,\text{mm}$；许用应力 $[\sigma] = 12\,\text{MPa}$；许用挠度 $[w] = l/150$。试校核梁的强度和刚度。

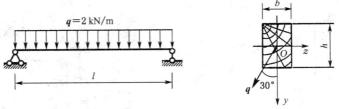

题 11-5 图

11-6　悬臂梁受集中力 F 作用如题 11-6 图所示。已知横截面的直径 $D = 120\,\text{mm}, d = 30\,\text{mm}$，材料的许用应力 $[\sigma] = 160\,\text{MPa}$。试求中性轴的位置，并按照强度条件求梁的许可荷载 $[F]$。

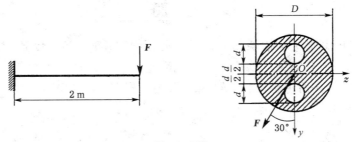

题 11-6 图

11-7 如题 11-7 图所示一楼梯木料梁的长度 $l=4$ m，截面为 $0.2\,\text{m}\times 0.1\,\text{m}$ 的矩形，受均布荷载作用，$q=2\,\text{kN/m}$。试作梁的轴力图和弯矩图，并求横截面上的最大拉应力与最大压应力。

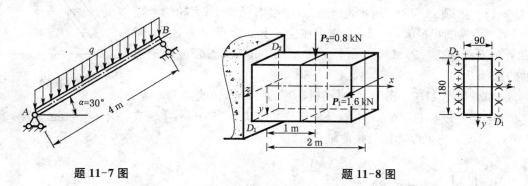

题 11-7 图　　　　题 11-8 图

11-8 由木材制成的矩形截面悬臂梁受力，尺寸如题 11-8 图所示。材料的弹性模量 $E=1.0\times 10^{4}$ GPa。试求：(1) 梁的最大正应力及其作用点的位置；(2) 梁的最大挠度；(3) 如果截面是圆形，$d=130$ mm，试求梁横截面的最大正应力。

11-9 简支于屋架上的檩条承受均布荷载 $q=14\,\text{kN/m}$，$\varphi=30°$，如题 11-9 图所示。檩条跨长 $l=4$ m，采用工字钢制造，其许用应力 $[\sigma]=160$ MPa，试选择工字钢型号。

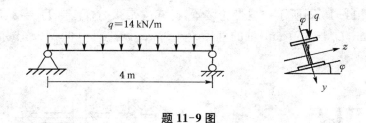

题 11-9 图

11-10 试分别求出题 11-10 图中不等截面杆及等截面杆中的最大正应力，并作比较。

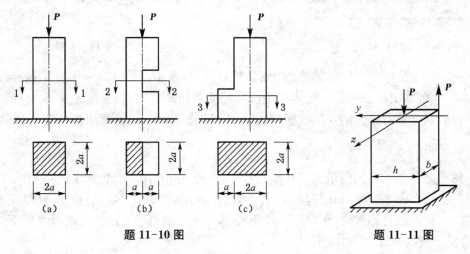

题 11-10 图　　　　题 11-11 图

11-11 已知矩形截面杆 $h=200$ mm，$b=100$ mm，$P=20$ kN，如题 11-11 图所示。试计算最大正应力。

11-12 如题 11-12 图所示,梁的截面为 100 mm × 100 mm 的正方形,若 $P = 3$ kN,试作轴力图及弯矩图,并求最大拉应力及最大压应力。

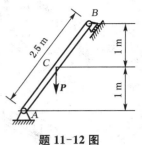

题 11-12 图

11-13 如题 11-13 图所示,在轴 AB 上装有两轮子,大轮的半径 $R = 1$ m,小轮的半径 $r = 0.5$ m,作用在轮子上的力有 $P = 3$ kN 和 Q,轴处于平衡状态。若材料的 $[\sigma] = 60$ MPa,试按第三强度理论选择轴的直径 d。

11-14 如题 11-14 图所示,电动机功率为 9 kW,转速为 715 转/分,皮带轮直径 $D = 250$ mm,主轴外伸部分长度 $l = 120$ mm,主轴直径 $d = 40$ mm。若$[\sigma] = 60$ MPa,试按第三强度理论校核此轴强度。

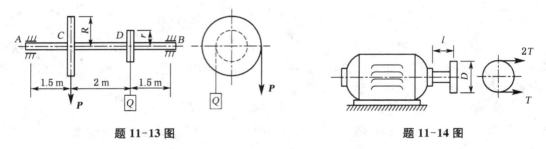

题 11-13 图　　　　　　　　　　题 11-14 图

11-15 如题 11-15 图所示一皮带轮装置,已知皮带张力 $T_1 = T_2 = 1.5$ kN,轮的直径 $D_1 = D_2 = 300$ mm,$D_3 = 450$ mm,轴的直径 $d = 60$ mm。若$[\sigma] = 80$ MPa,试按第三强度理论校核此轴强度。

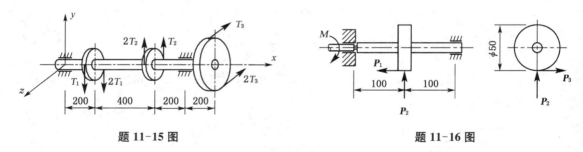

题 11-15 图　　　　　　　　　　题 11-16 图

11-16 轴上装有一斜齿轮,其受力简图如题 11-16 图所示。$P_1 = P_2 = 650$ N,$P_3 = 1\,730$ N。若轴的 $[\sigma] = 90$ MPa,试按第三强度理论选择轴的直径。

11-17 承受偏心拉力的矩形截面杆如题 11-17 图所示。试验测得杆两侧的纵向应变为 ε_1 和 ε_2,试证明:$e = \dfrac{\varepsilon_1 - \varepsilon_2}{\varepsilon_1 + \varepsilon_2} \cdot \dfrac{h}{6}$。

11-18 如题 11-18 图所示钢制圆截面折杆,直径 $d = 60$ mm。A 端固定,C 端承受集中力 $P = 2$ kN、$Q = 1$ kN 作用。AB 杆与 BC 杆垂直,P 垂直于 ABC 平面,Q 位于 ABC 平面内,且平行于 AB。材料的许用应力 $[\sigma] = 150$ MPa。试在不计轴力和考虑轴力两种情况下,按第三强度理论校核杆的强度,并加以比较。

11-19 如题 11-19 图所示一悬臂滑车架,杆 AB 为 18 号工字钢,其长度为 $l = 2.6$ m。试求当荷载 $F = 25$ kN 作用在 AB 的中点 D 处时杆内的最大正应力。设工字钢的自重可略去不计。

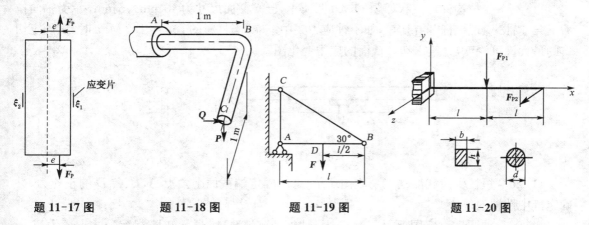

题 11-17 图　　　题 11-18 图　　　题 11-19 图　　　题 11-20 图

11-20　如题 11-20 图所示悬臂梁中，集中力 F_{P1} 和 F_{P2} 分别作用在铅垂对称面和水平对称面内，并且垂直于梁的轴线，如图所示。已知 $F_{P1}=1.6\,\mathrm{kN}$，$F_{P2}=800\,\mathrm{N}$，$l=1\,\mathrm{m}$，许用应力 $[\sigma]=160\,\mathrm{MPa}$。试确定以下两种情形下梁的横截面尺寸：(1) 截面为矩形，$h=2b$；(2) 截面为圆形。

11-21　砖砌烟囱高 $h=30\,\mathrm{m}$，底截面 $m-m$ 的外径 $d_1=3\,\mathrm{m}$，内径 $d_2=2\,\mathrm{m}$，自重 $P_1=2\,000\,\mathrm{kN}$，受 $q=1\,\mathrm{kN/m}$ 的风力作用，如题 11-2 图所示。试求：(1) 烟囱底截面上的最大压应力；(2) 若烟囱的基础埋深 $h_0=4\,\mathrm{m}$，基础及填土自重按 $P_1=1\,000\,\mathrm{kN}$ 计算，土壤的许用压应力 $[\sigma]=0.3\,\mathrm{MPa}$，圆形基础的直径 D 应为多大？注：计算风力时，可略去烟囱直径的变化，把它看作是等截面的。

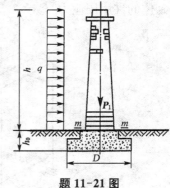

题 11-21 图

11-22　螺旋夹紧器立臂的横截面为 $a\times b$ 和矩形，如题 11-22 图所示。已知该夹紧器工作时承受的夹紧力 $F=16\,\mathrm{kN}$，材料的许用应力 $[\sigma]=160\,\mathrm{MPa}$，立臂厚 $a=20\,\mathrm{mm}$，偏心距 $e=140\,\mathrm{mm}$。试求立臂宽度 b。

11-23　试求题 11-23 图中杆内的最大正应力。力 F 与杆的轴线平行。

11-24　水塔盛满水时连同基础总重量为 G，如题 11-24 图所示，在离地面 H 处，受一水平风力合力为 P 作用，圆形基础直径为 d，基础埋深为 h，若基础土壤的许用应力 $[\sigma]=300\,\mathrm{kN/m^2}$，试校核基础的承载力。

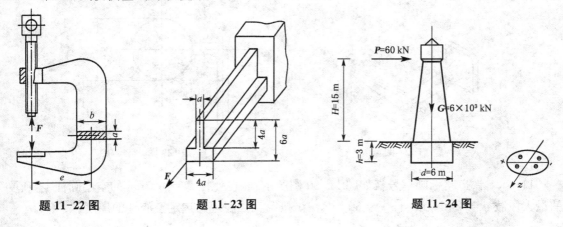

题 11-22 图　　　题 11-23 图　　　题 11-24 图

11-25 受拉构件形式状如题 11-25 图所示,已知截面尺寸为 40 mm×5 mm,承受轴向拉力 $F=12$ kN。现拉杆开有切口,如不计应力集中影响,当材料的 $[\sigma]=100$ MPa 时,试确定切口的最大许可深度,并绘出切口截面的应力变化图。

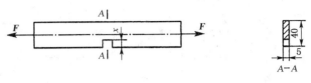

题 11-25 图

11-26 短柱受荷载如题 11-26 图所示,试求固定端截面上角点 A、B、C、D 的正应力,并确定其中性轴的位置。

11-27 如题 11-27 图所示一浆砌块石挡土墙,墙高 4 m,已知墙背承受的土压力 $F=137$ kN,并且与铅垂线成夹角 $\alpha=45.7°$,浆砌石的密度为 2.35×10^3 kg/m³,其他尺寸如图所示。取 1 m 长的墙体作为计算对象,试计算作用在截面 AB 上 A 点和 B 点处的正应力。又知砌体的许用压应力 $[\sigma_c]=3.5$ MPa,许用拉应力 $[\sigma_t]=0.14$ MPa,试作强度校核。

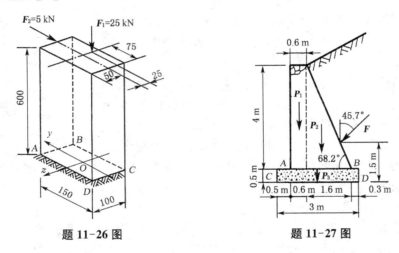

题 11-26 图　　　　题 11-27 图

11-28 曲拐受力如题 11-28 图所示,其圆杆部分的直径 $d=50$ mm。试画出表示 A 点处应力状态的单元体,并求其主应力及最大切应力。

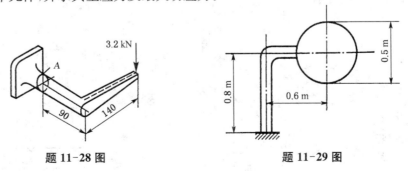

题 11-28 图　　　　题 11-29 图

11-29 铁道路标圆信号板如题 11-29 图所示,装在外径 $D=60$ mm 的空心圆柱上,所受的最大风载 $q=2$ kN/m²,$[\sigma]=60$ MPa。试按第三强度理论选定空心柱的厚度。

11-30 一手摇绞车如题 11-30 图所示。已知轴的直径 $d = 60$ mm，材料为 Q235 钢，其许用应力 $[\sigma] = 80$ MPa。试用第四强度理论求绞车的最大起吊重量 P。

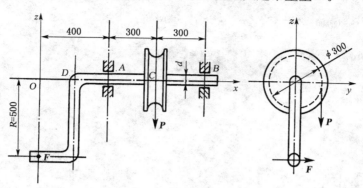

题 11-30 图

11-31 两根直径为 d 的立柱，上、下端分别与强劲的顶、底块刚性连接，并在两端承受扭转外力偶矩 M_e，如题 11-31 图所示。试分析杆的受力情况，绘出内力图，并写出强度条件的表达式。

11-32 操纵装置水平杆如题 11-32 图所示。杆的截面为空心圆，内径 $d = 24$ mm，外径 $D = 30$ mm。材料为 Q235 钢，$[\sigma] = 100$ MPa。控制片受力 $P = 600$ N。试用第三强度理论校核杆的强度。

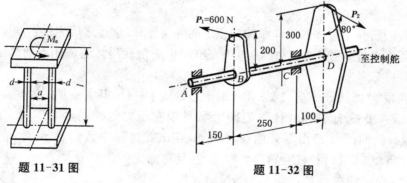

题 11-31 图 题 11-32 图

11-33 如题 11-33 图所示带轮传动轴传递功率 $P = 7$ kW，转速 $n = 200$ r/min。皮轮重量 $Q = 1.8$ kN。左端齿轮上的啮合力 P_n 与齿轮节圆切线的夹角（压力角）为 $20°$。轴的材料为 Q255 钢，许用应力 $[\sigma] = 80$ MPa。试分别在忽略和考虑带轮重量的两种情况下，按第三强度理论估算轴的直径。

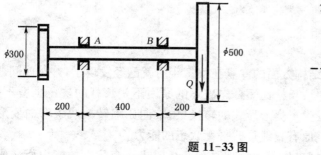
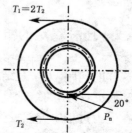

题 11-33 图

12 压杆稳定

12.1 压杆稳定的概念

工程中把承受轴向压力的直杆称为轴向压杆,简称**压杆**。本节将介绍压杆稳定的概念、压杆的分类情况、压杆的临界力和临界应力的计算、压杆的稳定性计算以及提高压杆稳定性的措施。

12.1.1 问题的提出

在前面我们研究了直杆的轴向拉伸与压缩的强度计算,学过之后你是否产生了"轴向拉压杆只要满足强度条件就能正常工作"的想法?这种想法正确吗?还是让下面的试验告诉你正确答案吧。

我们取两根宽 25.3 mm、厚 17.7 mm 的矩形截面木杆件,其中一根长 150 mm,另一根长 700 mm,让它们同时承受轴向压力的作用,如图 12-1 所示。我们让力 F 由零开始缓慢增加,在试验过程中我们看到:在力 F 达到 2.5 kN 时长杆突然发生弯曲,并且弯曲变形急剧增大,很快就折断了;而短杆在力 F 达到 15.1 kN 时才发生破坏。

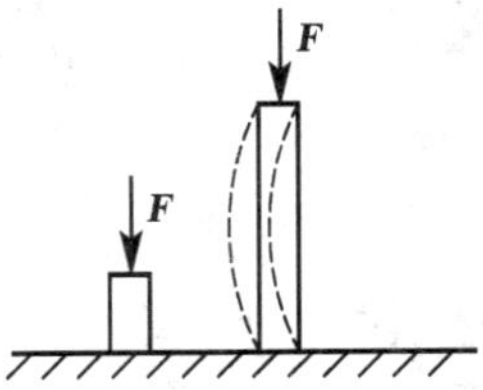

观看了上述试验后,我们不得不思考一个问题:从强度角度来讲,两根杆的材料、截面都相同,它们所能承受的轴向压力也应该相同,也就是说两根杆件应该同时发生破坏,为什么长杆比短杆先发生破坏,而且长杆的承载能力比短杆小这么多呢?

图 12-1

12.1.2 压杆稳定的概念

其实这样的问题,力学及结构方面的专家在很多年前就已经发现了,并对此问题进行了大量的分析和研究,得出的结论是:长杆比短杆先破坏的原因不是长杆的抗压强度不够造成的,而是长杆在受力过程中突然发生了变形形式的转换(由轴向压缩转换成了弯曲变形),其真正原因是细长压杆丧失了保持其原有直线形式平衡状态的能力。

工程实践中,因为细长压杆丧失了保持其原有直线形式平衡状态的能力而酿成惨剧的案例也不少,1907年加拿大魁北克省圣劳伦斯河上,一座长548 m的钢桁架结构大桥,在施工中就是因为桥中两根受压弦杆丧失了保持其原有直线形式平衡状态的能力,从而造成了整个大桥突然倒塌。

为了很好地研究并解决这一问题,专家们提出了稳定性的概念,并定义:轴向压杆保持其原有直线平衡状态的能力称为**压杆的稳定性**。上述试验中的长杆在一定轴向压力作用下不能保持其原有直线平衡状态而突然弯曲的现象称为压杆丧失稳定性,简称**失稳**。

12.1.3 轴向压杆的三种平衡状态

要想解决压杆的稳定性问题,首先需要了解压杆平衡状态的稳定性。

为了便于读者了解压杆的平衡状态,我们先来研究小球的三种平衡状态。如图12-2所示,当小球分别在支承面上 A、B、C 三个位置处于平衡状态时,设想在一瞬间给小球施加一个微小的水平干扰力使小球产生运动。观察小球运动的终止状态,可以得知:A 位置的小球,小球在 A 点附近来回滚动,最后又停留在原来的位置上,我们称小球在 A 位置的平衡状态是稳定的平衡状态;C 位置的小球,小球受到干扰后将滚落下去,一去不复返,不再保持平衡,我们称小球在 C 位置的平衡状态是不稳定的平衡状态;B 位置的小球,小球受干扰后被推到 B' 点,它既不会回到原处,也不会继续运动,而是在新的位置保持新的平衡,我们称小球在 B 位置的平衡状态是随遇平衡状态,它是由稳定平衡状态过渡到不稳定平衡状态的一种平衡,因此把它称为临界平衡。

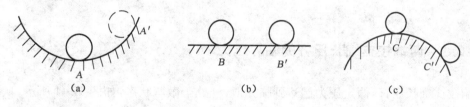

图 12-2

与上述小球的平衡状态类似,轴向压杆的平衡状态也可以分为三种。在研究压杆稳定时,通常将压杆抽象为由均质材料制成、轴线为直线且外加压力的作用线与压杆轴线重合的中心受压直杆(又称为理想压杆)。如图12-3(a)所示为一根中心受压直杆,当压力 F 不太大时给压杆施加一微小的横向干扰力使压杆产生微小弯曲,如图12-3(b)所示,解除干扰后压杆会如何呢?我们发现压杆的变化因其所受的轴向压力的大小不同而有所差别:当轴向压力 F 小于某一特定界限值时,解除干扰力后压杆将恢复其原来的直线平衡状态,如图12-3(c)所示,此时压杆直线形状的平衡状态是稳定的平衡状态;当轴向压力 F 超过某一特定界限值时,解除干扰力后压杆的弯曲将继续加大,直至发生弯折破坏,如图12-3(e)所示,此时压杆直线形状的平衡状态是不稳定的平衡状态;当轴向压力 F 等于某一特定界限值时,解除干扰力后压杆维持微弯状态不变,如图12-3(d)所示,此时压杆直线形状的平衡状态是临界平衡状态。压杆在临界平衡状态时所受的轴向压力称为**压杆的临界力**,用 F_{cr} 表示。

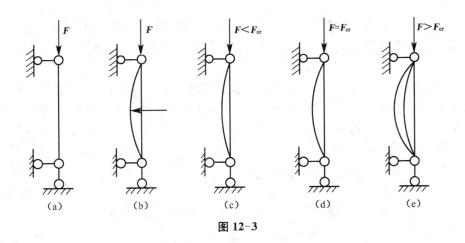

图 12-3

12.2 细长压杆的临界力

压杆的稳定性与压杆所受的轴向压力的大小有关,要想保持压杆的稳定性,使压杆处于稳定的平衡状态,必须控制压杆所受的轴向压力,使其小于其临界力 F_{cr}。因此,解决压杆稳定问题的关键就是要首先确定压杆的临界力 F_{cr},然后在使用时控制压杆所受的轴向压力小于其临界力 F_{cr}。

12.2.1 两端铰支细长压杆的临界压力

两端铰支细长压杆,假定压力已达到临界值,杆处于微弯状态,如图 12-4 所示,从挠曲线入手,求临界力。其弯矩方程为

$$M(x) = -F\omega(x)$$

根据挠曲线近似微分方程

$$\omega'' = \frac{M}{EI} = -\frac{F}{EI}\omega$$

$$\omega'' + \frac{F}{EI}\omega = \omega'' + k^2\omega = 0$$

其中 $k^2 = \frac{F}{EI}$,微分方程的通解

$$\omega = A\sin kx + B\cos kx$$

带入边界条件,在 $x=0$ 处,$y=0$;在 $x=l$ 处,$y=0$,确定常数。将第一个边界条件代入通解,可得 $B=0$。将第二个边界条件代入通解可得

$$A\sin kl = 0,即 A = 0 或 \sin kl = 0$$

若取 $A=0$,则由式通解可知 $y=0$,即压杆轴线上各点处的挠度都等于零,表明杆没有弯曲,这与题意不符。因此,只能取 $\sin kl=0$,满足这一条件的 kl 值为

$$kl = n\pi (n=0,1,2,\cdots)$$

由此得到

$$kl = n\pi = l\sqrt{\frac{F}{EI}}$$

则

$$F = \frac{n^2\pi^2 EI}{l^2}$$

该式为两端铰支等截面直杆临界压力的一般表达式。当 n 取不同的值,临界压力有不同的值对应。但工程上有意义的是临界压力的最小值,即对应于 $n=1$ 时的压力值。这是由欧拉最早(1774 年)提出的,所以又称为"欧拉临界压力",用 F_{cr} 表示:

$$F_{cr} = \frac{\pi^2 EI}{l^2} \tag{12-1}$$

由该式可知 F_{cr} 与杆长 l 成反比,杆长的影响很大;与杆的抗弯刚度 EI 成正比,细杆 EI 小,更易发生屈曲失稳。

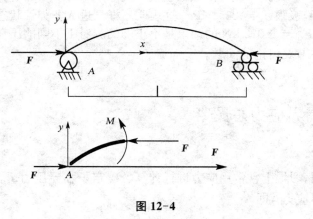

图 12-4

12.2.2 其他支撑条件下压杆的临界压力

根据两端铰支的临界压力推导过程,可利用欧拉临界压力和折减系数来表达临界压力,即压杆临界力欧拉公式的一般形式

$$F_{cr} = \frac{\pi^2 EI_{\min}}{(\mu l)^2} \tag{12-2}$$

其中 μ 为不同约束下压杆的长度系数(或约束系数),可通过查表 12-1 得到。

表 12-1 压杆的长度系数 μ

压杆两端约束情况	两端固定	一端固定,一端铰支	两端铰支	一端固定,一端自由
长度系数 μ	0.5	0.7	1	2

187

【例 12-1】 两端铰支压杆受力如图 12-5 所示。杆的直径 $d = 40\,\text{mm}$,长度 $l = 2\,\text{m}$,材料为 A3 钢,$E = 206\,\text{GPa}$。求压杆的临界压力 F_{cr}。

【解】 根据欧拉公式,且 $\mu = 1$,$I = \dfrac{\pi d^4}{64}$,所以

$$F_{cr} = \frac{\pi^2 EI}{(\mu l)^2} = \frac{\pi^3 \times 206 \times 10^9 \times 40^4 \times 10^{-12}}{64 \times (1 \times 2)^2} = 63.9\,\text{kN}$$

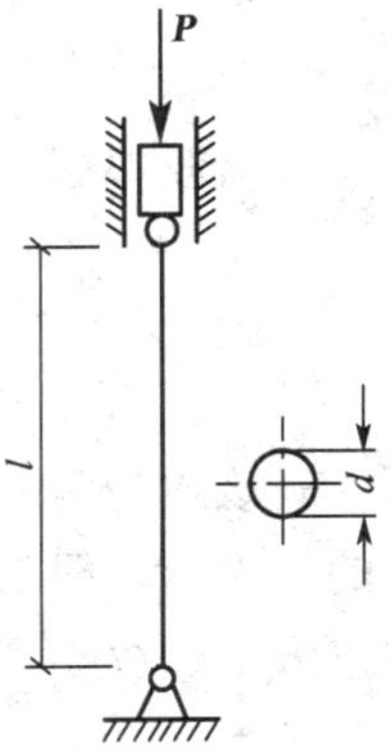

在这一临界压力作用下,压杆在直线平衡位置时,横截面上的应力为 50.8 MPa。

此值远小于 A3 钢的比例极限 $\sigma_p = 200\,\text{MPa}$,这表明压杆仍处于线弹性范围内。

本例中若压杆长度 $l = 0.5\,\text{m}$,这时能否应用欧拉公式计算临界压力呢?这是个有趣且有意义的问题。假设仍可用欧拉公式计算临界压力,即

$$F_{cr} = \frac{\pi^3 \times 206 \times 10^9 \times 40^4 \times 10^{-12}}{64 \times (1 \times 0.5)^2} = 1\,022\,\text{kN}$$

这时压杆若在直线平衡形式下,横截面上的应力应为 813 MPa。它不仅超过 A3 钢的比例极限,而且超过屈服极限 $\sigma_s = 235\,\text{MPa}$。这表明压杆已进入非弹性状态,因而不能用欧拉公式计算其临界压力。$F_{cr} = 1\,022\,\text{kN}$ 的结果是不正确的。对于不同的压杆,怎样判断欧拉公式的适用范围将是下一节要讨论的问题。

图 12-5

12.3 压杆的临界应力总图

处理工程问题时,习惯上常常用应力进行计算。确定了临界压力 F_{cr} 之后,横截面上相应的平均应力就是临界应力,即

$$\sigma_{cr} = \frac{\pi^2 E}{\lambda^2} \tag{12-3}$$

式中,$\lambda = \dfrac{\mu l}{i}$ 称为**柔度**。其中 μ 为压杆的长度系数,其值与压杆的杆端约束情况有关,见表 12-1;l 为压杆的实际长度;i 为压杆横截面的惯性半径。

由柔度的定义公式和计算临界力、临界应力的欧拉公式可知:柔度 λ 综合反映了压杆的几何长度、两端约束情况以及横截面形状和尺寸等因素对临界应力的影响。**柔度 λ 越大,表示压杆越细长,临界应力 σ_{cr} 就越小,临界力也越小,压杆稳定性越差,压杆越容易发生失稳破坏**;反之,**柔度 λ 越小,表示压杆越粗短,临界应力 σ_{cr} 就越大,临界力也越大,压杆的稳定性越好,压杆越不容易发生失稳破坏**。所以柔度是压杆稳定计算中一个重要的物理量。

根据压杆柔度 λ 的大小,通常把压杆分为大柔度杆、中等柔度杆和小柔度杆。

1) 大柔度杆

柔度 $\lambda \geqslant \lambda_p = \pi\sqrt{\dfrac{E}{\sigma_p}}$ 的压杆称为**大柔度杆**,又叫**细长杆**。细长压杆的临界力、临界应力用

欧拉公式计算。

2) 中等柔度杆

柔度 $\lambda_p > \lambda \geqslant \lambda_s = \dfrac{a-\sigma_s}{b}$ 的压杆称为**中等柔度杆**,又称**中长杆或一般杆**。中等柔度杆的临界应力用经验公式计算,目前常用的经验公式有直线形经验公式和抛物线形经验公式两种,本书只给出直线形经验公式:

$$\sigma_{cr} = a - b\lambda \tag{12-4}$$

式中 a、b 是与材料性质有关的常数,表 12-2 中列出了几种常用材料的 a、b 值。

表 12-2　常用材料的 a、b 及 λ_p、λ_s 值

材料	a(MPa)	b(MPa)	λ_p	λ_s
35 钢	461	2.568	100	60
45,55 钢	578	3.744	100	60
铸铁	332.2	1.454	80	
松木	28.7	0.19	110	40

3) 小柔度杆

柔度 $\lambda < \lambda_s$ 的压杆称为**小柔度杆**,又称**粗短杆**。

小柔度杆受压时不会出现失稳现象,也就是说小柔度杆不存在失稳问题,其临界应力就是屈服极限,应按强度问题处理,即按强度条件进行设计和计算。

反映临界应力与柔度之间关系的图形称为**临界应力总图**。由欧拉公式和直线型经验公式表示的理想压杆的临界应力总图如图 12-6 所示,它形象、直观地显示了三类压杆所处的柔度范围及其所适用的临界应力公式。

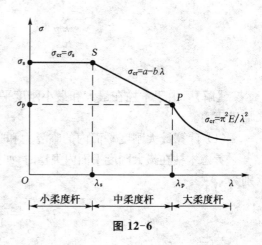

图 12-6

【**例 12-2**】　两端铰支的轴心受压直杆,杆长 $l = 800\,\text{mm}$,杆横截面为圆形,直径 $d = 16\,\text{mm}$,材料为 Q235 钢,$E = 200\,\text{GPa}$,$\lambda_p = 123$,试计算该杆的临界力和临界应力。

【**解**】（1）计算柔度 λ

圆截面 $I = \dfrac{\pi d^4}{64}$,$A = \dfrac{\pi d^2}{4}$,$i = \sqrt{\dfrac{I}{A}} = \dfrac{d}{4} = \dfrac{16}{4} = 4\,\text{mm}$

压杆两端铰支时 $\mu = 1$

$$\lambda = \dfrac{\mu l}{i} = \dfrac{1 \times 800}{4} = 200 > \lambda_p = 123$$

说明压杆属于大柔度杆,应采用欧拉公式计算临界力和临界应力。

(2) 计算临界应力和临界力

$$\sigma_{cr} = \frac{\pi^2 E}{\lambda^2} = \frac{3.14^2 \times 200 \times 10^3}{200^2} = 49.30 \text{ MPa}$$

$$F_{cr} = \sigma_{cr} A = 49.30 \times \frac{3.14 \times 16^2}{4} = 9\,907.33 \text{ N}$$

【例 12-3】 如图 12-7 所示的两根压杆,是长度均为 7 m、横截面面积为 12 cm×20 cm 的矩形木柱。其支承情况是:在最大刚度平面内弯曲时为两端铰支(图 12-7(a)),在最小刚度平面内弯曲时为两端固定(图 12-7(b)),木材的弹性模量 $E = 10$ GPa,$\lambda_p = 110$。试求木柱的临界力和临界应力。

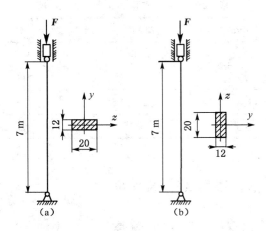

图 12-7

【解】 由于木柱在最大和最小刚度平面内的支承情况不同,所以需分别计算其临界力和临界压力。

(1) 计算最大刚度平面内的临界力和临界应力

考虑木柱在最大刚度平面内失稳时,如图 12-7(a)所示,截面对 y 轴的惯性矩和惯性半径分别为

$$I_y = \frac{12 \times 20^3}{12} = 8\,000 \text{ cm}^4$$

$$i_y = \sqrt{\frac{I_y}{A}} = \sqrt{\frac{8\,000}{12 \times 20}} = 5.77 \text{ cm}$$

对两端铰支的支承情况,长度系数 $\mu = 1$,则其柔度为

$$\lambda_y = \frac{\mu l}{i_y} = \frac{1 \times 7}{5.77 \times 10^{-2}} = 121.3 > \lambda_p = 110$$

因柔度大于 λ_p,应该用欧拉公式计算临界力。

$$F_{cr} = \frac{\pi^2 E I_y}{(\mu l)^2} = \frac{\pi^2 \times 10 \times 10^9 \times 8\,000 \times 10^{-8}}{(1 \times 7)^2} = 161 \text{ kN}$$

再由式(12-3)计算其临界应力,得

$$\sigma_{cr} = \frac{\pi^2 E}{\lambda_y^2} = \frac{\pi^2 \times 10 \times 10^9}{121.3^2} = 6.71 \text{ MPa}$$

(2) 计算最小刚度平面内的临界力和临界应力,如图 12-7(b)所示,截面对 z 轴的惯性矩和惯性半径分别为

$$I_z = \frac{20 \times 12^3}{12} = 2\,880 \text{ cm}^4 \qquad i_z = \sqrt{\frac{I_z}{A}} = \sqrt{\frac{2\,880}{12 \times 20}} = 3.46 \text{ cm}$$

对于两端固定的支承情况,长度系数 $\mu = 0.5$,则其柔度

$$\lambda_z = \frac{\mu l}{i_z} = \frac{0.5 \times 7}{3.46 \times 10^{-2}} = 101.2 < \lambda_p = 110$$

在此平面内弯曲时,柱的柔度小于 λ_p,应该采用经验公式计算临界应力。

由表 12-2 查得,对于木材(松木),$a = 28.7$ MPa,$b = 0.19$ MPa,利用式(12-4),得

$$\sigma_{cr} = a - b\lambda = 28.7 - 0.19 \times 101.2 = 9.5 \text{ MPa}$$

其临界力为

$$F_{cr} = \sigma_{cr} A = 9.5 \times 10^6 \times 0.12 \times 0.2 = 228 \text{ kN}$$

比较上述结果可知,第一种情形的临界力和临界应力都较小,所以木柱失稳时将在最大刚度平面内产生弯曲。此例说明,杆在最小还是在最大刚度平面内失稳,必须经过具体计算后才能确定。

12.4 压杆的稳定计算

当压杆的工作应力 σ 达到其临界应力 σ_{cr} 时,压杆就会因失稳而丧失工作能力。为了保证压杆的稳定性,就必须使压杆的工作应力 σ 不超过压杆的稳定许用应力 $[\sigma_{st}]$,压杆的稳定条件为

$$\sigma = \frac{N}{A} \leqslant [\sigma_{st}] \tag{12-5}$$

在工程实际中,为了简化压杆的稳定性计算,引入一个折减系数 φ,从而把变化的稳定许用应力 $[\sigma_{st}]$ 与不变的强度许用应力 $[\sigma]$ 联系起来,表达为 $[\sigma_{st}] = \varphi[\sigma]$。折减系数 φ 是一个随柔度 λ 而变化的量,φ 值介于 0 和 1 之间。表 12-3 列出了几种常见材料的折减系数。这种引入折减系数进行压杆稳定计算的方法称为**折减系数法**。折减系数法的稳定条件为

$$\sigma = \frac{N}{A} \leqslant \varphi[\sigma] \tag{12-6}$$

表 12-3 压杆的折减系数 φ

λ	φ 值				
	Q235 钢	16 锰钢	铸铁	木材	混凝土
0	1.000	1.000	1.000	1.000	1.000
20	0.981	0.973	0.910	0.932	0.960
40	0.927	0.895	0.690	0.822	0.830
60	0.842	0.776	0.440	0.658	0.700
70	0.789	0.705	0.340	0.575	0.630
80	0.731	0.627	0.260	0.460	0.570
90	0.669	0.546	0.200	0.371	0.460
100	0.604	0.462	0.160	0.300	
110	0.536	0.384		0.248	
120	0.466	0.325		0.209	
130	0.401	0.279		0.178	
140	0.349	0.242		0.153	
150	0.306	0.213		0.143	
160	0.272	0.188		0.117	
170	0.243	0.168		0.102	
180	0.218	0.151		0.093	
190	0.197	0.136		0.083	
200	0.180	0.124		0.075	

根据压杆的稳定条件,可以进行三种压杆稳定方面的计算,分别是稳定性校核、截面设计和确定许用荷载。

【例 12-4】 氧气压缩机的活塞杆由 35 号钢制成,$\sigma_s = 350\,\text{MPa}$,$\sigma_p = 280\,\text{MPa}$,$E = 210\,\text{GPa}$,活塞杆长度 $l = 703\,\text{mm}$,直径 $d = 45\,\text{mm}$,最大压力 $F_{\max} = 41.6\,\text{kN}$。规定的稳定安全系数为 $n_{\text{st}} = 8 \sim 10$。试校核杆的稳定性。

【解】 由公式(12-3)求出

$$\lambda_p = \sqrt{\frac{\pi^2 E}{\sigma_p}} = \sqrt{\frac{\pi^2 \times 210 \times 10^9}{280 \times 10^6}} = 86$$

活塞杆可简化成两端铰支的压杆,所以 $\mu = 1$,活塞杆的截面为圆形,$i = d/4$,故柔度为

$$\lambda = \frac{\mu l}{i} = \frac{1 \times 703 \times 4}{45} = 62.5 < \lambda_p$$

所以不能用欧拉公式计算临界应力。如使用经验公式,由表 12-2 查得 35 号钢的 a 和 b 分别是:$a = 461\,\text{MPa}$,$b = 2.568\,\text{MPa}$。由公式(12-4)求出

$$\lambda_s = \frac{a - \sigma_s}{b} = \frac{461 - 350}{2.568} = 43.2$$

可见活塞杆的柔度 λ 介于 λ_p 和 λ_s 之间,是中柔度压杆。由式(12-4)求出临界应力为

$$\sigma_{\text{cr}} = a - b\lambda = 461 - 2.568 \times 62.5 = 301\,\text{MPa}$$

从而求得临界压力

$$F_{cr} = \sigma_{cr}A = 301 \times 10^6 \times \frac{\pi \times 45^2 \times 10^{-6}}{4} = 478.7 \text{ kN}$$

活塞杆的工作安全系数为

$$n_w = \frac{F_{cr}}{F_{max}} = \frac{478.7}{41.6} = 11.5 > n_{st}$$

所以满足稳定性要求。

【例 12-5】 如图 12-8 所示 16 号工字钢立柱的高度 $l = 1\,800$ mm,两端支承条件介于铰链支座和固定铰链支座之间,取长度系数 $\mu = 0.7$,在工字钢腹板部分开方形孔,尺寸为 80 mm × 80 mm。立柱受轴向压力 $F = 300$ kN,若已知材料为 A3 钢,$[\sigma] = 150$ MPa,稳定安全系数 $n_{st} = 1.8$,试问立柱是否安全?

【解】 (1) 立柱稳定性校核

压杆稳定性是由其整体变形所决定的,局部的削弱对整体的影响甚小,所以在稳定性校核过程中可以不考虑压杆截面的局部削弱。立柱在两个方向的支承条件相同,所以压杆失稳将发生在绕 z 轴弯曲的方向。由型钢表可以查得 16 号工字钢截面面积 $A = 26.1$ cm²,惯性半径 $i_z = 1.89$ cm。则立柱的柔度为

$$\lambda = \frac{\mu l}{i_z} = \frac{0.7 \times 1\,800}{18.9} = 66.7$$

对于 A3 钢来说,$\lambda_p = 101, \lambda_s = 61.6, \lambda_s < \lambda < \lambda_p$,故立柱属于中柔度杆,用经验公式求临界应力

$$\sigma_{cr} = a - b\lambda = 304 - 1.12 \times 66.7 = 229.3 \text{ MPa}$$

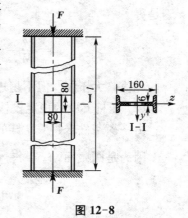

图 12-8

则临界压力为

$$F_{cr} = \sigma_{cr}A = 229.3 \times 10^6 \times 26.1 \times 10^{-4} = 598.4 \text{ kN}$$

立柱工作安全系数为

$$n_w = \frac{F_{cr}}{F} = \frac{598.4}{300} = 1.99 > n_{st} = 1.8$$

所以立柱满足稳定性要求。

(2) 立柱强度校核

立柱由于局部开孔,截面被削弱。对于被削弱的截面 I-I,有必要作强度计算。

$$\sigma_{I\text{-}I} = \frac{F}{A_{I\text{-}I}} = \frac{300 \times 10^3}{26.1 \times 10^{-4} - 80 \times 6 \times 10^{-6}} = 141 \text{ MPa} < [\sigma] = 150 \text{ MPa}$$

立柱同时满足强度要求,因此是安全的。

【例 12-6】 如图 12-9 所示结构中,梁 AB 为 14 号普通热轧工字钢,支承柱 CD 的直径 $d = 20$ mm,二者的材料均为 A3 钢。结构受力如图所示。A、C、D 三处均为球铰约束。已知

$F=25\,\text{kN}, l_1=1.25\,\text{m}, l_2=0.55\,\text{m}, E=206\,\text{GPa}$。规定稳定安全系数 $n_{st}=2$，梁的许用应力 $[\sigma]=160\,\text{MPa}$。试校核此结构是否安全。

【解】 此结构中，梁 AB 承受拉伸弯曲的组合作用，属于强度问题。支承柱 CD 承受压力，属于稳定问题。现分别校核之。

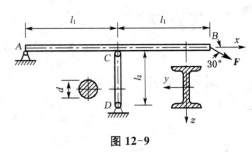

图 12-9

(1) 梁 AB 的强度校核

梁 AB 在 C 处弯矩最大，故为危险截面，其上弯矩和轴向力分别为

$$M_{max} = Fl_1\sin30° = 25\times10^3\times1.25\times0.5 = 15.63\,\text{kN}\cdot\text{m}$$

$$N = F\cos30° = 25\times0.866 = 21.65\,\text{kN}$$

由型钢表查得 14 号普通热轧工字钢的几何性质 $W_y = 102\times10^{-6}\,\text{m}^3, A = 21.5\times10^{-4}\,\text{m}^2$，于是得

$$\sigma_{max} = \frac{M_{max}}{W_y} + \frac{N}{A} = \frac{15.63\times10^3}{102\times10^{-6}} + \frac{21.65\times10^3}{21.5\times10^{-4}} = 163\,\text{MPa}$$

此值略大于 $[\sigma]$，但不超过 5%，根据经济原则，仍认为梁是安全的。

(2) 压杆 CD 的稳定校核

由平衡条件求得 CD 杆的受力 $N_{CD} = 2F\sin30° = F = 25\,\text{kN}$

因为是圆截面，$i_y = \dfrac{d}{4} = \dfrac{20}{4} = 5\,\text{mm}$；又因为两端均为球铰约束，$\mu=1$，所以有

$$\lambda = \frac{\mu l}{i_y} = \frac{1\times0.55}{5\times10^{-3}} = 110 > \lambda_p = 101$$

此杆属于大柔度杆，故可用欧拉公式计算临界压力

$$F_{cr} = \sigma_{cr}A = \frac{\pi^2 E}{\lambda^2}\cdot\frac{\pi d^2}{4} = \frac{\pi^3\times206\times10^9\times20^2\times10^{-6}}{4\times110^2} = 52.8\,\text{kN}$$

据此，压杆工作时的安全系数为

$$n_w = \frac{F_{cr}}{N_{CD}} = \frac{52.8}{25} = 2.11 > n_{st} = 2$$

故 CD 杆的稳定性满足要求。

综上所述，该结构是安全的。

12.5 提高压杆稳定性的措施

根据前面的介绍可知影响压杆稳定性的因素有压杆的长度、压杆的横截面形状及尺寸、压

杆两端的约束情况、材料的力学性质等,因此,提高压杆稳定性也应从这四个方面入手。

1) 减小压杆的长度

在其他条件不变的情况下,减小压杆的长度可以降低压杆的柔度,从而提高压杆的稳定性。如果条件允许的话,在压杆中间增加约束也能达到提高压杆稳定性的目的。

2) 选择合理的截面形状

柔度 λ 与惯性半径 i 成反比,因此要提高压杆的稳定性应尽量增大 i。所以要选择合理的截面形状,就是选择 $\dfrac{I}{A}$ 较大的,即在横截面面积相同的条件下惯性矩愈大愈合理,例如选用如图 12-10 所示的空心截面或组合截面等。

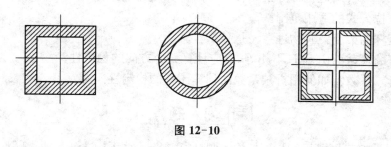

图 12-10

3) 增强压杆的两端约束

因压杆两端约束愈强,长度系数 μ 就愈小,则柔度 λ 也愈小,因此加强压杆两端的约束可以提高压杆的稳定性,如用固定端支座代替铰支座等。

4) 合理选择材料

从欧拉公式可知,细长压杆的临界应力与材料的弹性模量 E 成正比。对于细长压杆,可选 E 值较大的材料。

小 结

压杆的稳定性问题是工程力学研究的内容之一。

确定压杆的临界力是解决压杆稳定性问题的关键。压杆临界力和临界应力的计算,应按压杆柔度大小分别进行。

大柔度杆 $\qquad F_{cr} = \dfrac{\pi^2 EI}{l^2}, \sigma_{cr} = \dfrac{\pi^2 E}{\lambda^2}$

中柔度杆 $\qquad \sigma_{cr} = a - b\lambda, P_{cr} = \sigma_{cr} \cdot A$

短粗杆属强度问题,应按强度条件进行计算。

柔度 λ 是一个重要的概念,它综合考虑了杆件的长度、截面形状、尺寸以及杆端约束条件的影响。

$$\lambda = \dfrac{\mu l}{i}$$

柔度 λ 值愈大,临界力与临界应力就愈小,这说明当压杆的材料、横截面面积一定时,λ 值愈大,压杆就愈容易失稳。因此,对于两端支承情况和截面形状沿两个方向不同的压杆,在失

稳时总是沿 λ 值大的方向失稳。

折减系数法是稳定计算的实用方法。其稳定条件为

$$\sigma = \frac{P}{A} \leqslant \varphi[\sigma]$$

式中 $[\sigma]$ 是强度计算时的容许应力。

思考题

1. 什么是临界力？什么是临界应力？
2. 细长杆、中长杆、短粗杆分别用什么公式计算临界应力？
3. 简述欧拉公式的适用范围。
4. 何谓压杆的柔度？其物理意义是什么？
5. 当压杆的横截面 I_z 和 I_y 不相等时，应计算哪个方向的稳定性？
6. 何谓折减系数？如何用折减系数法计算压杆的稳定性问题？

习 题

12-1 如题 12-1 图所示细长压杆均为圆杆，直径 d 均相同，材料都是 A3 钢，$E = 200\,\text{GPa}$。试判别哪种情况的临界力最大，哪种最小？若圆杆直径 $d = 16\,\text{cm}$，试求最大的临界力 P_{cr}。

12-2 如题 12-2 图所示压杆的材料为 A3 钢，其 $E = 210\,\text{GPa}$，在正视图(a)的平面内两端为铰支，在俯视图(b)的平面内两端为固定，试求此压杆的临界力。

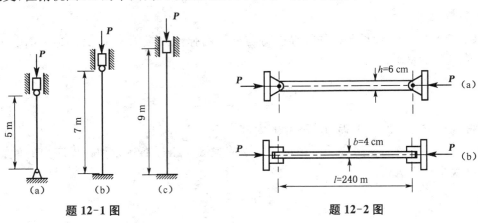

题 12-1 图　　　　　　题 12-2 图

12-3 托架如题 12-3 图所示，AB 杆的直径 $d = 4\,\text{cm}$，长度 $l = 80\,\text{cm}$，两端铰支，材料是 A3 钢。(1) 试根据 AB 杆的失稳来求托架的临界荷载 Q_{cr}；(2) 若已知实际荷载 $Q = 70\,\text{kN}$，AB 杆的规定稳定安全系数 $n_{\text{st}} = 2$，问此托架是否安全？

12-4 一 25 号工字钢柱，柱长 $l = 700\,\text{cm}$，两端固定，规定稳定安全系数 $n_{\text{st}} = 2$，材料是 A3 钢，$E = 210\,\text{GPa}$，试求钢柱的许可荷载。

12-5 由横梁 AB 与立柱 CD 组成的结构如题 12-5 图所示，荷载 $P = 10\,\text{kN}$，$l = 60\,\text{cm}$，立柱为直径 $d = 2\,\text{cm}$ 的圆杆，两端铰支，材料是 A3 钢，弹性模量 $E = 200\,\text{GPa}$，规定稳定安全系数 $n_{\text{st}} = 2$，试校核立柱的稳定性。如已知许用应力 $[\sigma] = 120\,\text{MPa}$，试选择横梁 AB 的工字钢型号。

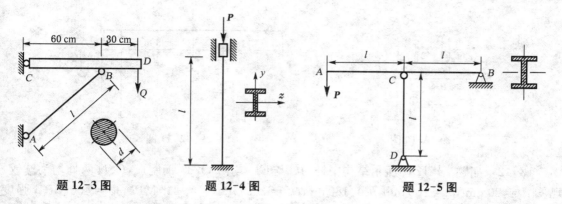

题 12-3 图　　　题 12-4 图　　　题 12-5 图

12-6　如题 12-6 图所示结构为正方形,由五根圆钢杆组成,各杆直径均为 $d=40\,\text{mm}, a=1\,\text{m}$,材料为 A3 钢,$E=200\,\text{GPa}$,$[\sigma]=160\,\text{MPa}$,连接处均为铰链,规定稳定安全系数 $n_{st}=1.3$。(1) 试求结构的许可荷载 $[P]$;(2) 若 P 力的方向改为向外,试问许可荷载是否改变? 若有改变,应为多少?

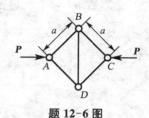

题 12-6 图

12-7　钢柱长 $l=7\,\text{m}$,两端固定,材料是 A3 钢,规定的稳定安全系数 $n_{st}=3$,横截面由两个 10 号槽钢组成。试求当两槽钢靠紧和离开时钢柱的许可荷载,已知 $E=200\,\text{GPa}$。

12-8　如题 12-8 图所示№20a 工字钢杆在温度 $T_1=29℃$ 时安装,此时杆不受力。试问当温度升高到多少度(T_2)时杆将失稳。材料的线膨胀系数 $\alpha=125×10^{-6}/℃$。

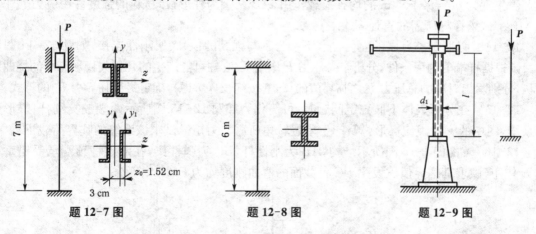

题 12-7 图　　　题 12-8 图　　　题 12-9 图

12-9　千斤顶丝杠受力如题 12-9 图所示,已知其最大承重量 $P=150\,\text{kN}$,有效直径 $d_1=52\,\text{mm}$,长度 $l=0.5\,\text{m}$,材料为 A3 钢。$\sigma_s=235\,\text{MPa}$。可认为丝杠的下端固定,上端自由,求丝杠的工作安全系数。

12-10　如题 12-10 图所示结构中 CF 为铸铁圆杆,直径 $d_1=100\,\text{mm}$,许用压应力 $[\sigma]=120\,\text{MPa}$;BE 为 A3 钢圆杆,直径 $d_2=50\,\text{mm}$,$[\sigma]=160\,\text{MPa}$;横梁 $ABCD$ 可视为刚体。试求结构的许可荷载 $[P]$。已知 $E_{铁}=120\,\text{GPa}, E_{钢}=200\,\text{GPa}$。

12-11　如题 12-11 图所示结构用 A5 钢制成。AB 梁为 16 号工字钢,BC 杆直径 $d=6\,\text{mm}$,若 $E=205\,\text{GPa}, \sigma_s=275\,\text{MPa}, \sigma_{cr}=338-1.21\lambda, \lambda_p=90, \lambda_s=50, n=2, n_{st}=3$。试求荷载 P 的许用值。

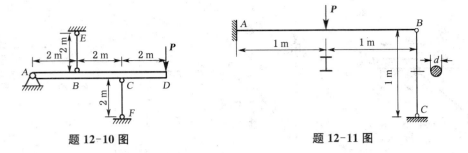

题 12-10 图   题 12-11 图

12-12 如题 12-12 图所示结构中杆 AC 与 CD 均由 Q235 钢制成，C、D 两处均为球铰。已知 $d=20\text{ mm}, b=100\text{ mm}, h=180\text{ mm}, E=200\text{ GPa}, \sigma_s=235\text{ MPa}, \sigma_b=400\text{ MPa}$，强度安全因数 $n=2$，稳定安全因数 $n_{st}=3$。试确定该结构的许可荷载。

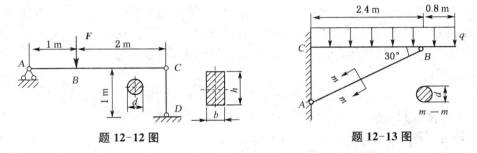

题 12-12 图   题 12-13 图

12-13 如题 12-13 图所示一简单托架，其撑杆 AB 为圆截面木杆，强度等级为 TC15。若架上受集度为 $q=50\text{ kN/m}$ 的均布荷载作用，AB 两端为柱形铰，材料的强度许用应力 $[\sigma]=11\text{ MPa}$，试求撑杆所需的直径 d。

12-14 两根直径为 d 的立柱，上、下端分别与强劲的顶、底块刚性连接，如题 12-14 图所示。试根据杆端的约束条件，分析在总压力 F 作用下，立柱可能产生的几种失稳形态下的挠曲线形状，分别写出对应的总压力 F 之临界值的算式（按细长杆考虑），确定最小临界力 F_{cr} 的算式。

12-15 在分析人体下肢稳定问题时，可简化为如题 12-15 图所示两端铰支刚杆-蝶形弹簧系统，图中的 k 代表使蝶形弹簧产生单位转角所需之力矩。试求该系统的临界荷载 F_{cr}。

12-16 如题 12-16 图所示结构，AB 为刚性杆，BC 为弹性梁，在刚性杆顶端承受铅垂荷载 F 作用，试求其临界值。设梁 BC 各截面的弯曲刚度均为 EI。

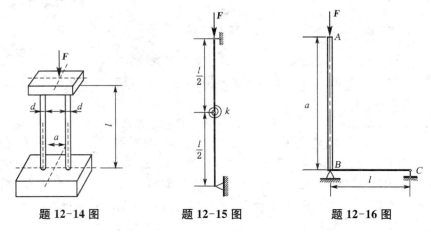

题 12-14 图   题 12-15 图   题 12-16 图

12-17 如题 12-17 图所示刚性杆 AB，下端与圆截面钢轴 BC 相连。为使刚性杆在图示铅垂位置保持稳定平衡，试确定轴 BC 的直径 d。已知 $F=42\,\text{kN}$，切变模量 $G=79\,\text{GPa}$。

12-18 试确定如题 12-18 图所示各细长压杆的相当长度与临界荷载。设弯曲刚度 EI 为常数。

12-19 如题 12-9 图所示正方形桁架，各杆各截面的弯曲刚度均为 EI，且均为细长杆。试问：(1) 当荷载 F 为何值时结构中的个别杆件将失稳？(2) 如果将荷载 F 的方向改为向内，则使杆件失稳的荷载 F 又为何值？

12-20 如题 12-20 图所示两端铰支细长压杆，弯曲刚度 EI 为常数，压杆中点用弹簧常量为 c 的弹簧支持。试证明压杆的临界荷载满足下述方程：

$$\sin\frac{kl}{2}\left[\sin\frac{kl}{2}-\frac{kl}{2}\left(1-\frac{4k^2EI}{cl}\right)\cos\frac{kl}{2}\right]=0$$

式中，$k=\sqrt{F/(EI)}$。

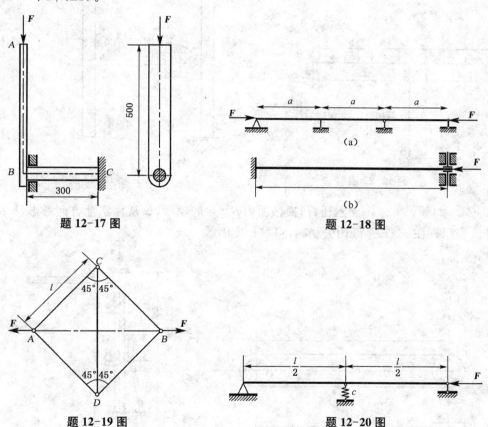

题 12-17 图   题 12-18 图

题 12-19 图   题 12-20 图

12-21 如题 12-21 图所示阶梯形细长压杆，左、右两段各截面的弯曲刚度分别为 EI_1 与 EI_2。试证明压杆的临界荷载满足下述方程：

$$\tan k_1 l \cdot \tan k_2 l = \frac{k_2}{k_1}$$

式中，$k_1=\sqrt{F/(EI_1)}$；$k_2=\sqrt{F/(EI_2)}$。

题 12-21 图

12-22 如题 12-22 图所示结构,由横梁 AC 与立柱 BD 组成,试问当荷载集度 $q=20$ N/mm 与 $q=26$ N/mm 时,截面 B 的挠度分别为何值。横梁与立柱均用低碳钢制成,弹性模量 $E=200$ GPa,比例极限 $\sigma_p = 200$ MPa。

12-23 如题 12-23 图所示矩形截面压杆有三种支持方式。杆长 $l = 300$ mm,截面宽度 $b = 20$ mm,高度 $h = 12$ mm,弹性模量 $E = 70$ GPa,$\lambda_p = 50$,$\lambda_0 = 0$,中柔度杆的临界应力公式为 $\sigma_{cr} = 382$ MPa $-(2.18$ MPa$)\lambda$,试计算它们的临界荷载,并进行比较。

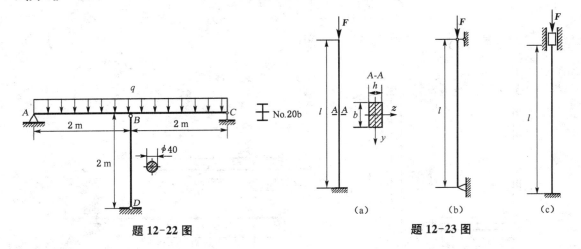

题 12-22 图　　　　　　题 12-23 图

12-24 如题 12-24 图所示压杆,横截面为 $b \times h$ 的矩形,试从稳定性方面考虑,h/b 为何值最佳。当压杆在 x-z 平面内失稳时,可取长度因数 $\mu_y = 0.7$。

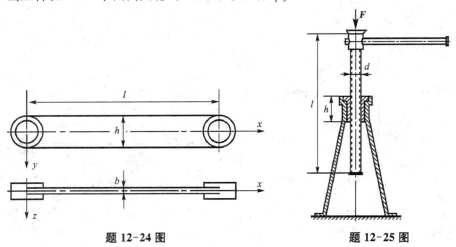

题 12-24 图　　　　　　题 12-25 图

12-25 试检查如题 12-25 图所示千斤顶丝杠的稳定性。若千斤顶的最大起重量 $F = 120$ kN,丝杠内径 $d = 52$ mm,丝杠总长 $l = 600$ mm,衬套高度 $h = 100$ mm,稳定安全因数 $n_{st} = 4$,丝杠用 Q235 钢制成,中柔度杆的临界应力公式为 $\sigma_{cr} = 235$ MPa $-(0.006\,69$ MPa$)\lambda^2$ ($\lambda <$

123)。

12-26 如题 12-26 图所示结构 $ABCD$ 由三根直径均为 d 的圆截面钢杆组成,在 B 点铰支,而在 A 点和 C 点固定,D 为铰接点,$l/d = 10\pi$。若结构由于杆件在平面 $ABCD$ 内弹性失稳而丧失承载能力,试确定作用于结点 D 处荷载 F 的临界值。

12-27 如题 12-27 图所示桁架 ABC,由两根材料相同的圆截面杆组成,并在节点 B 承受荷载 F 作用,其方位角 θ 可在 $0°$ 与 $90°$ 间变化(即 $0° \leqslant \theta \leqslant 90°$)。试求荷载 F 的许用值。已知杆 AB 与杆 BC 的直径分别为 $d_1 = 20$ mm 与 $d_2 = 30$ mm,支座 A 和支座 C 间的距离 $a = 2$ m,材料的屈服应力 $\sigma_s = 240$ MPa,比例极限 $\sigma_p = 196$ MPa,弹性模量 $E = 200$ GPa,按屈服应力规定的安全因数 $n_s = 2.0$,稳定安全因数 $n_{st} = 2.5$。

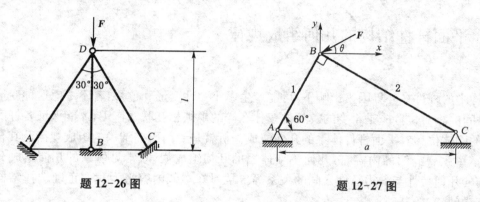

题 12-26 图　　　　题 12-27 图

12-28 横截面如题 12-28 图所示之立柱,由四根 80 mm$\times 80$ mm$\times 6$ mm 的角钢所组成,柱长 $l = 6$ m。立柱两端为铰支,承受轴向压力 $F = 450$ kN 作用。立柱用 Q235 钢制成,许用压应力 $[\sigma] = 160$ MPa,试确定横截面的边宽 a。

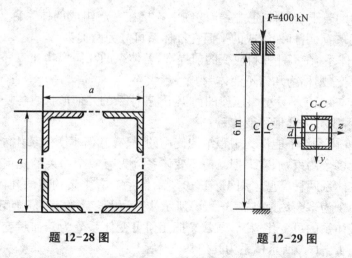

题 12-28 图　　　　题 12-29 图

12-29 如题 12-29 图所示立柱,由两根槽钢焊接而成,在其中点横截面 C 处开有一直径为 $d = 60$ mm 的圆孔,立柱用低碳钢 Q275 制成,许用压应力 $[\sigma] = 180$ MPa,轴向压力 $F = 400$ kN。试选择槽钢型号。

13 平面静定结构

13.1 平面杆件结构的几何组成规律

结构中的杆件在外界因素影响下,可能产生微小弹性变形和位移,若不考虑这种变形和位移,杆件间的相对位置应是不变的。杆件按什么样的规则相互联系作用,才能保证各杆间不产生相对的刚体位移? 平面杆件体系的几何组成分析就是专门研究结构的组成规律及其合理形式的。本章主要介绍的内容有:几何不变体系的几何组成规律、常见体系的几何组成分析方法、结构的几何特性与静力特性之间的关系等。学习好本节内容将为我们正确选择结构计算方法奠定好坚实的基础。

13.1.1 平面杆件体系的分类情况

在同一平面内的若干个杆件通过一定的约束连接在一起组成的体系称为**平面杆件体系**。从几何组成的角度来看,由杆件组成的平面杆件体系可分为两类:

(1) 几何不变体系:在不计材料应变的前提下,若体系的几何形状和各杆件相对位置在荷载作用下能保持不变,则称为**几何不变体系**。

(2) 几何可变体系:在不计材料应变的前提下,若体系的几何形状或各杆件相对位置在荷载作用下可以改变,则称为**几何可变体系**。

显然,几何可变体系是不能作为工程结构使用的,只有几何不变体系才能作为结构使用。

根据体系有无多余约束,通常又把几何不变体系分为有多余约束的几何不变体系和无多余约束的几何不变体系两种类型。图 13-1(a)所示体系为有多余约束的几何不变体系,图中的五个链杆中有一个为多余约束;图 13-1(b)所示体系为无多余约束的几何不变体系。

根据几何可变体系的可变化情况,通常又把几何可变体系分为几何瞬变体系和几何常变体系两种类型。图 13-1(c)所示体系为几何常变体系。

站在几何角度对平面杆件体系的组成情况进行分析的过程称为**几何组成分析**,几何组成分析的目的主要有三个:

(1) 通过几何组成分析,判定结构能否作为工程结构使用。

(2) 通过几何组成分析,判定结构是静定结构还是超静定结构,以选择结构的计算方法。

(3) 研究结构的组成规律和合理形式,便于设计出合理的结构。

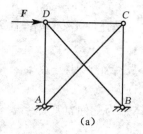 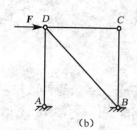 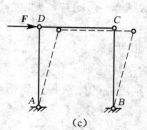

图 13-1

13.1.2 几何不变体系的几何组成规律

1) 几个名词

(1) **刚片** 在力的作用下不发生变形的物体称为**刚体**，平面内的刚体称为**刚片**。在进行几何组成分析时，梁、柱、链杆、地基基础或已经判明是几何不变的部分均可视为刚片。另外，刚片的形状对组成分析无关紧要，因此形状复杂的刚片均可用形状简单的刚片或杆件来代替。

(2) **自由度** 确定体系位置所必需的独立坐标的个数称为**自由度**。在平面内确定一个点的位置必须给出两个坐标，因而，一点在平面内有两个自由度；一个刚片在平面内既可以沿水平方向移动，也可以沿竖直方向移动，还可以转动，所以，确定一个刚片的位置所必需的独立坐标有三个，即一个刚片在平面内有三个自由度。

(3) **约束** 在刚片之间加入某些装置后刚片的自由度减少，减少自由度的装置称为**约束**或**联系**。使体系减少一个自由度的装置称为一个约束，使体系减少 n 个自由度的装置称为 n 个约束。工程中常见的约束与自由度的对应关系如下：

① 链杆 一个链杆可使刚片减少一个自由度，相当于一个约束。

② 铰 连接两个物体的铰可使刚片减少两个自由度，相当于两个约束。

③ 可动铰支座 一个可动铰支座相当于一个约束。

④ 固定铰支座 一个固定铰支座相当于两个约束。

⑤ 固定端支座和刚性连接 一个固定端支座或一个刚性连接相当于三个约束。

(4) **多余约束** 如果在一个体系中增加一个约束，而体系的自由度并不因此而减少，则此约束称为**多余约束**。在如图 13-1(a) 所示体系中，可以认为链杆 BD 为一个多余约束。

(5) **二元体** 两根不共线的链杆在一端铰接在一起组成的体系称为**二元体**。

(6) **铰接三角形** 三个直杆用三个铰两两相连组成的体系称为**铰接三角形**，它是最简单、最常见、最基本的几何不变体系。此规律称为**铰接三角形规律**。

2) 几何不变体系的几何组成规律

在平面杆件体系的几何组成分析中，最基本的规律就是铰接三角形规律，依据铰接三角形规律可以得出几何不变体系的三个简单组成规则：

规则 1 二元体规则

一个点与一个刚片用两根不共线的链杆相连，则组成的体系是几何不变体系，且无多余约束，如图 13-2(a) 所示。

规则 2　两刚片规则

两刚片用一个铰和一根不通过此铰的链杆相连,则组成的体系是几何不变体系,且无多余约束,如图 13-2(b)所示。

两刚片规则还有第二种表述:两个刚片用既不完全平行也不完全汇交于一点的三根链杆相连,则组成的体系是几何不变体系,且无多余约束,如图 13-2(d)所示。

图 13-2(e)、(f)所示体系为几何瞬变体系,图 13-2(g)所示体系为几何常变体系。

规则 3　三刚片规则

三刚片间用不在同一直线上的三个铰两两相连,则组成的体系是几何不变体系,且无多余约束,如图 13-2(c)所示。

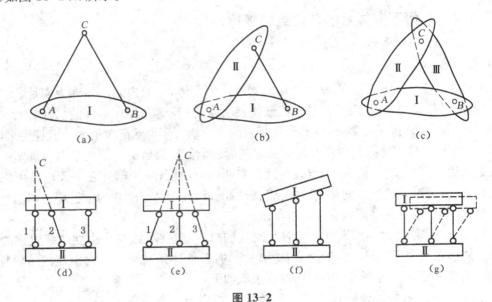

图 13-2

可以根据上述简单规则来判别体系的几何不变性,规则本身是简单浅显的,但规则的运用则变化无穷。结构的几何组成分析的过程通常有两种:

(1) 从地基基础出发进行分析——先将地基基础看作为一个刚片,把与地基基础相邻的某些杆件按照几何组成规则装配到地基基础上,形成一个基本刚片。然后由近及远、由小到大逐个地按照几何组成规则将若干杆件装配到这个基本刚片上,直至形成整个体系。

【**例 13-1**】　试对如图 13-3(a)所示体系进行几何组成分析。

【**解**】　将基础看作刚片Ⅰ,AB 梁段看作刚片Ⅱ,Ⅰ、Ⅱ两个刚片通过铰 A 和不过此铰的链杆 1 相连,由两刚片规则可知,组成几何不变体系且无多余约束。然后将 AB 梁段和基础看作扩大刚片,用同样的格式依次固定 BC 和 CD,因此整个体系为无多余约束的几何不变体系。

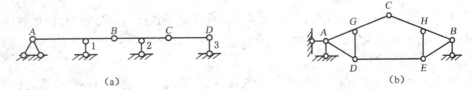

图 13-3

(2) 从内部出发进行装配——先在体系内部选取一个或几个刚片作为基本刚片,将其周围的杆件按照几何不变体系的组成规则装配到基本刚片上,形成一个扩大的基本刚片。同样,由近及远、由小到大逐个地按照几何不变体系的组成规则将若干杆件装配到这个扩大的基本刚片上。最后,将扩大的刚片再与地基装配起来,从而形成整个体系。

【例 13-2】 试对如图 13-3(b)所示体系进行几何组成分析。

【解】 左边三个刚片 AC、AD 和 DG 由不共线的三个铰 A、D、G 两两相连,组成无多余约束的大刚片,称为刚片 Ⅰ;同理,右边三个刚片 BC、BE 和 EH 组成大刚片 Ⅱ;大刚片 Ⅰ 和 Ⅱ 之间由铰 C 和不过此铰的链杆 DE 相连,组成无多余约束的更大的刚片。最后,用不共点的三根链杆与基础相连。因此,整个体系为无多余约束的几何不变体系。

13.1.3 结构的静力学特征与几何组成的关系

结构可分为静定结构和超静定结构两种。结构静定性的判定有两种基本方法:①通过平衡条件来判定,凡只需要利用静力平衡条件就能计算出结构的全部反力和内力的结构称为静定结构,反之称为超静定结构;②通过几何组成分析,无多余约束的几何不变体系称为静定结构,反之,有多余约束的几何不变体系称为超静定结构,多余约束的个数就是超静定结构的超静定次数,求解时必须通过其他补充方程进行求解。

13.2 多跨静定梁

前面我们学习的悬臂梁、简支梁和外伸梁是静定梁中最简单的梁,本节将在学习了单跨静定梁的基础上介绍多跨静定梁的组成和传力特点,以及多跨静定梁的层次图和内力图的绘制,为今后学习超静定梁的内力分析与计算打下基础。

13.2.1 多跨静定梁的组成特点

多跨静定梁是指若干根杆件用单铰连接在一起,并用若干支座与地基基础相连而组成的静定结构。从几何组成上看,多跨静定梁的各个杆可区分为基本部分和附属部分两类,凡在荷载作用下能独立维持平衡的部分称为基本部分,凡必须依靠其他部分的支承才能维持平衡的部分称为附属部分,附属部分还可以根据与基本部分的依存关系分为一级附属、二级附属部分等。显示梁各部分之间的依存关系和力的传递顺序的计算简图,称为**梁的层次图**,图 13-4(b)为图 13-4(a)所对应的多跨静定梁的层次图。

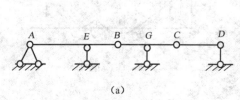
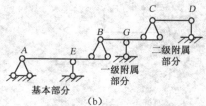

图 13-4

多跨静定梁是使用短梁实现大跨度的一种较合理的结构形式,在教学楼、医院、休闲娱乐场所和公路桥等需要大开间的结构中经常使用。

13.2.2 多跨静定梁的内力分析

从几何构造来看,多跨静定梁的组成次序是先固定基本部分,后固定附属部分,基本部分的荷载作用不影响附属部分,而附属部分的荷载作用则会通过约束传至基本部分。因此,多跨静定梁的计算顺序是:先计算附属部分,后计算基本部分。将附属部分的约束反力求出后,反向加到基本部分上,当成基本部分的荷载,再对基本部分进行计算。这样,便把多跨静定梁拆分成若干个单跨静定梁,各个解决,从而可避免解算联立方程。将组成多跨静定梁的各单跨静定梁的内力图连在一起,就得到多跨静定梁的内力图。

【例 13-3】 试绘制如图 13-5(a)所示多跨静定梁的内力图。

【解】 (1) 绘制层次图 根据多跨静定梁的几何组成情况可绘制出其层次图如图 13-5(b)所示。

(2) 计算各单跨静定梁的支座反力 计算时,根据层次图,将多跨静定梁拆成 AB、BD、DE 三个单跨静定梁进行计算。画出各个单跨静定梁的受力图如图 13-5(c)所示。按先计算最高级附属部分,后计算下一级附属部分,最后计算基本部分的顺序。

首先计算 DE 梁,由于该梁段上无荷载,可知 $F_{Dy} = 0, F_{Ey} = 0$。

计算 BD 梁在均布荷载作用下支座反力,可得 $F_{By} = 1.5 \text{ kN}, F_{Cy} = 4.5 \text{ kN}(\uparrow)$。

最后将 F_{By} 反方向作用于 AB 梁上,可计算得 $F_{Ay} = 1.5 \text{ kN}(\uparrow), m_A = 4.5 \text{ kN} \cdot \text{m}(逆)$。

(3) 绘制剪力图和弯矩图 分段绘制各单跨静定梁的剪力图和弯矩图,连在一起,即为多跨静定梁的剪力图和弯矩图,如图 13-5(d)、(e)所示。

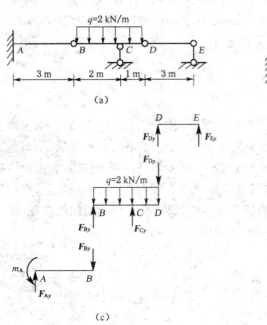

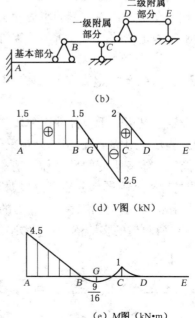

图 13-5

通过此例题可以清楚地看到多跨静定梁的受力特点:作用于基本部分上的荷载对附属部分没有任何影响,即作用于基本部分上的荷载只能使基本部分产生反力和内力;而作用于附属部分上的荷载则必然传递到基本部分,即作用于附属部分上的荷载不仅使其自身产生反力和内力,而且也将使它下层的对其起支承作用的各附属部分和基本部分产生反力和内力。

13.3 平面静定刚架

本节将介绍平面静定刚架的组成和受力特点,以及平面静定刚架的内力计算和内力图的绘制,为今后学习平面超静定刚架打下坚实的基础。

13.3.1 平面静定刚架的组成特点

由若干个直杆组成的具有刚结点的结构称为**刚架**。刚架的特点是,从变形角度来看,在刚结点处各杆不能发生相对转动,因而各杆间的夹角始终保持不变;从受力角度来看,刚结点可以承受轴力、剪力和弯矩,弯矩是主要内力;从使用角度来看,刚架由于具有刚结点,因而不用斜杆也可保持其几何不变性,使结构内部空间增大,便于利用。

刚架的分类方式很多,主要有按计算方法把刚架分为静定刚架和超静定刚架;按组成刚架的各杆轴线及所受荷载是否共面把刚架分为平面刚架和空间刚架;按层数把刚架分为单层刚架和多层刚架;按跨数把刚架分为单跨刚架和多跨刚架。本节只研究平面静定刚架。

凡由静力平衡条件可确定全部反力和内力,且组成刚架的杆件的轴线和刚架所受荷载都在同一平面内的刚架,称为**平面静定刚架**。平面静定刚架常见的形式有悬臂刚架(图 13-6(a))、简支刚架(图 13-6(b))和三铰刚架(图 13-6(c))。

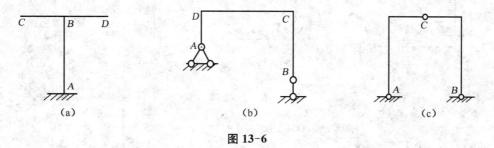

图 13-6

因为刚架具有弯矩分布比较均匀、内部空间大、制作方便等优点,所以在工程中得到了广泛应用。其中悬臂刚架常用于火车站站台、汽车站站台、雨棚等;简支刚架常用于起重机的钢支架及渡槽的横向计算简图等。

13.3.2 平面静定刚架的内力分析

刚架中的杆件多为梁式杆,各杆横截面上一般同时存在轴力、剪力和弯矩三种内力。

1) 计算平面静定刚架的四个步骤

(1) 利用刚架整体和部分构件的平衡条件,计算出刚架的约束反力。

(2) 将刚架中的每根杆件看作是梁,计算杆件各控制截面的内力。

(3) 依据已计算出的控制截面内力,按照绘制梁内力图的方法,绘制刚架中每根杆件的内力图,连在一起便是整个刚架的内力图。

(4) 内力图校核,若整个刚架平衡,则任取一个隔离体其上的外力和内力应满足平衡条件。一般情况下,取刚结点为隔离体,由静力平衡方程进行校核。

2) 绘制刚架内力图时的注意事项

(1) 轴力 N 以拉力为正,压力为负。轴力图可绘制在杆件任意一侧,需注明正、负号。因外侧绘图空间大,不会产生图形重叠,习惯上将图绘制在杆件外侧。

(2) 剪力 V 以使所在杆段产生顺时针转动效果为正,反之为负。与轴力图一样,剪力图可绘制在杆件任意一边,需注明正、负号。

(3) 弯矩 M 没有作正负号规定,画受力图时可任意假设,根据计算结果的正负号以及假设的转向判断出杆件的受拉侧,并且必须把弯矩图画在杆件的受拉侧。

(4) 为了避免内力的表示符号出现混淆,采用双字母脚标来表示内力,第一个脚标表示内力所处截面的位置,第二个脚标是该截面所在杆的另一端。例如 M_{AB} 表示 AB 杆 A 端截面的弯矩,M_{BA} 表示 AB 杆 B 端截面的弯矩。

【例 13-4】 绘制如图 13-7(a)所示悬臂刚架的内力图。

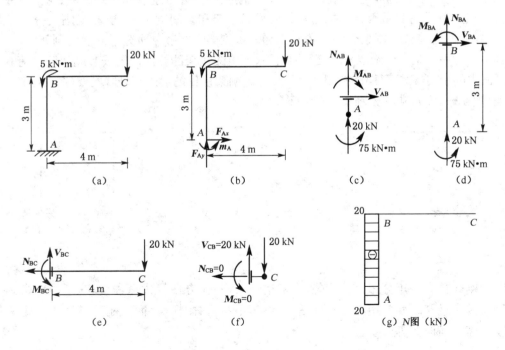

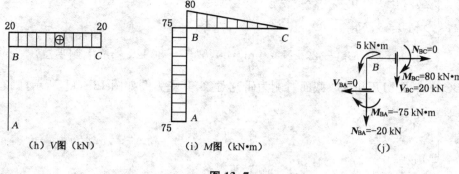

图 13-7

【解】(1) 求支座反力 画出整个刚架的受力图如图 13-7(b)所示,则有

$$\begin{cases} \sum X = 0, F_{Ax} = 0 \\ \sum Y = 0, F_{Ay} - 20 \text{ kN} = 0, F_{Ay} = 20 \text{ kN}(\uparrow) \\ \sum M_A = 0, m_A + 5 \text{ kN} \cdot \text{m} - 20 \text{ kN} \times 4 \text{ m} = 0, m_A = 75 \text{ kN} \cdot \text{m}(逆) \end{cases}$$

计算支座反力是绘制整个刚架内力图的基础,因此应该在此校核支座反力计算是否有误,然后再往下进行相关计算。对于平面一般力系可利用没有使用过的第四个平衡方程来校核。现以 C 点为矩心进行校核:

$$\sum M_C(F) = m_A + 5 \text{ kN} \cdot \text{m} - F_{Ay} \cdot 4 \text{ m} = 75 \text{ kN} \cdot \text{m} + 5 \text{ kN} \cdot \text{m} - 20 \text{ kN} \times 4 \text{ m} = 0$$

说明支座反力计算无误。

(2) 计算杆件控制截面的内力 用截面法逐杆分段计算各控制截面内力。当有结点荷载时,分段应从结点相邻的截面截开,现用截面法在 B 点以右和 B 点以下截开,将刚架分为 AB、BC 两段,A、B、C 三处有四个控制面。

AB 段:
在 AB 杆 A 处切开并选取截面下侧为研究对象,其受力图如图 13-7(c)所示,则有

A 端:$\begin{cases} V_{AB} = 0 \\ N_{AB} = -20 \text{ kN}(压) \\ M_{AB} = -75 \text{ kN} \cdot \text{m}(左侧受拉) \end{cases}$

在 AB 杆 B 处切开并选取截面下侧为研究对象,其受力图如图 13-7(d)所示,则有

B 端:$\begin{cases} \sum X = 0, V_{BA} = 0 \\ \sum Y = 0, N_{BA} + 20 \text{ kN} = 0, N_{BA} = -20 \text{ kN}(压) \\ \sum M_B = 0, M_{BA} + 75 \text{ kN} \cdot \text{m} = 0, M_{BA} = -75 \text{ kN} \cdot \text{m}(左侧受拉) \end{cases}$

BC 段:
在 BC 杆 B 处切开并选取截面右侧为研究对象,其受力图如图 13-7(e)所示,则有

B 端：$\begin{cases} \sum X = 0, V_{BC} - 20 \text{ kN} = 0, V_{BC} = 20 \text{ kN} \\ \sum Y = 0, N_{BC} = 0 \\ \sum M_B = 0, M_{BC} - 20 \text{ kN} \times 4 \text{ m} = 0, M_{BC} = 80 \text{ kN} \cdot \text{m}(\text{上侧受拉}) \end{cases}$

在 BC 杆 C 处切开并选取截面右侧为研究对象，其受力图如图 13-7(f)所示，则有

C 端：$\begin{cases} V_{CB} = 20 \text{ kN} \\ N_{CB} = 0 \\ M_{CB} = 0 \end{cases}$

（3）绘制内力图 将刚架中的每根杆件看作是梁，依据已求出的控制截面内力，按照绘制梁内力图的方法绘制刚架中每根杆件的内力图，连在一起便是整个刚架的内力图。N 图、V 图和 M 图分别如图 13-7(g)、(h)、(i)所示。

（4）内力图校核 现截取刚结点 B 进行校核，其受力图如图 13-7(j)所示，则有

$\begin{cases} \sum X = N_{BC} - V_{BA} = 0 \\ \sum Y = -N_{BA} - V_{BC} = 20 \text{ kN} - 20 \text{ kN} = 0 \\ \sum M_B(F) = 5 - M_{BC} - M_{BA} = 5 \text{ kN} \cdot \text{m} - 80 \text{ kN} \cdot \text{m} + 75 \text{ kN} \cdot \text{m} = 0 \end{cases}$

经验算可知 B 结点内力满足静力平衡方程，说明刚架的内力计算结果是正确的。

静定平面刚架的内力分析，不仅是其强度计算的依据，而且也是位移计算和超静定刚架计算的基础，特别是弯矩图的绘制，今后将经常用到。绘制静定平面刚架的弯矩图是结构力学中最重要的基本功之一，希望各位读者一定要强化训练，熟练掌握。

13.4 平面静定桁架

本节将介绍平面静定桁架的概念、理想平面静定桁架的组成和受力特点、零杆的判定以及用结点法和截面法计算桁架的内力，重点是平面静定桁架的内力计算。

13.4.1 平面静定桁架的组成特点

杆件两端由铰连接而成的结构称为**桁架**。组成桁架各杆的轴线和荷载的作用线在同一平面内的静定桁架称为**平面静定桁架**。杆件依其所在位置不同可分为弦杆和腹杆，弦杆又分为上弦杆和下弦杆，腹杆又分为竖杆和斜杆；弦杆上相邻两结点的区间称节间，其间距称为节间长度，以字母 d 表示；桁架最高点到两支座连线的距离称桁高；两支座之间的距离称跨度，如图 13-8 所示。

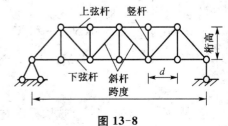

图 13-8

实际的桁架结构形式、各杆之间的连接和所用的材料是多种多样的,所受荷载的情况也非常复杂,在分析桁架时必须抓住主要矛盾,对实际桁架进行必要的简化。在结点荷载作用下,桁架的内力主要是轴力,而弯矩和剪力数值很小,可以忽略不计。因此,为了简化桁架杆件的内力计算,除了认为各杆件都是刚体外,通常还作以下基本假定:①各杆两端用绝对光滑的圆柱铰相连;②构成桁架的杆件都是直杆,所有杆件的轴线在同一平面内,且通过铰的中心;③荷载和支座反力都作用在结点上,杆件的自重忽略不计,或将杆件的自重平均分配在杆件两端的结点上。

符合上述诸假定的桁架称为**理想桁架**,在本课程中涉及的桁架都是理想桁架。

根据上述假设,桁架中各杆均为二力杆,各杆横截面上只有轴力,仍然规定拉力为正,压力为负。

桁架按外形可分为平行弦桁架、梯形桁架、三角形桁架、抛物线形桁架和折线形桁架等。

桁架按几何组成方式可分为简单桁架、联合桁架和复杂桁架。

与梁和刚架相比较,桁架截面上的应力分布更均匀,材料的利用更充分,它是大跨度结构常用的一种型式,常用于结构屋架,南京长江大桥的主体结构就是桁架结构。

13.4.2　平面静定桁架的内力分析

平面静定桁架的内力计算方法主要有结点法和截面法两种。

1) 结点法

取桁架中的一个结点为研究对象,利用平面汇交力系的平衡条件计算桁架杆件内力的方法称为**结点法**。由于桁架各杆只受轴力,作用于结点的各力组成了一个平面汇交力系,可以建立两个平衡方程,求解出两个未知量。因此,使用结点法要注意结点的选取顺序,应该尽量从不多于两个未知力的结点开始入手,且在计算过程中,每次选取的结点其未知力尽量不要超过两个。

结点法计算内力的步骤:

(1) 先由整体平衡方程求出支座反力。

(2) 从未知力个数不超过两个的结点开始,依次计算各杆内力,并将计算结果写在桁架结构的杆件旁,带上正负号,正值表示该杆轴力为拉力,负值表示该杆轴力为压力。把轴力标示在杆件旁,这样就把桁架结构中杆件的受力情况清楚地表达出来了。

(3) 取未参与计算的结点(或者某个方向未参与计算的结点)为隔离体,列平衡方程校核计算是否有误。

注意:在计算桁架结构内力时,应该遵循预设为正的原则,即未知轴力均按照拉力假设。这样,若计算结果为正值,则说明轴力为拉力,反之为负,则说明轴力为压力。

2) 零杆的判断

在计算桁架杆件内力时,若遇到如下几种特殊情况,可使计算简化。具体情况如下:

(1) 零杆　桁架结构中,内力为零的杆件称为**零杆**。不共线的两杆相交于一个结点,若无外荷载作用时,此两杆均为零杆,如图13-9(a)所示;不共线的两杆相交于一个结点,若外荷载和其中一杆共线时,则不共线的杆件为零杆,如图13-9(b)所示;三杆相交于一个结点,若其中两杆共线,且无外荷载作用时,则不共线的杆件为零杆,如图13-9(c)所示。

(2) K形结点 四杆相交于一个结点,其中两杆共线,另外两杆在此直线同侧且与直线的夹角相等,若结点上无荷载作用时,则非共线的两杆内力值相等,正负号相反,如图13-9(d)所示。

(3) X形结点 四杆相交于一个结点,各杆两两共线,若结点上无荷载作用时,则共线的两杆内力值相等,正负号相同,如图13-9(e)所示。

以上几条结论可通过研究汇交力系力平衡进行验证。

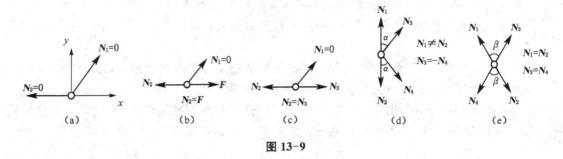

图 13-9

【例 13-5】 试用结点法计算如图 13-10(a)所示桁架各杆的内力。

【解】(1)计算支座反力 取整个桁架为研究对象,其受力图如图 13-10(b)所示,因为仅受竖直荷载且结构和荷载均对称,故 $F_{Ax}=0$,$F_{Ay}=F_{Dy}=10\ \text{kN}(\uparrow)$。

(2)为简化计算,可首先判别各特殊杆内力如下:

由于 G 为 K 形结点,故 $N_{GB}=-N_{GC}$;又因结构对称,故 $N_{GB}=N_{GC}$,可知 $N_{GB}=N_{GC}=0$。

由于 B、C 均为 K 形结点,故 $N_{BH}=-N_{BG}=0$,$N_{CG}=-N_{CE}=0$,且可推知,$N_{BA}=N_{BC}=N_{CD}$,$N_{GH}=N_{GE}$。

由对称性可知,$N_{AH}=N_{DE}$。因此只需研究结点 A 和结点 H,便可求得各杆内力。

取结点 A 为研究对象,其受力图如图 13-10(c)所示,其中 $\sin\alpha=\dfrac{4}{5}$,$\cos\alpha=\dfrac{3}{5}$,则有

$$\begin{cases}\sum Y=0, N_{AH}\times\sin\alpha+10\ \text{kN}=0, N_{AH}=-12.5\ \text{kN}(压)\\ \sum X=0, N_{AH}\times\cos\alpha+N_{AB}=0, N_{AB}=7.5\ \text{kN}(拉)\end{cases}$$

取结点 H 为隔离体,受力图如图 13-10(d)所示,则有

$$\sum X=0, N_{HG}+12.5\times\cos\alpha=0, N_{HG}=-7.5\ \text{kN}(压)$$

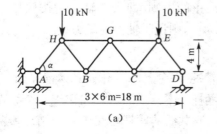

(a)

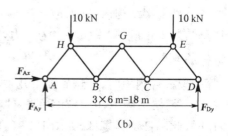

(b)

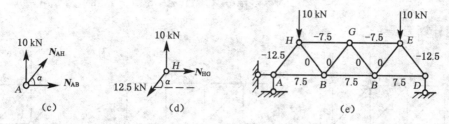

图 13-10

(3) 将计算结果写于图 13-10(e)所示桁架上。

(4) 校核(若感觉计算无误,该步骤可以省略)。

校核 H 结点的竖向平衡问题:$\sum Y = 10 - 12.5 \times \sin\alpha = 0$,说明计算无误。

3) 截面法

用一个截面截取桁架中包含两个或者两个以上结点的部分作为隔离体,计算所截杆件内力的方法,称为截面法。由于作用于隔离体的各力组成了一个平面一般力系,可以建立三个独立的平衡方程,最多可以求出三个未知力,因此,注意选择合适的截面,使其截断的杆件数目最好不要超过三个。

截面法计算内力的步骤:

(1) 先由整体平衡方程求出支座反力。

(2) 用一个假想的截面截断若干根杆件将桁架分为两部分,取其中任意一部分(至少包含两个结点在内)作为隔离体,建立平衡方程求出所截杆件的内力。

(3) 取未参与计算的平衡方程校核计算是否有误。

【例 13-6】 试计算如图 13-11(a)所示桁架中 a、b、c 三杆的内力。

【解】 (1) 计算支座反力 取整个桁架为研究对象,画出其受力图如图 13-11(b)所示。

$$\begin{cases} \sum M_D = 0, -F_{Lx} \times 3\text{ m} + 20\text{ kN} \times 3\text{ m} = 0, F_{Lx} = 20\text{ kN}(\rightarrow) \\ \sum X = 0, F_{Lx} + F_{Ax} = 0, F_{Ax} = -20\text{ kN}(\leftarrow) \\ \sum M_A = 0, -F_{Lx} \times 3\text{ m} - 20\text{ kN} \times 6\text{ m} - 20\text{ kN} \times 9\text{ m} + F_{Dy} \times 9\text{ m} = 0, F_{Dy} = 40\text{ kN}(\uparrow) \end{cases}$$

(2) 计算各指定杆内力 作截面 1—1 切断 a、b、c 三杆,取截面 1—1 以右部分为隔离体,绘制受力图如图 13-11(c)所示,则有

$$\begin{cases} \sum M_C = 0, N_a \times 3\text{ m} - 20\text{ kN} \times 3\text{ m} + 40\text{ kN} \times 3\text{ m} = 0, N_a = -20\text{ kN}(压) \\ \sum Y = 0, N_b \times \sin\alpha + F_{Dy} - 20\text{ kN} - 20\text{ kN} = 0, N_b = 0 \\ \sum X = 0, N_c - 20\text{ kN} = 0, N_c = 20\text{ kN}(拉) \end{cases}$$

(3) 校核(若感觉计算无误,此步可以省略) 利用图 13-11(c)中未曾用过的力矩方程进行校核

$$\sum M_D = N_a \times 3\text{ m} - N_b \times \sin\alpha \times 3\text{ m} + 20\text{ kN} \times 3\text{ m}$$

$$= -20\text{ kN} \times 3\text{ m} - 0 \times \sin\alpha \times 3\text{ m} + 20\text{ kN} \times 3\text{ m} = 0$$

说明计算无误。

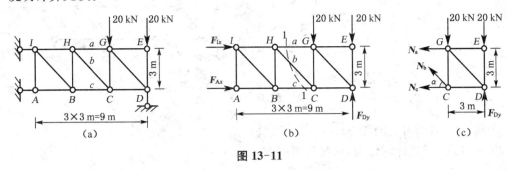

图 13-11

13.5 三铰拱

本节将介绍三铰拱的组成和受力特点,以及三铰拱的反力和指定截面的内力计算。

13.5.1 三铰拱的受力特点

杆轴为曲线且在竖向荷载作用下产生水平反力的结构称为拱式结构。拱的常用形式有无铰拱、两铰拱和三铰拱等,其中三铰拱多用于房屋屋面等承重结构,本节将主要介绍该结构。两个曲杆与基础之间通过不共线的三个铰两两相连组成的拱结构称为三铰拱。图 13-12 所示为三铰拱的两种形式,分别为无拉杆的三铰拱(图 13-12(a))和有拉杆的三铰拱(图 13-12(b))。常见的三铰拱多是对称结构。

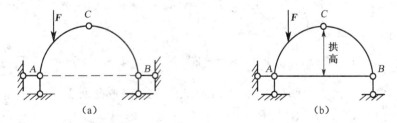

图 13-12

拱的基本特点是在竖向荷载作用下产生水平推力。对于无拉杆的三铰拱,推力由支座的水平反力来平衡;对于有拉杆的三铰拱,推力由拉杆的拉力来平衡。推力对拱的内力有重要影响。拱的轴线常采用抛物线和圆弧线。拱高 f 与跨度 l 之比称为高跨比。高跨比是拱的基本参数,在工程实际中,高跨比一般为 1/10 到 1,变化范围很大。

随着构件生产工业化程度的不断提高,装配式结构应用日趋广泛,在某些装配式钢筋混凝土结构和钢结构中常采用三铰拱的形式。

13.5.2 三铰拱的内力计算概述

本节简单介绍三铰拱在竖向荷载作用下的支座反力和某指定截面的内力计算方法,并将拱与梁加以比较,来说明拱的受力特性。

计算如图 13-13(a)所示三铰拱的支座反力和 K 截面的内力,为了便于比较,同时计算出与三铰拱跨度和荷载均相同的简支梁(图 13-13(d))的支座反力和 K 截面的内力。

1) 支座反力计算

(1) 三铰拱　通过拱的整体平衡和拱的局部平衡相结合,可求解四个支座反力。

考虑拱整体平衡如图 13-13(b)所示。

由 $\sum M_A = 0$ 和 $\sum M_B = 0$,可求出拱的竖向支座反力

$$\begin{cases} F_{Ay} = (F_1 b_1 + F_2 b_2)/l (\uparrow) \\ F_{By} = (F_1 a_1 + F_2 a_2)/l (\uparrow) \end{cases} \tag{13-1}$$

令 $F_{Ax} = F_H (\rightarrow)$,则由 $\sum X = 0$ 可得

$$F_{Bx} = F_H (\leftarrow) \tag{13-2}$$

式中:F_H——拱的水平推力。

考虑拱局部平衡:取 C 点以左的部分为隔离体如图 13-13(c)所示,由 $\sum M_C = 0$,可求出拱的水平支座反力为

$$F_{Ax} = F_H = [F_{Ay} l_1 - F_1(l_1 - a_1)]/f \tag{13-3}$$

(2) 梁　仅通过梁的整体平衡如图 13-13(e)所示,可求解竖向支座反力

$$\begin{cases} F_{Ay}^0 = (F_1 b_1 + F_2 b_2)/l (\uparrow) \\ F_{By}^0 = (F_1 a_1 + F_2 a_2)/l (\uparrow) \end{cases} \tag{13-4}$$

由截面法可求简支梁相应截面 C 的弯矩,如图 13-13(f)所示:

$$M_C^0 = F_{Ay}^0 l_1 - F_1(l_1 - a_1) \tag{13-5}$$

由式(13-1)和式(13-4)可知: $\begin{cases} F_{Ay} = F_{Ay}^0 \\ F_{By} = F_{By}^0 \end{cases}$,即拱的竖向支座反力和梁的竖向支座反力相同。

联立式(13-2)、式(13-3)和式(13-5)可得

$$F_{Ax} = F_{Bx} = M_C^0 / f$$

即推力与拱轴的曲线形式无关,而与拱高成反比,拱愈低推力愈大。

2) 任意截面(K 截面)的内力计算

取三铰拱的 K 截面以左部分为研究对象,画出其受力图如图 13-13(g)所示,对截面 K 的形心列力矩平衡方程可求出 K 截面的弯矩为

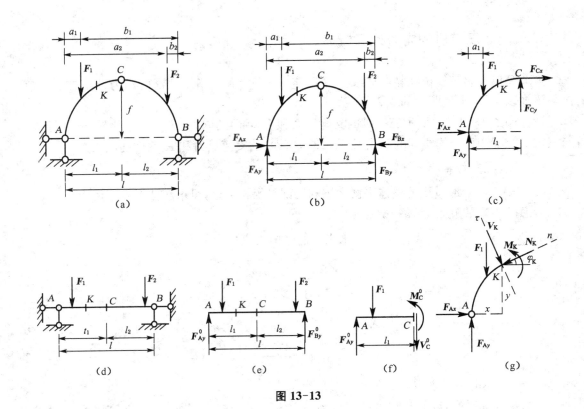

图 13-13

$$M_K = F_{Ay}x - F_1(x - a_1) - F_H y = M_K^0 - F_H y \tag{13-6}$$

式中：x——截面 K 的形心到 A 支座的水平距离；

y——截面 K 的形心到 AB 直线的垂直距离；

M_K^0——与拱同跨同荷载的简支梁 K 截面弯矩；

M_K——拱上 K 截面的弯矩，以使拱的内侧产生拉应力为正。

沿其轴向坐标 n 和切向坐标 t 列投影平衡方程，求得 K 截面的轴力和剪力分别为

$$\begin{cases} N_K = V_K^0 \sin\varphi_K + F_H \cos\varphi_K \\ V_K = V_K^0 \cos\varphi_K - F_H \sin\varphi_K \end{cases} \tag{13-7}$$

式中：N_K——轴力；

V_K——剪力；

φ_K——截面 K 处轴线的切线与水平线所成的锐角。

由式(13-7)可知，三铰拱的内力值不仅与荷载及三个铰的位置有关，而且与各铰间拱轴线的形状有关。需要指出的是，因拱的轴力通常为压力，所以拱的轴力正负号规定为受压为正、受拉为负；剪力仍以使截面一边的隔离体有顺时针旋转趋势者为正；式中 φ_K 的正负号在图示坐标中左半拱取正，右半拱取负，如图 13-13(g)所示。

3) 内力图的绘制

将拱沿水平(跨度)方向分成 n 段，各段分界点所对应的拱截面作为控制截面，分别计算出各控制截面的内力值，描点连线便得到其内力图。其中，n 的选取根据荷载情况而定，通常荷

载作用处和两荷载所夹拱段的中点处都作为控制截面。

综合以上分析,可知拱的受力特点为:

(1) 在竖向荷载作用下,梁无水平推力,而拱有水平推力。

(2) 由于推力的存在,在三铰拱截面上的弯矩比简支梁的弯矩小。弯矩的降低,使拱能够更充分地发挥材料的作用。

(3) 在竖向荷载作用下,梁的截面内没有轴力,而拱的截面内轴力较大,且一般为压力。

总的来看,拱比梁能更有效地发挥材料的作用,因此适用于较大的跨度和较重的荷载。由于拱主要是受压,便于利用抗压性能好而抗拉性能差的材料,如砖、石和混凝土等。但是,三铰拱由于受到向内的推力作用,也就给基础施加水平方向的推力,所以三铰拱的基础比梁的基础要大,要求也高。因此,用拱作屋盖时,都采用有拉杆的三铰拱,以减少对墙或柱的推力。

13.6 组合结构

本节将介绍组合结构的组成和受力特点,以及组合结构的内力分析和计算。

13.6.1 组合结构的组成特点

由只承受轴力的链杆和承受轴力、剪力、弯矩的梁式杆混合组成的结构称为**组合结构**。如图 13-14 所示的屋架就是较为常见的组合结构,其上弦杆由钢筋混凝土制成,主要承受剪力和弯矩;下弦杆和腹杆由型钢制成,主要承受轴力。其中 AB、BC、BH、CD、CE 为链杆,AG、DG 为梁式杆。

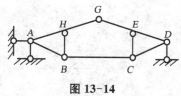

图 13-14

组合结构中的结点有刚结点、铰结点和组合结点。这种结构常常采用力学性能不同的材料制作而成,具有重量轻、施工方便等特点,因此广泛适用于各种跨度的建筑物中,例如屋架、桥梁和飞机起落架等。

13.6.2 组合结构的内力分析

应用截面法计算组合结构时,必须分清杆件的性质。如果截断的是链杆,则其横截面上只有轴力,截断此类杆就只暴露出一个未知力;如果截断的是梁式杆,则其横截面上就有轴力、剪力和弯矩,截断此类杆就会暴露出三个未知力。因此,为了使截取的隔离体上未知力的个数不至于过多,应该尽量避免截断梁式杆,多数情况下可以选择在铰结点处拆开。

1) 计算组合结构中杆件内力的步骤

(1) 由整体和部分构件的平衡条件,求出支座反力。

(2) 选择合理的截面截断链杆并拆开连接梁式杆的铰,任取一个隔离体由静力平衡方程计算链杆和铰的约束反力。

(3) 取梁式杆为隔离体,计算其内力。

(4) 依据已求出的截面内力,按照绘制梁内力图的方法绘制组合结构中每根杆件的内力图,连在一起便是整个结构的内力图。

2) 绘制组合结构内力图时的注意事项

(1) 链杆内力只有轴力,以拉力为正、压力为负。轴力图可绘制在杆件任意一侧,需注明正、负号。习惯上将其绘制在杆件空间较大的一侧,可避免图形重叠。

(2) 梁式杆内力有轴力、剪力和弯矩,其正负号规定及绘图规则与单跨静定梁相同。

【例 13-7】 试计算如图 13-15(a)所示组合结构的内力,并绘制梁式杆的内力图。

【解】(1) 计算支座反力 取整个结构为研究对象,画出其受力图如图 13-15(b)所示,则有

$$\sum X = 0, F_{Ax} = 0$$
$$\sum M_A = 0, -2\,\text{kN/m} \times 6\,\text{m} \times 3\,\text{m} + F_{Dy} \times 12\,\text{m} = 0, F_{Dy} = 3\,\text{kN}(\uparrow)$$
$$\sum Y = 0, F_{Ay} - 2\,\text{kN/m} \times 6\,\text{m} + 3\,\text{kN} = 0, F_{Ay} = 9\,\text{kN}(\uparrow)$$

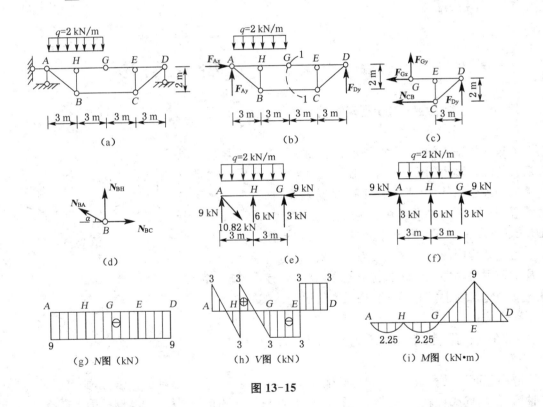

图 13-15

(2) 计算链杆的内力

拆开铰 G 并用截面 1-1 将链杆 CB 切断,选取截面右侧部分为研究对象,绘制其受力图如图 13-15(c)所示,则有

$$\begin{cases} \sum M_G = 0, -N_{CB} \times 2\,\text{m} + 3\,\text{kN} \times 6\,\text{m} = 0, N_{CB} = 9\,\text{kN}(\text{拉}) \\ \sum X = 0, -N_{CB} - F_{Gx} = 0, F_{Gx} = -9\,\text{kN} \\ \sum Y = 0, F_{Gy} + 3\,\text{kN} = 0, F_{Gy} = -3\,\text{kN} \end{cases}$$

取结点 B 为隔离体，其受力图如图 13-15(d)所示，其中 $\sin\alpha = \dfrac{2}{\sqrt{13}}, \cos\alpha = \dfrac{3}{\sqrt{13}}$，则有

$$\begin{cases} \sum X = 0, N_{BC} - N_{BA} \times \cos\alpha = 0, N_{BA} = 3\sqrt{13}\ \text{kN} = 10.82\ \text{kN}(拉) \\ \sum Y = 0, N_{BH} + N_{BA} \times \sin\alpha = 0, N_{BH} = -6\ \text{kN}(压) \end{cases}$$

再取结点 C 为研究对象，因其受力图和 B 结点受力图相似，故知

$$N_{CD} = N_{BA} = 3\sqrt{13}\ \text{kN} = 10.82\ \text{kN}(拉), N_{CE} = N_{BH} = -6\ \text{kN}(压)$$

(3) 计算梁式杆的内力

取 AHG 杆为研究对象画出其受力图如图 13-15(e)所示。在结点 A 处，除了有支座反力外，还有链杆 AB 的轴力，将此轴力分解为水平分力和竖向分力，如图 13-15(f)所示。各控制截面的内力计算如下：

截面 A：　　　　　$N_{AG} = -9\ \text{kN}(压), V_{AH} = 3\ \text{kN}, M_{AH} = 0$

截面 H：　　　　　$V_{HA} = 3\ \text{kN} - 2\ \text{kN/m} \times 3\ \text{m} = -3\ \text{kN}$

　　　　　　　　　　$V_{HG} = 3\ \text{kN} - 2\ \text{kN/m} \times 3\ \text{m} + 6\ \text{kN} = 3\ \text{kN}$

　　　　　　　　　　$M_{HA} = M_{HG} = 0$

截面 G：　　　　　$V_{GH} = -3\ \text{kN}, M_{GH} = 0$

同理，可求出 DEG 杆各控制截面的内力(过程从略)。分别绘制梁式杆的 N 图、V 图、M 图如图 13-15(g)、(h)、(i)所示。

13.7　影响线

13.7.1　影响线基本概念

结构不仅会受到固定荷载的作用，有时还要承受移动荷载的作用。固定荷载是指作用于结构上荷载的作用位置、大小和方向都固定不变的荷载；移动荷载是指作用在结构上的大小、方向不变而其作用位置发生变化的荷载。例如吊车梁所承受的吊车荷载，铁轨所受到的火车荷载，桥梁所受到的车辆荷载(图 13-16(a))等都是移动荷载。对于承受移动荷载作用的结构，我们必须计算出结构在移动荷载作用下所产生的反力和内力的最大值作为设计的依据。如何计算出在移动荷载作用下结构的反力和内力最大值呢？本节将引入影响线的概念，利用影响线可以轻松解决这类问题。

我们首先看下面一个实例，图 13-16(a)所示为一承受移动荷载作用的简支梁，随着货车从左向右移动，不难发现，其支座反力 F_{Ay} 逐渐减小，而 F_{By} 逐渐增大，从而可以推出结构上某一截面的内力也是发生变化的，不像前面承受固定荷载作用的结构，其某一截面的内力是一定值。

首先从最简单的情况开始研究。一单位集中荷载 $F_P = 1$ 作用在简支梁上，如图 13-16

(b)所示,把梁等分为四段,当力 $F_P=1$ 分别作用在点 A、1、2、3、B 点时,支座反力 F_{Ay} 的值分别为 1、$\frac{3}{4}$、$\frac{2}{4}$、$\frac{1}{4}$ 和 0。可见,随着集中荷载 $F_P=1$ 的移动,其值从 1 变化到 0,我们把这些点用直线连接起来,如图 13-16(c)所示。综上所述,可以给出影响线的定义如下:**当一个方向不变的单位集中荷载在结构上移动时,表示结构某指定处某一量值(反力、内力等)变化规律的图形,称为该量值的影响线**。表示结构在单位移动荷载作用下某一反力变化规律的图形,称为**反力影响线**;表示结构在单位移动荷载作用下某指定处某一内力变化规律的图形,称为**内力影响线**。只要把单位集中荷载作用下的量值影响线绘制出来,我们可以利用叠加原理来研究各种移动荷载作用下结构上某一量值的变化规律,进而可以确定最不利荷载位置和结构上某一量值的最值。

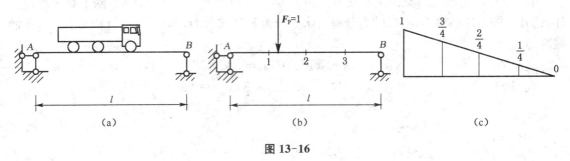

图 13-16

13.7.2 影响线的绘制方法

绘制静定结构的反力或内力影响线的基本方法有两种:静力法和机动法。

1) 静力法

静力法是以单位移动荷载 $F_P=1$ 的作用位置 x 作为自变量,利用静力平衡条件建立某指定量值与 x 之间的函数关系式,表示这种关系的式子称为**影响线方程**,然后根据影响线方程绘制出该量值的影响线。

下面分别介绍简支梁和外伸梁的支座反力、剪力、弯矩影响线的绘制方法。

(1) 简支梁的量值影响线

① 支座反力的影响线

如图 13-17(a)所示,选取 A 点为坐标原点,横坐标 x 以水平向右为正,当单位集中荷载 $F_P=1$ 作用于梁上任意一点时,根据力矩平衡方程 $\sum M_B=0$,$F_{Ay}l-F_P(l-x)=0$,求得 $F_{Ay}=\frac{l-x}{l}(0 \leqslant x \leqslant l)$;根据 $\sum M_A=0$,$F_{By}l-F_Px=0$,求得 $F_{By}=\frac{x}{l}(0 \leqslant x \leqslant l)$。可以绘制出支座反力 F_{Ay}、F_{By} 的影响线如图 13-17(b)、(c)所示。

② 剪力的影响线

绘制任一截面 C 的剪力的影响线,当集中荷载 $F_P=1$ 在 AC 段移动时,取 C 截面右侧部分为研究对象,剪力的正负仍以使隔离体顺时针转动为正,反之为负,得到剪力 $V_C=-F_{By}=-\frac{x}{l}(0 \leqslant x<a)$。当集中荷载 $F_P=1$ 在 CB 段移动时,取 C 截面左侧部分为研究对象,得到

剪力 $V_C = F_{Ay} = \frac{l-x}{l}(a < x \leqslant l)$。可见剪力 V_C 的影响线由两段直线组成，AC 段是由相应段上 F_{By} 的影响线反号组成，CB 段是由相应段上 F_{Ay} 的影响线组成，是两段相互平行的直线，在截面 C 处，影响线量值为一不定值，其变化量为 1，如图 13-17(d)所示。

③ 弯矩的影响线

绘制任一截面 C 的弯矩的影响线时，规定弯矩仍以下侧受拉为正，当集中荷载 $F_P = 1$ 在 AC 段移动时，其弯矩 $M_C = F_{By} \cdot b = \frac{x}{l}b(0 \leqslant x \leqslant a)$，当集中荷载 $F_P = 1$ 在 CB 段移动时，其弯矩 $M_C = F_{Ay} \cdot a = \frac{l-x}{l}a(a \leqslant x \leqslant l)$，可见弯矩 M_C 的影响线的 AC 段是由 F_{By} 的影响线扩大 b 倍、CB 段是由 F_{Ay} 的影响线扩大 a 倍组成的，在截面 C 处出现一尖角，如图 13-17(e)所示。

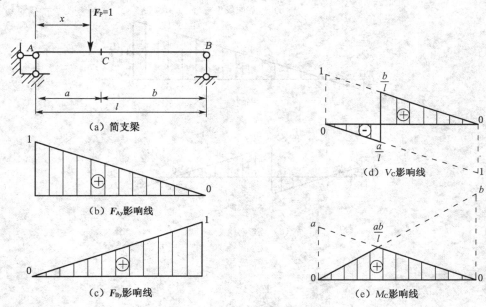

图 13-17 简支梁的影响线

(2) 外伸梁的量值影响线

① 支座反力的影响线

如图 13-18(a)所示，选取 A 点为坐标原点，横坐标 x 以水平向右为正，当单位集中荷载 $F_P = 1$ 作用于梁上任意一点时，根据力矩平衡方程 $\sum M_B = 0$，$F_{Ay}l - F_P(l-x) = 0$，求得 $F_{Ay} = \frac{l-x}{l}(-l_1 \leqslant x \leqslant l+l_2)$；根据 $\sum M_A = 0$，$F_{By}l - F_P x = 0$，求得 $F_{By} = \frac{x}{l}(-l_1 \leqslant x \leqslant l+l_2)$。可见，外伸梁的支座反力的影响线方程与简支梁相同，即只要把简支梁支座反力的影响线向两端延长即可得到外伸梁的影响线，如图 13-18(b)、(c)所示。

② 剪力和弯矩的影响线

同理可得，外伸梁的剪力 V_C、弯矩 M_C 的影响线方程与简支梁相同，即只需把简支梁的剪力影响线和弯矩影响线分别向两端延长即可，如图 13-18(d)、(e)所示。

可见影响线方程是关于单位集中荷载 $F_P = 1$ 位置的函数，当荷载作用在结构上的不同位

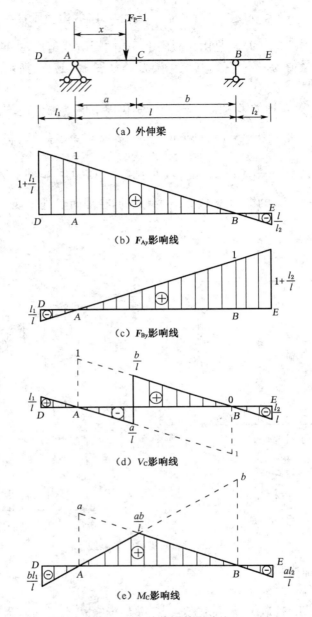

图 13-18 外伸梁的影响线

置所得的量值影响线方程不相同时,应将它们分段列出。

对于静定结构,其支座反力、剪力、弯矩的影响线方程都是 x 的一次函数,故其影响线均为直线。

2) 机动法

机动法绘制影响线的理论依据是理论力学中的虚位移原理,即刚体体系在力系作用下处于平衡的必要和充分条件是:在任何微小的虚位移中,力系所做的虚功总和等于零。如图 13-19(a)所示,为了求支座反力 F_{Ay},首先去掉 A 处的支座,用力 F_{Ay} 来代替,并使其向上发生微小的虚位移 δ_A,单位集中荷载 $F_P=1$ 作用处发生的位移用 δ_P 表示。支座 B 处的支座

反力用 F_{By} 表示，由于体系在 F_{Ay}、F_P 和 F_{By} 作用下处于平衡状态，故它们所做的虚功总和应为零，虚功方程为 $F_{Ay}\delta_A + F_P\delta_P = 0$。因 $F_P = 1$，故 $F_{Ay} = -\dfrac{\delta_P}{\delta_A}$。由于在给定虚位移情况下 δ_A 为一常数，δ_P 就是荷载沿着移动的各点的竖向虚位移图。为了简便起见，可令 $\delta_A = 1$，则 $F_{Ay} = -\delta_P$，此时的虚位移图便代表支座反力 F_{Ay} 的影响线，但正负号相反。δ_P 在横坐标的上方时为负，F_{Ay} 为正；δ_P 在横坐标的下方时为正，F_{Ay} 为负。F_{Ay} 的影响线图形如图 13-19（c）所示。

可见，欲绘制某一量值 Z 的影响线时，只需将 Z 处的约束解除，使其变为具有一个自由度的可变体系，并使其向上发生单位虚位移，由此得到单位集中荷载 $F_P = 1$ 作用点的竖向位移图，即可确定量值 Z 的影响线，这种绘制影响线的方法称为机动法。

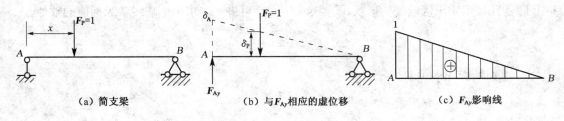

图 13-19 机动法绘制影响线

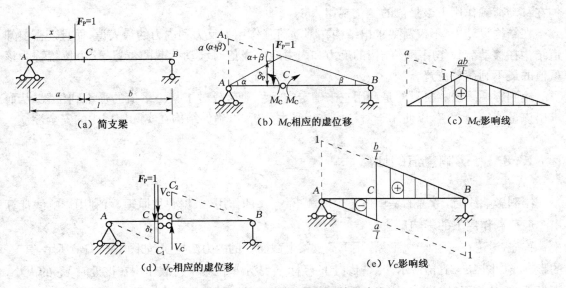

图 13-20 机动法绘制简支梁的影响线

【例 13-8】 用机动法绘制如图 13-20(a)所示简支梁 C 处弯矩和剪力的影响线。

【解】 （1）弯矩 M_C 的影响线

首先去掉与 M_C 相应的约束，即将截面 C 处改为铰结，并加一对力偶 M_C 代替原有联系的作用，然后使 AC、BC 两刚片沿 M_C 的正方向发生虚位移，如图 13-20(b)所示，并写出其虚功方程：$M_C(\alpha+\beta) + F_P\delta_P = 0$，这里 $\alpha+\beta$ 就是与 M_C 相应的铰 C 左右两侧截面的相对转角。$M_C = -\dfrac{\delta_P}{\alpha+\beta}$，这里令 $\alpha+\beta=1$，则所得的竖向位移图即为 M_C 的影响线，如图 13-20(c)所示。

（2）剪力 V_C 的影响线

在截面 C 处撤去与剪力 V_C 相应的约束(即将截面 C 左、右改为用两个平行于杆轴的平行链杆连接),代以一对大小相等、方向相反的正剪力 V_C,这时在截面 C 处可以发生相对的竖向位移,但不能发生水平移动和相对转动。然后,使此体系沿 V_C 正向发生虚位移,如图 13-20(d)所示,由虚位移原理有 $V_C(CC_1+CC_2)+F_P\delta_P=0$,得 $V_C=-\dfrac{\delta_P}{CC_1+CC_2}$,这里 CC_1+CC_2 表示截面 C 左右两侧的相对竖向位移。若令 $CC_1+CC_2=1$,则所得虚位移图即为剪力 V_C 的影响线,如图 13-20(e)所示。

综上所述,用机动法绘制影响线的步骤可以归纳如下:①撤去与所求量值 Z 相应的约束,以相应的未知力来代替;②使体系沿量值 Z 方向发生正向位移 δ_Z,绘制出荷载作用点的竖向位移图(即 Δ 图),可定出影响线的形状;③再令 $\delta_Z=1$,可进一步求出影响线各纵标值的数值。

13.8　影响线的应用

前面分析了如何用静力法和机动法绘制影响线,绘制出某量值的影响线就等于找到了结构在移动荷载作用下该量值的变化规律。

在结构设计中,不仅需要求出结构在移动荷载作用下反力和内力的最大值,而且还需要知道结构在移动荷载作用下使结构的反力和内力产生极值时移动荷载的位置,这个位置称为该量值的最不利荷载位置。

绘制影响线的主要目的是利用它来确定实际移动荷载对于某一量值的最不利位置,从而求出该量值的最大值,以便用于对结构进行受力分析,以确保结构在实际使用中的安全性。

13.8.1　影响量值的计算

绘制影响线时,考虑的是单位集中荷载 $F_P=1$ 的作用,依据叠加原理,可利用影响线计算出一般荷载作用下的影响量值。

首先,讨论在一组集中荷载作用下简支梁上截面 C 的内力影响线,如图 13-21(a)所示,其 V_C 的影响线如图 13-21(b)所示。影响线上的竖标 y_1 表示单位集中荷载作用在该处时 V_C 的大小,则当 F_{P1} 单独作用时,$V_C=F_{P1}y_1$。同理,当 F_{P2} 单独作用时,$V_C=F_{P2}y_2$;当 F_{P3} 单独作用时,$V_C=F_{P3}y_3$。因此,当这三个集中荷载同时作用时,根据叠加原理,可得量值 $V_C=F_{P1}y_1+F_{P2}y_2+F_{P3}y_3$,由此可以推出若有 n 个集中荷载同时作用时,其量值 $V_C=F_{P1}y_1+F_{P2}y_2+\cdots+F_{Pn}y_n=\sum F_{Pi}y_i$。

其次,讨论在均布荷载作用下简支梁上截面 C 的内力影响线,如图 13-22(a)所示。若将分布荷载沿其长度分成许多无穷小的微段,则每一微段上 $\mathrm{d}x$ 上的荷载 $q\mathrm{d}x$ 都可作为一集中荷载,则在 DE 区段内均布荷载所产生的量值 V_C 为 $V_C=\int_D^E q\mathrm{d}x\cdot y=q\int_D^E y\mathrm{d}A=qA$。这里,$A$ 表示 V_C 影响线图形在均布荷载作用范围内的面积。若在该范围内影响线有正有负,则 A 应为正负面积的代数和。

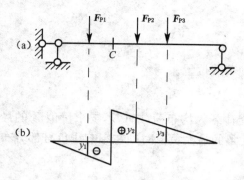

图 13-21 集中力的影响

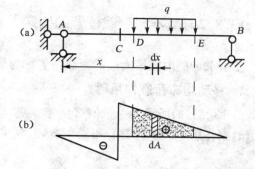

图 13-22 均布荷载的影响

根据上面的分析,可以总结出各种荷载作用下的影响量值计算公式如下:

(1) 结构上只承受有若干个集中荷载 F_{P1}、F_{P2}、$\cdots$、F_{Pn} 作用时,结构的影响量值 Z 计算公式为

$$Z = \sum_{i=1}^{n} F_{Pi} \cdot y_i \tag{13-8}$$

(2) 结构上只承受有若干段均布荷载 q_1、q_2、$\cdots$、q_n 作用时,结构的影响量值 Z 计算公式为

$$Z = \sum_{i=1}^{n} q_i \cdot A_i \tag{13-9}$$

(3) 结构上同时承受有若干个集中荷载 F_{P1}、F_{P2}、$\cdots$、F_{Pn} 和若干段均布荷载 q_1、q_2、$\cdots$、q_n 共同作用时,结构的影响量值 Z 计算公式为

$$Z = \sum_{j=1}^{m} F_{Pj} \cdot y_j + \sum_{i=1}^{n} q_i \cdot A_i \tag{13-10}$$

这里,A_i 表示影响线的图形在均布荷载作用段上的面积。应用上述公式时,要注意面积 A_i 的正负号。

【例 13-9】 简支梁全跨承受均布荷载作用,截面 C 的剪力 V_C 和弯矩 M_C 的影响线如图 13-23 所示。试利用 V_C 和 M_C 的影响线计算梁上 C 截面上 V_C 和 M_C 的数值。

【解】 V_C 影响线正号部分的面积以 A_1 表示,负号部分的面积以 A_2 表示,则

$$A_1 = \frac{1}{2} \times 0.75 \times 9 = 3.375 \text{ m}$$

$$A_2 = \frac{1}{2} \times 3 \times (-0.25) = -0.375 \text{ m}$$

则 $V_C = qA = q(A_1 + A_2) = 15 \times (3.375 - 0.375)$
$= 45 \text{ kN}$

$M_C = qA = 15 \times \left(\frac{1}{2} \times 2.25 \times 12\right) = 202.5 \text{ kN} \cdot \text{m}$

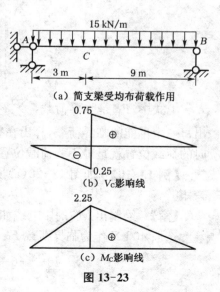

(a) 简支梁受均布荷载作用

(b) V_C 影响线

(c) M_C 影响线

图 13-23

13.8.2 最不利荷载位置的确定

使所求量值取得最大值的荷载位置称为**最不利荷载位置**。

1) 移动均布荷载作用时

图 13-24(a)所示为一量值 Z 的影响线,当承受荷载为均布荷载时,若要求量值 Z 的最大正值时则在影响线正号部分布满荷载,若要求量值 Z 的最大负值时则在影响线负号部分布满荷载。

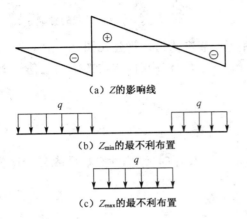

图 13-24 可动均布荷载的最不利布置

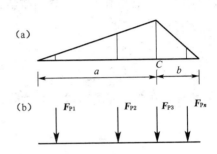

图 13-25 移动荷载的最不利位置

2) 移动集中荷载作用时

如图 13-25(a)所示,结构某量值的影响线图形为三角形,移动荷载是一组间距不变的集中荷载,可以推断出当荷载密集作用于截面 C 附近,并且有一集中荷载作用于截面 C 上时,量值取得最大值。这时作用于影响线顶点的集中荷载称为临界荷载,对于如何确定临界荷载,可以用下面两个判别式来确定(推导过程略):

$$\begin{cases} \dfrac{\sum F_{P左} + F_{Pk}}{a} > \dfrac{\sum F_{P右}}{b} \\ \dfrac{\sum P_{P左}}{a} < \dfrac{F_{Pk} + \sum F_{P右}}{b} \end{cases} \quad (13-11)$$

上式中,F_{Pk} 是临界荷载,$\sum F_{P左}$、$\sum F_{P右}$ 分别代表 F_{Pk} 以左和以右的荷载之和。需要求出每一个可能的临界荷载,算出在每一个可能临界荷载作用下量值的值,则使量值达到最大值时的荷载位置就是最不利荷载位置。

【**例 13-10**】 如图 13-26(a)所示,试求该简支梁在所给移动荷载作用下截面 C 的最大弯矩。

【**解**】 绘制出 M_C 的影响线如图 13-26(b)所示。

选取 40 kN 作为临界荷载 F_{Pk} 来考察,带入判别式(13-11),有

$$\frac{40}{3} > \frac{60+20+30}{9}, \frac{40}{3} < \frac{40+60+20+30}{9}$$

满足判别式,所以 40 kN 是临界荷载,其作用在 C 点时为 M_C 的最不利荷载位置,如图 13-26(c)所示,并求出影响线上相应的量值如图 13-26(d)所示。

利用影响线计算可以得到:

$$M_{C\max} = 40 \text{ kN} \times 2.25 \text{ m} + 60 \text{ kN} \times 1.75 \text{ m} + 20 \text{ kN} \times 1.25 \text{ m} + 30 \text{ kN} \times 0.75 \text{ m}$$
$$= 242.5 \text{ kN} \cdot \text{m}$$

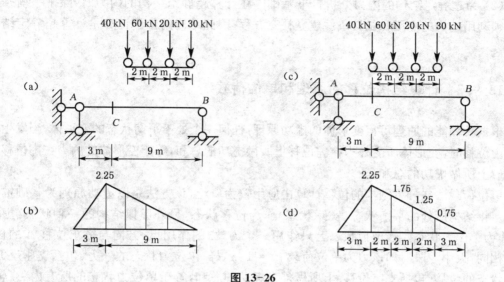

图 13-26

13.9 结构的位移计算

本节将介绍结构产生位移的原因和计算位移的目的,以及单位荷载法计算静定结构位移,重点是计算梁和刚架位移的图乘法。

13.9.1 计算结构位移的目的

结构在施工和使用过程中常会发生变形和产生位移,结构中杆件形状发生变化,称为**结构的变形**;结构中杆件截面位置的改变(移动或转动),称为**结构的位移**。位移分为线位移和角位移,一般以符号 Δ 和 θ 表示,其中线位移又分为水平线位移 Δ_H 和竖直线位移 Δ_V。如图 13-27 所示,刚架在荷载作用下发生如图中虚线所示的变化,使截面 C 的形心由 C 移到了 C',线段 $\overline{CC'}$ 称为 C 点的线位移,记作 Δ_C,也可以用 Δ_{CH}、Δ_{CV} 两个分量表示;同时,C 截面还转动了一个角度,称为 C 截面的角位移,记作 θ_C。

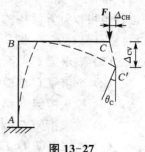

图 13-27

使结构产生位移的原因有很多,其中主要有三种:荷载作用;温度变化和材料膨胀;支座沉降和制造误差。

计算结构的位移有两个目的：

(1) 验算结构的刚度。为了保证结构的正常工作，除满足强度要求外，结构还需满足刚度要求，即结构在使用过程中所产生的位移不超过规定的允许值。例如，吊车梁的最大挠度不得超过跨度的 1/600，主梁的挠度不得超过跨度的 1/400。

(2) 为超静定结构的内力分析打下基础。在计算超静定结构的内力时，除了平衡条件外还必须利用结构的变形和位移条件建立补充方程，因此结构的位移计算是计算超静定结构的基础。

13.9.2 计算结构位移的原理和单位荷载法

根据功和能的原理可得变形体的虚功原理：任何一个处于平衡状态的变形体，当发生任意一个虚位移时，变形体所受外力在虚位移上所做虚功的总和，等于变形体的内力在虚位移的相应变形上所做虚功的总和。

单位荷载法在杆系结构的位移计算中应用较为广泛，该方法是以虚功原理为基础推导出来的。将结构所处的平衡状态（实际状态）作为位移状态，另外虚拟结构的一种状态（虚拟状态）作为单位力状态。在虚拟状态上只作用一个力，力的作用点、方向与欲求位移 Δ 的位置、方位相同，大小为"1"，即该力为单位荷载 $F=1$。这样，单位力状态的外力（包括支座反力）在位移状态的位移（包括支座位移）上所做外力虚功的总和，等于单位力状态的所有内力（轴力、剪力、弯矩）在位移状态微段的相应变形上所做内力虚功的总和。通过推导可得结构在荷载作用下的位移计算公式：

$$\Delta = \sum \int \frac{NN_P}{EA}\mathrm{d}s + \sum \int k \frac{VV_P}{GA}\mathrm{d}s + \sum \int \frac{MM_P}{EI}\mathrm{d}s \tag{13-12}$$

式中：N、V、M——单位荷载引起的微段上的轴力、剪力、弯矩；

N_P、V_P、M_P——实际荷载引起的微段上的轴力、剪力、弯矩；

EA、GA、EI——杆件截面的抗拉、抗剪和抗弯刚度；

k——截面剪应力不均匀系数，与截面形式有关。

用式(13-12)计算结构指定截面位移的方法称为**单位荷载法**。

单位荷载法不仅可以计算结构的线位移也可以计算结构的角位移，可以计算结构的绝对位移也可以计算结构的相对位移，只要在虚设状态中所加的单位力和所计算的位移相对应即可。下面以图 13-28 所示的几种情况具体说明如下：

(1) 欲求梁 C 截面的竖向线位移时，在该处竖直方向加单位集中力，如图 13-28(a)所示。

(2) 欲求梁 C 截面的角位移时，在该处加单位力偶，如图 13-28(b)所示。

(3) 欲求桁架 B 结点的竖向位移时，在该处竖直方向加单位集中力，如图 13-28(c)所示。

(4) 欲求桁架 BC 杆的角位移时，在杆两端加集中力构成单位力偶，如图 13-28(d)所示。

(5) 欲求刚架 D、E 两截面沿 DE 连线方向的相对线位移时，沿 DE 连线方向加方向相反的单位集中力，如图 13-28(e)所示。

(6) 欲求刚架 C 铰左右两截面的相对角位移，在两个截面上加转向相反的单位力偶，如

图 13-28(f)所示。

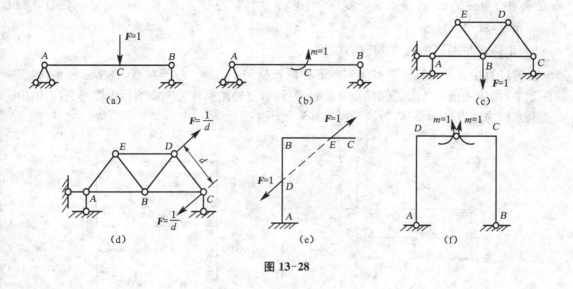

图 13-28

13.9.3 图乘法

1) 图乘法应用条件

从式(13-12)可知,计算梁和刚架由于荷载作用下的位移时,首先应该分段列出 M 和 M_P 的弯矩方程式,然后代入公式(13-12)分段积分再求和即得到所求位移。但是,在杆件数目较多、荷载较复杂的情况下,上述积分运算是比较麻烦的。当所求问题能够满足如下条件时,可用 M 图和 M_P 图两个弯矩图相乘的方法来代替积分运算,从而使计算得到简化。使用图乘法计算结构位移的前提条件是:①结构各杆件分段为等截面直杆;②各杆段的抗弯刚度 EI 值分别为常数;③M 图和 M_P 图两个弯矩图中至少有一个是直线图形。

由于 M 图总是由直线段组成,因此只要分段考虑,无论 M_P 图形如何,上述第三个条件总是会得到满足的。于是,对于 EI 为常数的等截面直杆(包括截面分段变化的阶梯形杆件)所组成的梁和刚架,都能够用图乘法计算其位移。

2) 图乘法公式介绍

图乘法计算结构位移的公式是在公式(13-12)的基础上推导出来的,推导过程从略,公式如下:

$$\Delta = \sum \int \frac{MM_P}{EI} ds = \frac{Ay_C}{EI} \quad (13-13)$$

式中:A——取 M_P 图和 M 图两个弯矩图中其中一图的面积;
y_C——与取面积的弯矩图的形心对应处另外一个弯矩图的竖标;
EI——杆件的抗弯刚度。

式(13-13)是使用图乘法计算结构位移的公式,它将用积分法计算结构位移的积分运算问题转化为求图形的面积、形心和标距的问题。

应用图乘法计算结构位移时要注意三点:①必须符合上述图乘法的三个应用条件;②竖标 y_C 必须取自直线图形中;③正负号规则:当形心 C 与弯矩竖标 y_C 在杆件的同一侧时,乘积 Ay_C 取正号,反之取负号。

3)几种常见图形的面积和形心位置

位移计算中几种常见图形的面积和形心位置见图 13-29。应当注意,在所示的各次抛物线图形中,抛物线顶点处的切线都是与基线平行的,这种图形称为抛物线标准图形。应用图中有关公式时应注意这个特点,否则不能直接运用图中公式。

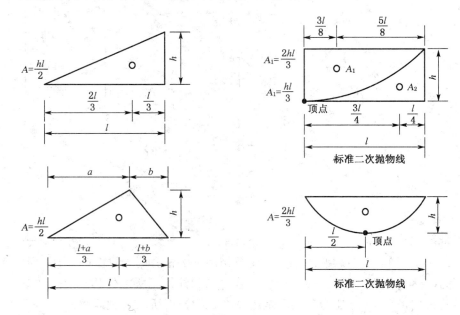

图 13-29

当图乘时,遇到弯矩图构成复杂,不易直接确定某一图形的面积或形心位置时,可采用叠加法将图形分解成为几个易于确定面积和形心位置的部分,分别用图乘法计算,其代数和即为两图形相乘的值。分解后常遇见如下几种情况:

(1) 两个弯矩图某段分别为梯形和三角形如图 13-30(a)所示,$\sum Ay_C = A_1 y_1 + A_2 y_2$。

(2) 两个弯矩图某段皆为梯形如图 13-30(b)所示,$\sum Ay_C = A_1 y_1 + A_2 y_2$。

(3) 两个弯矩图某段皆为三角形如图 13-30(c)所示,$\sum Ay_C = A_1 y_1 + A_2 y_2 + A_3 y_3$。

(4) 两个图中一个是直线,另一个是抛物线如图 13-30(d)所示,$\sum Ay_C = A_1 y_1 + A_2 y_2 - A_3 y_3$。

【例 13-11】 试求如图 13-31(a)所示梁 E 截面的竖向线位移,EI 为常数。

【解】(1)建立 $F=1$ 作用下的虚设状态,如图 13-31(b)所示。

(2)绘制实际荷载作用下和单位集中力分别作用下弯矩图如图 13-31(c)、(d)所示。

(3)图形相乘。将图(c)与图(d)相乘,将梁分成 CA、AB、BD 三段进行图乘,然后叠加。由于 M_P 图 AB 段形心位置不容易确定,故可将其分解,如图 13-31(e)所示。因为 AE、EB 段对称,故可仅计算 AE 段。

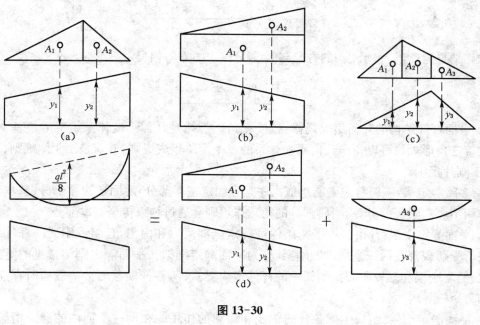

图 13-30

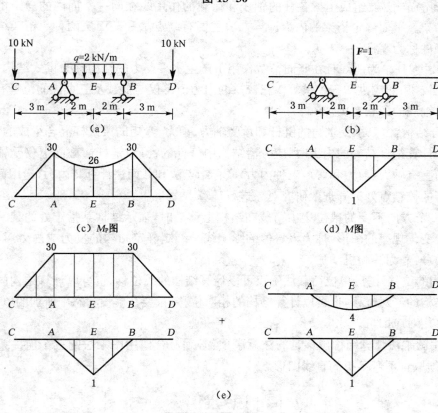

图 13-31

$$\Delta_{EV} = \frac{-\frac{1}{2} \times 2 \times 1 \times 30 + \frac{2}{3} \times 4 \times 2 \times \frac{5}{8} \times 1}{EI} \times 2 = \frac{-160}{3EI}(\uparrow)$$

计算结果为负值,表示 Δ_{EV} 的方向与假设 $F = 1$ 的方向相反。

小 结

1. 平面杆件结构的几何组成规律:铰接三角形规律是几何不变体系组成的最基本规律,依据铰接三角形规律可以得出几何不变体系的三个简单组成规则,分别是二元体规则、两刚片规则、三刚片规则。

2. 多跨静定梁:多跨静定梁的组成次序是先固定基本部分,后固定附属部分,基本部分的荷载作用不影响附属部分,而附属部分的荷载作用则会通过约束传至基本部分。

3. 平面静定刚架:凡由静力平衡条件可确定全部反力和内力,且组成刚架的杆件的轴线和刚架所受荷载都在同一平面内的刚架,称为平面静定刚架。平面静定刚架常见的型式有悬臂刚架、简支刚架和三铰刚架。刚架中的杆件多为梁式杆,各杆横截面上一般同时存在轴力、剪力和弯矩三种内力。

4. 平面静定桁架:组成桁架各杆的轴线和荷载的作用线在同一平面内的静定桁架,称为平面静定桁架。平面静定桁架的内力计算方法主要有结点法和截面法两种。桁架结构中,内力为零的杆件称为零杆。

5. 三铰拱:杆轴为曲线且在竖向荷载作用下产生水平反力的结构称为拱式结构。拱的常用形式有无铰拱、两铰拱和三铰拱等。三铰拱的内力值不仅与荷载及三个铰的位置有关,而且与各铰间拱轴线的形状有关。

6. 组合结构:由只承受轴力的链杆和承受轴力、剪力、弯矩的梁式杆混合组成的结构称为组合结构。计算组合结构的内力时,应分清结构中杆件的性质,链杆横截面上仅受轴力,而梁式杆横截面上有轴力、剪力和弯矩三种内力;联合结点法和截面法计算其内力,运用截面法时,应从梁式杆的铰结点处拆开选取研究对象进行计算。

7. 当一个方向不变的单位集中荷载在结构上移动时,表示结构某指定处的某一量值(反力、内力等)变化规律的图形,称为该量值的影响线。绘制静定结构的反力或内力影响线的基本方法有两种:静力法和机动法。

8. 结构的位移计算:单位荷载法不仅可以计算结构的线位移,也可以计算结构的角位移,可以计算结构的绝对位移,也可以计算结构的相对位移,只要在虚设状态中所加的单位力和所计算的位移相对应即可。

9. 应用图乘法计算结构位移时的注意事项:必须符合使用图乘法的三个前提条件;弯矩竖标 y_c 必须取自不弯不折的直线图形。

思考题

1. 为什么几何常变体系和几何瞬变体系不能用于工程结构?
2. 从几何组成分析上看,静定结构和超静定结构有何异同点?
3. 何谓基本部分?何谓附属部分?二者的实质区别是什么?

4. 多跨静定梁基本部分上作用的荷载是否会使附属部分产生内力？作用在附属部分的荷载是否会使基本部分产生内力？

5. 何谓刚架？刚结点和铰结点之间有何区别？刚架刚结点处的弯矩图有什么特点？

6. 当刚架作用有结点荷载时，计算时应如何处理？

7. 桁架中，零杆的判断依据有哪些？为什么要判断杆件是否为零杆？

8. 计算桁架结构中杆件内力的方法有哪些？试比较二者的异同点。

9. 拱结构与梁相比有哪些优点？

10. 如何区分一个曲杆结构是梁还是拱？

11. 静定组合结构中有几类杆件？它们分别承受什么内力？

12. 计算组合结构内力时需要注意些什么？

13. 何谓最不利荷载位置？何谓临界荷载和临界位置？

14. 只有在叠加原理成立的条件下，才能引入影响线的概念，对吗？

15. 影响线的定义是什么？为什么取 $F_P = 1$ 单位集中荷载作用作为作影响线的基础？

16. 影响线的横坐标和纵坐标各代表什么物理意义？与内力图有什么区别？

17. 用静力法做某内力影响线与在固定荷载下求该内力有何异同？

18. 某截面的剪力影响线在该截面处是否一定有突变？突变处左右两竖标各代表什么意义？突变处两侧的线段为何必定平行？

19. 结构各点产生位移时，结构内部是否也同时产生应变？

20. 拱结构能否用图乘法计算位移？为什么？

习 题

13-1 试对题 13-1 图所示体系进行几何组成分析。

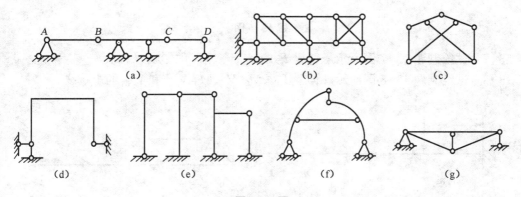

题 13-1 图

13-2 为什么要对结构进行几何组成分析？

13-3 多跨静定梁、刚架和桁架有哪些组成特点？分别应用于哪些结构？

13-4 图乘法计算结构位移的前提条件是什么？

13-5 绘制题 13-5 图所示结构的内力图。

13-6 计算题 13-6 图所示桁架结构中指定杆件的内力。

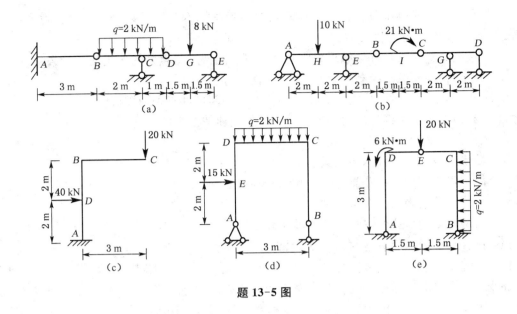

题 13-5 图

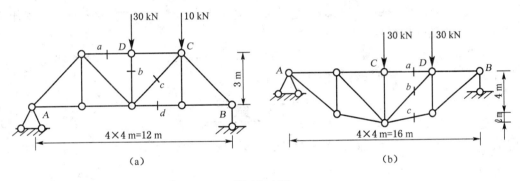

题 13-6 图

13-7 试绘制题 13-7 图所示悬臂梁 F_{Ay}、M_C、V_C、M_A 的影响线。

13-8 试绘制题 13-8 图所示外伸梁 F_{By}、M_C、V_C、M_B、$V_{A左}$ 和 $V_{A右}$ 的影响线。

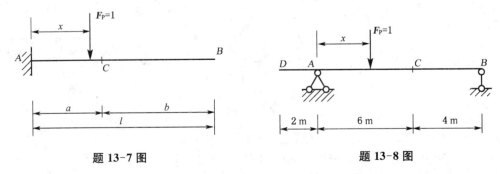

题 13-7 图   题 13-8 图

13-9 利用影响线计算题 13-9 图(a)、(b)、(c)所示各梁中的指定截面量值。

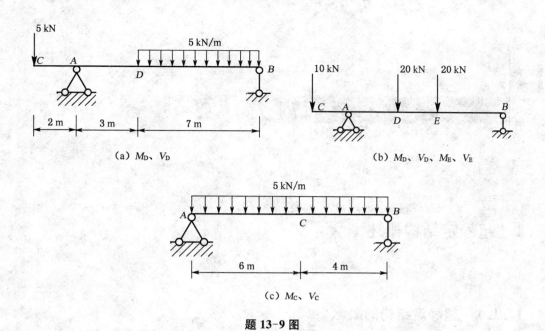

题 13-9 图

13-10 用图乘法计算题 13-10 图所示梁或刚架中各指定截面位移，$EI = $ 常数。

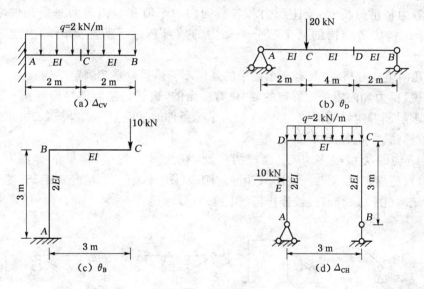

题 13-10 图

14 超静定结构内力计算

14.1 超静定结构概述

14.1.1 超静定结构的概念

超静定结构,又称为静不定结构。力学中通常从以下两个方面理解超静定结构。

(1) 从静力特征分析看:支座反力和各截面内力不能完全由静力平衡条件唯一确定的结构,即整个结构或者结构的某个部分未知力的数目超过了所能列出的独立平衡方程的数目。

(2) 从几何组成分析看:具有多余约束的几何不变体系就是超静定结构。

总体来说,反力和内力是超静定的,约束有多余的,这就是超静定结构区别于静定结构的基本特征。求解超静定结构问题,必须在静力平衡条件的基础上寻求补充条件,求解的方法主要有力法、位移法、力矩分配法等。

超静定结构的类型很多,应用也较为广泛,在土木工程中,常见的类型有:超静定梁(图 14-1(a))、超静定拱(图 14-1(b))、超静定刚架(图 14-1(c))、超静定桁架(图 14-1(d))、超静定组合结构(图 14-1(e))、铰接排架(图 14-1(f))。

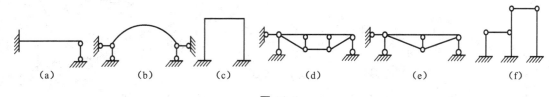

图 14-1

14.1.2 超静定次数的确定

从几何组成的角度来看,超静定次数是指超静定结构中多余约束的个数,从静力分析的角度来看,超静定次数等于用静力平衡方程计算未知力时所缺少的平衡方程的个数,即

超静定次数 = 多余约束的个数 = 未知力总数 − 独立的静力平衡方程的个数

在用力法计算超静定结构时,必须首先确定超静定结构的超静定次数。确定超静定结构超静定次数的常用方法有:

1) 解除多余约束法

① 去掉一个链杆支座(图 14-2(a))或切断一根链杆(图 14-2(b)),相当于解除了一个约束。

② 去掉一个固定铰支座(图 14-2(c))或拆开一个单铰(图 14-2(d)),相当于解除了两个约束。

③ 去掉一个固定端支座(图 14-2(e))或切断一根梁式杆(图 14-2(f)),相当于解除了三个约束。

④ 将一个固定端支座改为固定铰支座(图 14-2(g)),将一个固定铰支座改为一个可动铰支座(图 14-3(a)、(b)),将一个刚结点改为一个单铰结点(图 14-2(h)),相当于解除了一个约束。

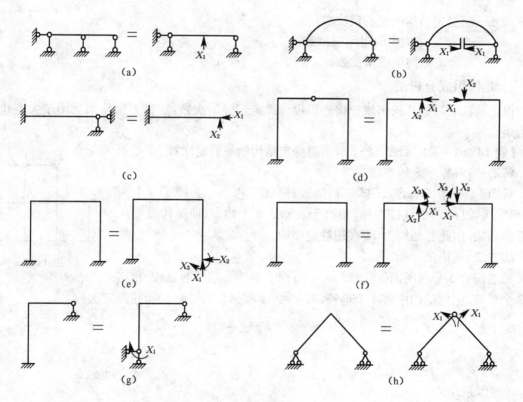

图 14-2

图 14-3(a)所示结构为一次超静定,将 B 支座处水平方向的约束去掉,结构变成几何不变体系且无多余约束(图 14-3(b));将 B 支座竖向的约束去掉,原结构变为可变体系(图 14-3(c)),因此多余约束不是任意去掉的。

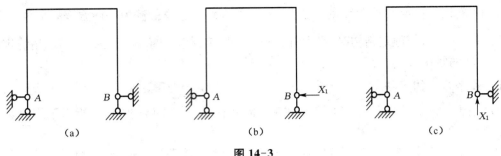

图 14-3

2) 框格法

具有多个框格的超静定结构,按框格的数目来确定超静定的次数较为简便。框格法的要点是:一个封闭的无铰框格是三次超静定结构;在无铰的封闭框格上每增加一个单铰则超静定次数就减少一次。框格法计算超静定次数的公式为

$$n = 3m - j \qquad (14-1)$$

式中:n——超静定结构的超静定次数;

m——超静定结构中的封闭框格数;

j——超静定结构中的单铰数。

3) 几何组成分析法

根据前面学过的几何组成分析知识也可确定超静定次数,这种方法特别适用于大型超静定桁架。

【**例 14-1**】 确定如图 14-4 所示超静定结构的超静定次数。

解法一:解除多余约束法

将图 14-4 中 EF、FG、GH 三根梁式杆切断,相当于去掉了 9 个约束,再将 IJ、JK 两根链杆去掉,相当于去掉了 2 个约束,原结构就变成了静定结构,因此原结构为 11 次超静定结构。

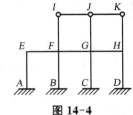

图 14-4

解法二:框格法

原结构有 5 个封闭的框格,即 $m=5$;铰 J 连接 3 根杆的复铰,相当于 2 个单铰,因此结构中有 4 个单铰,即 $j=4$;根据公式(14-1)得超静定次数

$$n = 3 \times 5 - 4 = 11$$

14.2 力法

14.2.1 力法的基本原理

1) 力法的基本思路

力法是计算超静定结构最基本的方法,力法的基本思路是将超静定结构去掉多余约束,用

多余未知力代替多余约束,利用位移条件求出多余未知力,即把超静定结构的计算转变为静定结构的计算。

2) 力法的基本结构和基本未知量

力法的基本未知量是与多余约束对应的多余约束力。在力法计算中,多余约束力统一用 X_i 表示;超静定结构中解除多余约束后得到的静定结构称为力法的基本结构,基本结构在荷载和多余约束力共同作用下的体系为力法的基本体系,如图 14-5 所示。

由于超静定结构去掉多余约束的方式有多种,因此力法的基本结构不是唯一的,但必须是静定结构。

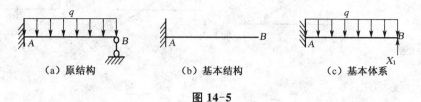

图 14-5

原结构与基本体系的异同:在原结构(图 14-5(a))中,支座反力 F_B 是以约束形式被动出现的,绘制结构受力图时它才显示出来;而在基本体系(图 14-5(c))中,多余未知力 X_1 是以主动力形式出现的。基本体系是静定结构,可以调节 X_1 的大小,使它的受力及变形与原结构完全相同,因此超静定结构的计算就变成了静定结构的计算。

3) 力法的基本方程和基本原理

下面通过一个简单的例题来说明力法的基本方程和基本原理。图 14-5(a)所示为一端为固定端支座,另一端为可动铰支座的单跨超静定梁,梁上受均布荷载 q 作用,梁的抗弯刚度 EI 为一常数,此结构为一次超静定结构,将 B 处的可动铰支座视为多余约束,用多余未知力 X_1 (即基本未知量)代替多余约束,得到基本体系(图 14-5(c))。只要计算出多余约束力 X_1,则原结构所有的反力和内力就都可以计算了。然而基本未知量 X_1 用静力平衡条件不能求解,由于基本体系的受力与变形与原结构等效,应考虑变形条件:原结构在 B 支座处竖向位移 Δ_B 为零,基本体系在 B 处的竖向位移 Δ_1 是由荷载 q 与多余约束力 X_1 共同作用产生的,即 $\Delta_B = \Delta_1 = 0$。根据叠加原理,图 14-5(a)所示的状态等于图 14-5(b)所示和图 14-5(c)所示状态的叠加,位移条件式可表示为

$$\Delta_1 = \Delta_{11} + \Delta_{1P} = 0 \tag{14-2}$$

式中:Δ_{1P}——基本结构在实际荷载作用下沿 X_1 方向的位移(如图 14-5(b));

Δ_{11}——基本结构在多余约束力单独作用下沿 X_1 方向的位移(如图 14-5(c))。

位移 Δ_{11}、Δ_{1P} 均以沿 X_1 方向为正。位移 Δ_{11}、Δ_{1P} 的两个下标含义是:第一个下标表示产生位移的位置和方向;第二个下标表示产生位移的原因。若以 δ_{11} 表示单位力(即 $X_1 = 1$)单独作用时基本结构上多余约束力 X_1 作用点沿多余约束力 X_1 方向所产生的位移,在线性变形体系中位移 Δ_{11} 与力 X_1 成正比,则有

$$\Delta_{11} = \delta_{11} \cdot X_1 \tag{14-3}$$

将公式(14-3)代入公式(14-2)得

$$\delta_{11} \cdot X_1 + \Delta_{1P} = 0 \tag{14-4}$$

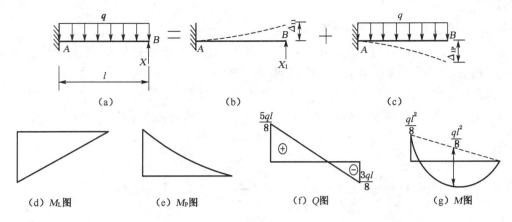

图 14-6

公式(14-4)是线性变形条件下一次超静定结构的力法基本方程,简称为力法方程。力法方程式(14-4)中的系数 δ_{11} 和自由项 Δ_{1P} 都是基本结构即静定结构的位移,用单位荷载法可以计算。要计算 δ_{11} 和 Δ_{1P},需先分别绘出基本结构在单位力 $X_1=1$ 和均布荷载 q 作用下的弯矩图 M_1 (图 14-6(d))和 M_P (图 14-6(e)),再用图乘法计算如下:

$$\delta_{11} = \sum \int \frac{M_1 \cdot M_1}{EI} dx = \frac{1}{EI}\left(\frac{1}{2} \times l \times l \times \frac{2l}{3}\right) = \frac{l^3}{3EI}$$

$$\Delta_{1P} = \sum \int \frac{M_1 \cdot M_P}{EI} dx = -\frac{1}{EI}\left(\frac{1}{3} \times \frac{ql^3}{2} \times l\right) \times \frac{3l}{4} = -\frac{ql^4}{8EI}$$

再将 δ_{11} 和 Δ_{1P} 的值代入式(14-4),求得多余约束力 X_1

$$X_1 = -\frac{\Delta_{1P}}{\delta_{11}} = -\left(-\frac{ql^4}{8EI}\right) \Big/ \frac{l^3}{3EI} = \frac{3ql}{8}(\uparrow)$$

X_1 为正,表明 X_1 的实际方向与假设方向相同。多余力 X_1 求出后,其余所有支座反力和任一截面内力用静力平衡条件均可确定,从而绘制出原结构的内力图如图 14-6(f)、(g)所示。

结构任一截面的弯矩 M 也可用叠加原理计算,计算公式如下:

$$M = M_P + M_1 \cdot X_1 \tag{14-5}$$

式中:M_P——基本结构在实际荷载作用下任一截面的弯矩;

M_1——基本结构在单位力 $X_1=1$ 单独作用下任一截面的弯矩。

综上所述,力法是以多余约束力作为基本未知量,取去掉多余约束后的静定结构为基本结构,并根据基本体系在多余约束处与原结构位移相等的变形协调条件建立基本方程,求解出多余约束力,从而把超静定结构的计算问题转化为静定结构的计算问题。这就是用力法分析超静定结构的基本原理和计算方法。

14.2.2 力法的典型方程

下面根据上述力法基本原理进一步讨论用力法计算多次超静定结构的问题,现以一个三次超静定刚架为例来说明如何建立三次超静定结构的力法方程,从而进一步推求 n 次超静定结构的力法方程。图 14-7(a)所示刚架为三次超静定结构,在荷载作用下结构的变形如图中虚线所示,用力法求解时,去掉固定端支座 C 处的三个多余约束,并以相应的多余约束力 X_1、X_2、X_3 代替则得图 14-7(c)所示基本体系。由于原结构在支座 C 处没有任何位移,因此在基本体系中 C 支座处,在实际荷载和多余约束力共同作用下,沿多余约束力 X_1、X_2、X_3 方向的相应位移也应该为零,即 $\Delta_1 = 0, \Delta_2 = 0, \Delta_3 = 0$。在线性变形体系中,利用叠加原理和位移条件,则有

$$\begin{cases} \Delta_1 = \delta_{11}X_1 + \delta_{12}X_2 + \delta_{13}X_3 + \Delta_{1P} = 0 \\ \Delta_2 = \delta_{21}X_1 + \delta_{22}X_2 + \delta_{23}X_3 + \Delta_{2P} = 0 \\ \Delta_3 = \delta_{31}X_1 + \delta_{32}X_2 + \delta_{33}X_3 + \Delta_{3P} = 0 \end{cases} \tag{14-6}$$

式(14-6)就是三次超静定结构的力法基本方程。这组方程的物理意义是:基本结构在实际荷载和各多余约束力共同作用下,在去掉多余约束处的位移与原结构中相应的位移相等。解上述方程组就可以计算出多余约束力 X_1、X_2、X_3,然后利用静力平衡方程求出原结构的其他支座反力和内力。

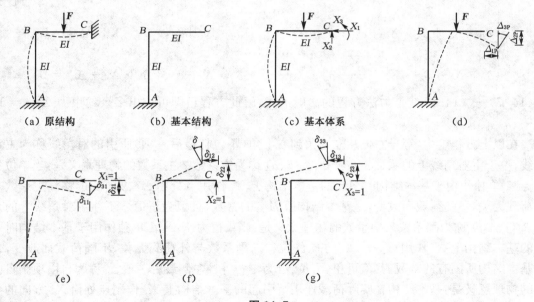

图 14-7

同一个超静定结构可以按不同的方式选取力法的基本结构和基本未知量,无论按何种方式选取的基本结构都应是几何不变的。选取的基本结构不同,基本未知量的具体含义就不同,位移条件的具体含义也不相同,但是力法基本方程的形式却是一样的。

用以上同样的分析方法,可以建立力法的一般方程。对于 n 次超静定结构,它具有 n 个多余约束,用力法计算时,去掉 n 个多余约束,得到力法基本结构,在解除多余约束处代之以相应的多余约束力,有 n 个多余约束力就可以写出 n 个已知的位移条件,根据 n 个已知的位移条件,就可以建立 n 个关于多余约束力的方程。

$$\begin{cases}
\delta_{11}\cdot X_1+\delta_{12}\cdot X_2+\cdots+\delta_{1i}\cdot X_i+\cdots+\delta_{1j}\cdot X_j+\cdots+\delta_{1n}\cdot X_n+\Delta_{1P}=\Delta_1 \\
\delta_{21}\cdot X_1+\delta_{22}\cdot X_2+\cdots+\delta_{2i}\cdot X_i+\cdots+\delta_{2j}\cdot X_j+\cdots+\delta_{2n}\cdot X_n+\Delta_{2P}=\Delta_2 \\
\quad\cdots\cdots\cdots\cdots \\
\delta_{i1}\cdot X_1+\delta_{i2}\cdot X_2+\cdots+\delta_{ii}\cdot X_i+\cdots+\delta_{ij}\cdot X_j+\cdots+\delta_{in}\cdot X_n+\Delta_{iP}=\Delta_i \\
\quad\cdots\cdots\cdots\cdots \\
\delta_{j1}\cdot X_1+\delta_{j2}\cdot X_2+\cdots+\delta_{ji}\cdot X_i+\cdots+\delta_{jj}\cdot X_j+\cdots+\delta_{jn}\cdot X_n+\Delta_{jP}=\Delta_j \\
\quad\cdots\cdots\cdots\cdots \\
\delta_{n1}\cdot X_1+\delta_{n2}\cdot X_2+\cdots+\delta_{ni}\cdot X_i+\cdots+\delta_{nj}\cdot X_j+\cdots+\delta_{nn}\cdot X_n+\Delta_{nP}=\Delta_n
\end{cases} \quad (14-7)$$

当原结构在多余约束力作用处沿多余约束力方向上的位移都等于零时,即 $\Delta_i=0(i=1$、$2,\cdots,n)$ 时,则公式(14-7)成为

$$\begin{cases}
\delta_{11}\cdot X_1+\delta_{12}\cdot X_2+\cdots+\delta_{1i}\cdot X_i+\cdots+\delta_{1j}\cdot X_j+\cdots+\delta_{1n}\cdot X_n+\Delta_{1P}=0 \\
\delta_{21}\cdot X_1+\delta_{22}\cdot X_2+\cdots+\delta_{2i}\cdot X_i+\cdots+\delta_{2j}\cdot X_j+\cdots+\delta_{2n}\cdot X_n+\Delta_{2P}=0 \\
\quad\cdots\cdots\cdots\cdots \\
\delta_{i1}\cdot X_1+\delta_{i2}\cdot X_2+\cdots+\delta_{ii}\cdot X_i+\cdots+\delta_{ij}\cdot X_j+\cdots+\delta_{in}\cdot X_n+\Delta_{iP}=0 \\
\quad\cdots\cdots\cdots\cdots \\
\delta_{j1}\cdot X_1+\delta_{j2}\cdot X_2+\cdots+\delta_{ji}\cdot X_i+\cdots+\delta_{jj}\cdot X_j+\cdots+\delta_{jn}\cdot X_n+\Delta_{jP}=0 \\
\quad\cdots\cdots\cdots\cdots \\
\delta_{n1}\cdot X_1+\delta_{n2}\cdot X_2+\cdots+\delta_{ni}\cdot X_i+\cdots+\delta_{nj}\cdot X_j+\cdots+\delta_{nn}\cdot X_n+\Delta_{nP}=0
\end{cases} \quad (14-8)$$

式(14-7)、式(14-8)就是力法方程的一般形式,解此方程组即可求出多余约束力 $X_i(i=1$、$2,\cdots,n)$。

在以上方程组中,等号左侧从左上角到右下角(不包括最后一项)所引的对角线称为主对角线,位于主对角线上的系数 $\delta_{ii}(i=1,2,\cdots,n)$ 称为**主系数**。主系数的物理意义是:当单位力 $X_i=1$ 单独作用于基本结构时引起的基本结构上 X_i 作用点处沿 X_i 方向的位移。主系数与外荷载无关,不随荷载而改变,是基本结构所固有的常数,且恒为正值。不在主对角线上的系数 $\delta_{ij}(i\ne j)$ 称为副系数。副系数的物理意义是:当单位力 $X_j=1$ 单独作用于基本结构时引起的基本结构上 X_i 作用点处沿 X_i 方向的位移。副系数与外荷载无关,不随荷载而改变,也是基本结构所固有的常数,其值可正、可负、可为零。等号左侧最后一项 Δ_{iP} 称为自由项。自由项的物理意义是:基本结构在实际荷载作用下引起的基本结构上 X_i 作用点处沿 X_i 方向的位移。它与荷载有关,由作用在原结构上的实际荷载所确定,因此自由项又叫荷载项,其值可正、可负、可为零。

根据位移互等定理可知,系数 δ_{ij} 与 δ_{ji} 是互等的,即

$$\delta_{ij}=\delta_{ji} \quad (14-9)$$

它表明:力法方程中主对角线两侧对称位置的两个副系数是相等的。

由于系数 δ_{ij} 是单位力作用时所产生的位移,故也统称为柔度系数。

上述方程组在组成上具有一定的规律,又具有副系数互等的关系,且不论结构是什么形式、基本结构和基本未知量怎么选取,其力法的基本方程均为此形式,因此,通常称其为力法典型方程。

根据前面所讲静定结构位移计算方法求出典型方程中的系数和自由项,将其带入典型方程即可解出多余约束力 X_i,然后按照静定结构的分析方法求出原结构的支座反力和任一截面内力,或按下述叠加公式求出任一截面弯矩:

$$M = X_1 M_1 + X_2 M_2 + X_3 M_3 + \cdots + X_n M_n + M_P \qquad (14\text{-}10)$$

绘制出弯矩图后,利用静力平衡条件计算 Q 和 N,再进一步绘制出原结构的剪力图和轴力图。

14.3 位移法

14.3.1 位移法的基本原理

位移法是以结点位移作为基本未知量,通过平衡条件建立位移法方程,求出位移后,即可利用位移和内力之间的关系,求出杆件和结构的内力。下面结合简单实例说明位移法的基本思路。

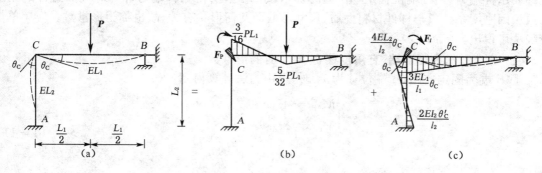

图 14-8

如图 14-8(a)所示的刚架,在荷载的作用下发生变形,杆件 AB、BC 在结点 B 处有相同的转角 θ,称为结点 B 的角位移。将整个刚架分解为 AB、BC 杆件,则 AB 杆件相当于两端固定的单跨梁,固定端 B 发生一转角 θ(图 14-8(b)),BC 杆相当于一端固定另一端铰支的单跨梁,受荷载作用,同时在 B 端发生角位移(图 14-8(c))。如果能够求出角位移,则能够计算出杆件的内力,问题的关键是求结点的角位移。

用位移法计算刚架,结点的位移是处于关键地位的未知量,基本思路是拆了再搭,将刚架拆成一系列单杆件进行求解;再将杆件合成为刚架,利用平衡条件求出位移。对于位移法的基本计算将在以后具体分析。

位移法的基本思路是"先固定后复原"。"先固定"指在原结构产生位移的结点上设置附加约束,使结点固定,从而得到基本结构,然后加上原有的外荷载。"后复原"指人为地迫使原先被固定的结点恢复到原有的位移。通过上述两个步骤,使基本结构与原结构的受力和变形完全相同,从而可以通过基本结构来计算原结构的内力和变形。

通过上例可以看出,用上述方法计算结构内力应分别解决以下几个问题:①预先算出各类超静定单杆在杆端位移以及荷载作用下的内力;②以结构的哪些结点位移作为基本未知量,从而在欲求结点位移处设置附加约束,以形成基本结构;③如何建立位移法方程,从而求出基本未知量。

14.3.2 等截面杆件的形常数和载常数

1) 由杆端位移求杆端弯矩

图 14-9 为等截面杆件,截面惯性矩为常数。已知端点 A 和 B 的角位移分别是 θ_A 和 θ_B,两端垂直于杆轴方向的相对线位移为 Δ,弦转角 $\varphi = \dfrac{\Delta}{l}$,拟求杆端弯矩和剪力。

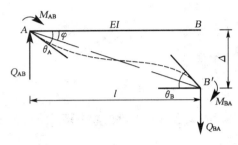

图 14-9

在位移法中位移的正负号规定为:结点转角,弦转角和杆端弯矩一律以使杆件产生顺时针转动时为正。这一点一定要注意与以前的不同。

采用位移法分析等截面直杆时,关键是要用杆端位移表示杆端力,当杆端位移是单位值时,即等于 1 时,所得的杆端力称为**等截面直杆的刚度系数**。因刚度系数只与杆件材料性质、尺寸及截面几何形状有关,故也称为**形常数**。应用单位荷载法可得出:

(1) 当 A 端作为固定端,有角位移 $\theta_A = 1$ 时的形常数

① B 端为固定支座,A 端位移为 θ_A 时,可由力法计算得到

$$\begin{cases} M_{AB} = 4i_{AB}\theta_A \\ M_{BA} = 2i_{AB}\theta_A \\ Q_{AB} = Q_{BA} = -\dfrac{6i_{AB}}{l}\theta_A \end{cases} \quad (14-11)$$

杆件的线刚度 $i_{AB} = \dfrac{EI}{l}$ 称为 AB 杆的线刚度。当 $\theta_A = 1$ 时,杆 AB 的 A 端弯矩的形常数为 $4i_{AB}$,B 端弯矩的形常数为 $2i_{AB}$,A 端和 B 端剪力的形常数为 $-\dfrac{6i_{AB}}{l}$。

② B 端为铰支座,当 A 端位移为 θ_A 时,可由力法计算得到

$$\begin{cases} M_{AB} = 3i_{AB}\theta_A = 1 \\ M_{BA} = 0 \\ Q_{AB} = Q_{BA} = -\dfrac{3i_{AB}}{l}\theta_A \end{cases} \quad (14-12)$$

可知当 $\theta_A = 1$ 时,杆 AB 的 A 端弯矩的形常数为 $3i_{AB}$,A 端和 B 端剪力的形常数为 $-\dfrac{3i_{AB}}{l}$。

③ B 端为滑动支座,当 A 端位移为 θ_A 时,可由力法计算得到

$$\begin{cases} M_{AB} = i_{AB}\theta_A \\ M_{BA} = -i_{AB}\theta_A \\ Q_{AB} = Q_{BA} = 0 \end{cases} \quad (14-13)$$

可知当 $\theta_A = 1$ 时，杆 AB 的 A 端弯矩的形常数为 i_{AB}，B 端弯矩的形常数为 $-i_{AB}$，A 端和 B 端剪力的形常数为 0。

（2）当 A 端作为固定端，而 AB 两端有相对杆端线位移 $\Delta = 1$ 时的形常数

① B 端为固定支座，当 B 端有线位移 Δ 时，同样由力法求得

$$\begin{cases} M_{AB} = M_{BA} = -\dfrac{6i_{AB}}{l}\Delta \\ Q_{AB} = Q_{BA} = \dfrac{12i_{AB}}{l^2}\Delta \end{cases} \tag{14-14}$$

当 $\Delta = 1$ 时，得到杆 AB 的 A 端和 B 端弯矩的形常数为 $-\dfrac{6i_{AB}}{l}$，剪力的形常数则为 $\dfrac{12i_{AB}}{l^2}$。

② B 端为铰支座，当 B 端有线位移时，可得到

$$\begin{cases} M_{AB} = -\dfrac{3i_{AB}}{l}\Delta \\ M_{BA} = 0 \\ Q_{AB} = Q_{BA} = \dfrac{3i_{AB}}{l^2}\Delta \end{cases} \tag{14-15}$$

当 $\Delta = 1$ 时，得到杆 AB 的 A 端弯矩的形常数为 $-\dfrac{3i_{AB}}{l}$，B 端弯矩的形常数为 0，A 端和 B 端剪力的形常数则为 $\dfrac{3i_{AB}}{l^2}$。

2）等截面直杆的载常数

对于常见的三种梁——两端固定，一端固定、另一端简支，一端固定另一端滑动支承，表 14-1 给出常见荷载作用下的杆端弯矩和剪力，又称固端弯矩和固端剪力，其正负号要注意。下面是两端固定梁的固端弯矩和剪力。

表 14-1 单跨超静定等截面直杆的杆端弯矩和剪力

编号	梁的简图	弯矩		剪力	
		M_{AB}	M_{BA}	V_{AB}	V_{BA}
1		$-\dfrac{1}{8}ql^2$	0	$\dfrac{5}{8}ql$	$-\dfrac{3}{8}ql$
2		$-\dfrac{Fab(l+b)}{2l^2}$ 当 $a=b=l/2$ 时，$-\dfrac{3Fl}{16}$	0	$-\dfrac{Fb(3l^2-b^2)}{2l^3}$ $\dfrac{11F}{16}$	$-\dfrac{Fa^2(2l+b)}{2l^3}$ $\dfrac{-5F}{16}$
3		$\dfrac{m}{2}$	m	$-m\dfrac{3}{2l}$	$-m\dfrac{3}{2l}$

续表 14-1

编号	梁的简图	弯矩 M_{AB}	弯矩 M_{BA}	剪力 V_{AB}	剪力 V_{BA}
4		$3i$ $\left(i=\dfrac{EI}{l},\text{下同}\right)$	0	$-\dfrac{3i}{l}$	$-\dfrac{3i}{l}$
5		$-\dfrac{1}{12}ql^2$	$\dfrac{1}{12}ql^2$	$\dfrac{ql}{2}$	$-\dfrac{ql}{2}$
6		$-\dfrac{Fab^2}{l^2}$ 当 $a=b=l/2$ 时，$-\dfrac{Fl}{8}$	$\dfrac{Fa^2b}{l^2}$ $\dfrac{Fl}{8}$	$\dfrac{Fb^2(l+2a)}{l^3}$ $\dfrac{F}{2}$	$-\dfrac{Fa^2(l+2b)}{l^3}$ $-\dfrac{F}{2}$
7		$4i$	$2i$	$-\dfrac{6i}{l}$	$-\dfrac{6i}{l}$
8		$-\dfrac{1}{3}ql^2$	$-\dfrac{1}{6}ql^2$	ql	0
9		$-\dfrac{Fa(l+b)}{2l}$ 当 $a=b=l/2$ 时，$-\dfrac{3Fl}{8}$	$-\dfrac{Fa^2}{2l}$ $-\dfrac{Fl}{8}$	F F	0 0
10		i	$-i$	0	0

注：表中，i 称为杆件的线刚度。

最后利用叠加原理得到杆端弯矩的一般公式为

$$\begin{cases} M_{AB} = 4i\theta_A + 2i\theta_B - 6i\dfrac{\Delta}{l} + M_{AB}^F \\ M_{BA} = 2i\theta_A + 4i\theta_B - 6i\dfrac{\Delta}{l} + M_{BA}^F \end{cases} \tag{14-16}$$

上式也称为等截面直杆的转角-位移方程。

14.3.3 位移法的基本方程

用位移法计算超静定结构时，首先需要确定基本未知量和基本体系。

位移法的基本未知量是结点角位移和结点线位移。位移法的基本体系是将基本未知量完全锁住后得到的超静定杆的综合体。

1）位移法的基本未知量

首先讨论结构点位移基本未知量。如图 14-10 所示连续梁，结点 A、B、C、D 都没有线位移。A 是固定端，转角等于零；B 和 C 是刚结点，可以转动，转角分别为 θ_B、θ_C，D 是铰结点，转角为 θ_D。设 BA 杆在 B 端的转角为 θ_{BA}，BC 杆在 B 端的转角为 θ_{BC}，在 C 端的转角为 θ_{CB}，CD 杆在 C 端的转角为 θ_{CD}，在 D 端的转角为 θ_{DC}，共有 5 个杆端转角。但根据刚结点上各杆端转角相等的变形连续条件，有

$$\theta_{BA} = \theta_{AB} = \theta_B$$
$$\theta_{CB} = \theta_{CD} = \theta_C$$

因 D 是铰结点，已知 $M_{DC} = 0$，θ_D 可以不取作为基本未知量。

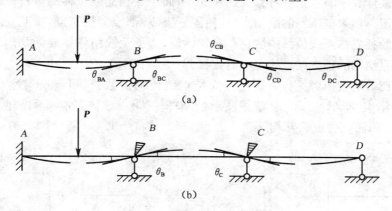

图 14-10

利用刚结点处的变形连续条件式后，只要计算出结点角位移也就可以得到杆端角位移。因此刚结点 B、C 的角位移取作为基本未知量，用 Δ_1、Δ_2 表示。可见结点角位移的数目就等于结构刚结点的数目。

再讨论结点线位移基本未知量。在前面曾讨论过，平面杆件体系的一个结点在平面内有两个自由度，也就是说，平面内一个结点有两个线位移。如图 14-11(a) 所示刚架，有两个结点 D、C，每个结点分别有竖直方向和水平方向两个线位移，则共有四个结点线位移。如图 14-11(b) 所示排架，有三个结点，则共有六个结点线位移。

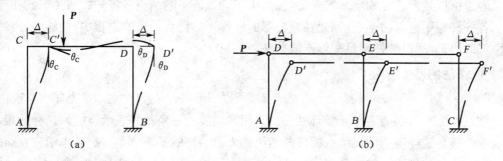

图 14-11

为减少计算工作量，减少基本未知量的个数，使计算得到简化，引入以下假设：①忽略各杆

轴向力产生的轴向变形,即杆件变形前的直线长度与变形后的直线长度可以认为相等;②弯曲变形都是微小的,结点转角和各杆弦转角都很微小,即杆件弯曲变形后的曲线长度与弦线长度可以认为相等。

综合起来可得出如下结论:杆件发生弯曲变形,杆件两端点之间的距离仍保持不变,或杆长保持不变。据此讨论独立的结点线位移的个数。图14-11(a)所示刚架由于杆 AC 和 BD 两端距离保持不变,因此在微小位移的情况下,结点 C 和 D 都没有竖向线位移,在结点 CD 虽然有水平线位移,但由于杆 CD 长度不变,因此结点 C 和 D 的水平线位移相等,可用一个符号 Δ 表示。因此原来四个结点结位移减少为一个独立的结点结位移。该刚架的全部基本未知量只有三个,即结点角位移和独立的结点线位移。同理,图14-11(b)所示排架,结点的水平线位移相同,故该排架的基本未知量只有一个独立的结点线位移。

由于在刚架计算中不考虑各杆长度的改变,因而结点独立线位移的数目可用几何组成分析的方法来判定。如果把所有的刚结点(包括固定支座)都改为铰结点,则此铰结体系的自由度就是原结构的独立结点线位移的数目。换句话说,为了使铰结体系成为几何不变而增加的链杆数就等于原结构的独立结点线位移的数目。

以图14-12所示刚架为例,为确定独立结点线位移的数目,可把所有刚结点包括固定支座都改为铰结点,得到图14-12实线所示铰结杆件体系,该体系必须添加两根链杆(虚线所示)后才能由几何可变成为几何不变。由此可知,图14-12(a)所示刚架有两个独立结点线位移。

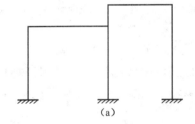 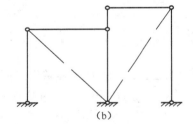

(a)   (b)

图 14-12

总之,用位移法计算刚架时,基本未知量包括结点角位移和独立结点线位移。结点角位移的数目等于结构刚结点的数目;独立结点线位移的数目等于将刚结点改为铰结点后得到的铰结体系的自由度数目。在确定基本未知量时,由于既保证了刚结点各杆杆端转角彼此相等,又保证了各杆杆端距离保持不变,因此在将分解的杆件再综合为结构的过程中,能够保证各杆杆端位移彼此协调,所以能够满足变形连续条件。

2) 位移法的基本方程

如图14-13所示刚架,只有一个刚结点 D,所以只有一个结点角位移,没有结点线位移。我们在结点 D 加一个控制结点 D 转动的约束,用加斜线的三角符号表示(注意,这种约束不约束结点线位移),这样得到的无结点位移的结构称为原结构的基本体系。把基本结构在荷载和基本未知位移共同作用下的体系称为原结构的基本体系。图14-13(b)即为图14-13(a)的基本体系。由此可知,位移法的基本体系是通过增加约束将基本未知量完全锁住后,在荷载和基本未知位移的共同作用下的超静定杆的综合体。

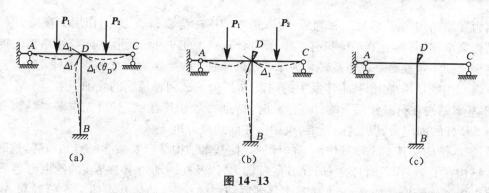

图 14-13

同理,图 14-14(a)的原结构,其基本体系和基本结构分别如图 14-14(b)、(c)所示。这里基本体系就是把结点角位移锁住后的三根超超静定杆的综合体。刚架有两个基本未知量,结点 C 的角位移和结点 C、D 的线位移,因此可在结点在结点 C 加一控制结点 C 转动的约束,在结点 D 加一水平支杆,控制结点 C、D 的水平线位移。这样得到的基本体系如图 14-14(b)所示。

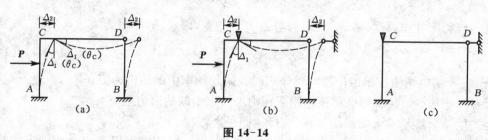

图 14-14

由以上讨论可知,在原结构基本未知量处增加相应的约束就得到原结构的基本体系。对于结点角位移,增加控制转动的约束,对于结点线位移,则增加控制结点线位移的约束,即支杆。这两种约束的作用是相互独立的。因此,基本体系与原结构的区别在于增加了人为的约束,把原结构变成了一个被约束的单杆综合体。位移法的基本体系,在荷载与结点位移的共同作用下如何才能转化为原结构呢?转化的条件就是建立满足平衡条件的位移法方程。为使位移法方程的表达式具有一般性,将基本未知量(角位移和独立结点线位移)统一用 Δ 表示。

(1) 位移法方程的建立

以图 14-15 所示刚架说明位移法方程的建立,该刚架只有一个刚结点 C,基本未知量就是结点 C 的角位移,可在结点 C 施加控制转动的约束,得到基本体系如图 14-15 所示。

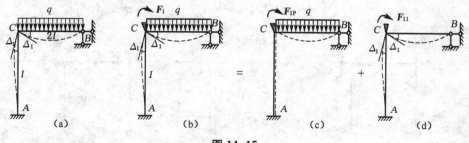

图 14-15

基本体系转化为原结构的条件就是施加转动约束的约束力矩 F_1 应等于零,即

$$F_1 = 0 \tag{a}$$

因为在原结构结点 C 处没有约束，所以基本结构在荷载和 Δ_1 共同作用下在结点 C 处应与原结构完全相同，即 $F_1=0$，只有这样，图 14-15(b) 的内力和变形才能与原结构的内力和变形完全相同。这就是基本体系转化为原结构的条件，$F_1=0$ 是一个平衡方程。

下面利用叠加原理，把基本体系中的约束力 F_1 分解成两种情况的叠加。

① 基本结构在荷载作用下的计算。此时，结点 C 处于锁住状态，可先求基本结构在荷载作用下 CB 杆的固端力，以及在转动约束中存在的约束力矩 F_{1P}。

② 基本结构在基本未知量作用下的计算。使基本结构结点 C 发生结点角位移，这时可求出基本结构在有 Δ_1 作用时杆件 CA、CB 的杆端力，以及在转动约束中存在的约束力矩 F_{11}。

将以上两种情形叠加，使基本体系恢复到原结构的状态，即使基本体系在荷载和 Δ_1 作用下附加的约束力矩 F_1 消失。这时图 14-15(b) 中虽然结点 C 在形式上还有附加转动约束，但实际上已不起作用，即结点 C 处于放松状态。

根据以上分析，式(a)可写为

$$F_1 = F_{1P} = F_{11} \tag{b}$$

进一步利用叠加原理，将 F_{11} 表示为与 Δ 有关的量，即式(b)可写为

$$F_1 = k_{11}\Delta_1 + F_{1P} = 0 \tag{14-17}$$

式中：k_{11}——基本结构在单位位移单独作用时在附加约束中的约束力矩；

F_{1P}——基本结构在荷载单独作用下在附加约束中的约束力矩。

上式就是求解基本未知量的位移法方程，即平衡方程。

总之，对于一个刚结点，有一个结点角位移基本未知量，相应可以写出一个结点的约束力矩等于零的平衡方程——基本方程。一个基本方程正好解出一个基本未知量。

(2) 位移法方程的典型形式

对于具有多个基本未知量的结构仍然应用上述思路，建立位移法方程的典型形式。现以图 14-16(a) 所示刚架为例说明两个基本未知量的位移法方程。

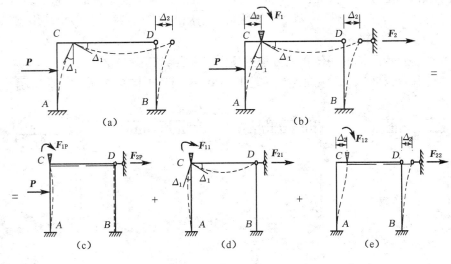

图 14-16

图 14-16(a)所示刚架有两个基本未知量,结点 C 的转角和结点 D 的水平位移,在结点 C 施加控制转动的约束,为约束 1,在结点 D 加一控制水平线位移的约束支杆为约束 2,基本体系如图 14-16(b)所示,下面利用叠加原理建立位移法方程。

① 基本结构在荷载单独作用时的计算。先求出各杆的固端力,然后求在两个约束中分别存在的约束力矩 F_{1P}、F_{2P}。

② 基本结构在单独作用时的计算。使基本结构在结点 C 发生结点位移,但结点 D 仍被锁住。这时,可求出基本结构在杆件 CA 和 CD 的杆端力,以及在两个约束中分别存在的约束力矩 F_{11}、F_{21}。

③ 基本结构在单独用时的计算。使基本结构在结构 D 发生结点位移,但结点 C 仍被锁住。这时可求出基本结构在杆件 AC 和 BD 的杆端力,以及在两个约束中分别存在的约束力矩 F_{12}、F_{22}。

叠加以上三步结果,得基本体系在荷载和结点位移共同作用下的结果。这时基本体系已转化为原结构,虽然在形式上还有约束,但实际上已不起作用,附加约束中的总约束力应等于零,即

$$\begin{cases} F_1 = 0 \\ F_2 = 0 \end{cases} \tag{a}$$

$$\begin{cases} F_{1P} + F_{11} + F_{12} = 0 \\ F_{2P} + F_{21} + F_{22} = 0 \end{cases} \tag{b}$$

式中:F_{1P}、F_{2P}——基本结构在荷载单独作用时在附加约束 1、2 中间生的约束力矩和约束力;

F_{11}、F_{21}——基本结构在结点位移单独作用时,在附加约束 1、2 中间生的约束力矩和约束力;

F_{12}、F_{22}——基本结构在结构位移单独作用时,在附加约束 1、2 中间生的约束力矩和约束力。

利用叠加原理,可将 F_{11}、F_{21} 等表示为与 Δ_1、Δ_2 有关的量,将式展开为

$$\begin{cases} k_{11}\Delta_1 + k_{12}\Delta_2 + F_{1P} = 0 \\ k_{21}\Delta_1 + k_{22}\Delta_2 + F_{2P} = 0 \end{cases} \tag{14-18}$$

式中:k_{11}、k_{21}——基本结构在单位结构位移单独作用时,在附加约束 1、2 中间生的约束力矩和约束力;

k_{12}、k_{22}——基本结构在单位结点位移单独作用时,在附加约束 1、2 中间生的约束力矩和约束力。

式(14-18)就是具有两个基本未知量的位移法方程,由此方程求出基本未知量。

对于具有 N 个基本未知量的结构,其位移法方程的典型形式如下:

$$\begin{cases} k_{11}\Delta_1 + k_{12}\Delta_2 + \cdots + k_{1n}\Delta_n + F_{1P} = 0 \\ k_{21}\Delta_1 + k_{22}\Delta_2 + \cdots + k_{2n}\Delta_n + F_{2P} = 0 \\ \cdots\cdots\cdots\cdots \\ k_{n1}\Delta_1 + k_{n2}\Delta_2 + \cdots + k_{nn}\Delta_n + F_{nP} = 0 \end{cases} \tag{14-19}$$

14.4 力矩分配法

力矩分配法是直接从实际结构的受力和变形状态出发,根据位移法基本原理,从开始建立的近似状态,逐步通过增量调整来修正,最后收敛于真实状态,它是直接以杆端弯矩为计算对象的一种渐进解法。其特点是在计算过程中无需建立和求解方程,而是以逐次渐进的方式来计算杆端弯矩;计算结果的精确度随计算轮次的增加而提高;每轮的计算都是按照同样的步骤重复进行。

在力矩分配法中,杆端弯矩和结点位移的正负号规定均与位移法相同。规定:杆端弯矩对杆端而言顺时针为正,逆时针为负(对结点或支座而言,逆时针为正,顺时针为负);杆端剪力仍以使所取的隔离体有顺时针转动趋势为正,反之为负;杆端转角以顺时针转向为正,反之为负;杆端相对线位移以相对于原位置顺时针转向为正,反之为负。

14.4.1 力矩分配法的基本原理

力矩分配法和位移法一样,以单跨梁为基本单元(主要是单跨超静定梁),在计算过程中需要知道单跨超静定梁在杆端发生位移时以及在荷载等外因作用下的杆端内力,见表14-1。其中由杆端位移以外的其他因素作用(荷载、温度变化等)引起的杆端内力称为**固端弯矩**,表示符号是在杆端内力符号的右上角添加角标"F",如 M_{AB}^F 表示 AB 杆 A 端的固端弯矩。下面以图14-17(a)所示的两跨连续梁为例来说明力矩分配法的基本原理。

梁在荷载作用下将发生如图14-17(a)中虚线所示的变形,如果在梁的刚结点 B 上添加一个控制转动的附加刚臂把刚结点 B 固定,如图14-17(b)所示,连续梁被分隔为两个单跨超静定梁 AB 和 BC,在荷载作用下其变形如图14-17(b)中虚线所示,此时各杆端将产生固端弯矩,其值可由表14-1查得。一般情况下,汇交于 B 结点的 BA 杆和 BC 杆的固端弯矩不相等,即 $M_{BA}^F \neq M_{BC}^F$,因此,在附加刚臂上必产生力矩 M_B,称为结点的不平衡力矩(又叫约束力矩)。约束力矩以顺时针转向为正,如图14-17(b)所示。此不平衡力矩 M_B 可由刚结点 B 的力矩平衡方程求得。取结点 B 为脱离体,画出其受力图如图14-17(c)所示,由 $\sum M_B = 0$ 可得 $M_B = M_{BA}^F + M_{BC}^F$。因结点 B 处本来没有刚臂,也不存在约束力矩 M_B,为了使其恢复到原来的状态,必须对结点 B 进行放松,即在结点 B 上加上一个与 M_B 大小相等、转向相反的力矩,如图14-17(d)所示,消除了附加刚臂的影响,使结点 B 转动,发生如图14-17(d)中虚线所示的变形。最后,叠加固定结点时所产生的固端弯矩和放松结点时所产生的弯矩,即得最后的杆端弯矩,这就是力矩分配法。整个计算过程可在图表上进行,简单清晰,非常适合于手算。

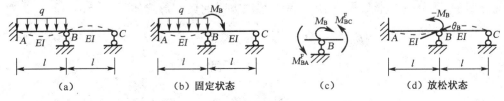

图 14-17

1) 转动刚度

转动刚度表示杆件端部对转动的抵抗能力。转动刚度用 S 表示,例如,杆件 AB 在 A 端的转动刚度表示为 S_{AB},AB 杆 A 端发生转动,A 端称为近端,B 端称为远端。转动刚度的数值等于使杆端产生单位转角(不产生线位移)时需要施加的力偶矩。为方便起见,把等截面直杆远端为不同约束时的转动刚度值列入表 14-2 中。由表 14-2 可知:转动刚度的值与杆件的线刚度成正比,其比例系数取决于杆件远端的约束情况。

如图 14-18 所示,当远端为固定端时,$M_{AB} = S_{AB} = 4i$;当远端为铰支时,$M_{AB} = S_{AB} = 3i$;当远端为滑动支座时,$M_{AB} = S_{AB} = i$;当远端为水平支座链杆或自由端时,$M_{AB} = S_{AB} = 0$。

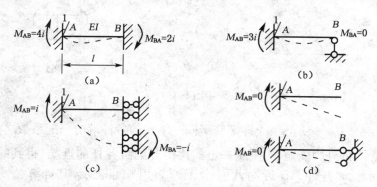

图 14-18

2) 分配系数

如图 14-19(a)所示,在刚结点 A 上作用一力偶矩为 M 的外力偶,使结点 A 发生转角 θ_A。则有

$$M_{AB} = S_{AB}\theta_A = 4i_{AB}\theta_A, \quad M_{BA} = 2i_{AB}\theta_A$$
$$M_{AD} = S_{AD}\theta_A = i_{AD}\theta_A, \quad M_{DA} = -i_{AD}\theta_A$$
$$M_{AC} = S_{AC}\theta_A = 3i_{AC}\theta_A, \quad M_{CA} = 0$$

取结点 A 为脱离体,如图 14-19(b)所示,则有

$$M = M_{AB} + M_{AC} + M_{AD} = S_{AB}\theta_A + S_{AC}\theta_A + S_{AD}\theta_A$$

$$\theta_A = \frac{M}{S_{AB} + S_{AC} + S_{AD}} = \frac{M}{\sum_A S}$$

$$M_{AB} = S_{AB}\theta_A = \frac{S_{AB}}{\sum_A S}M$$

$$M_{AC} = S_{AC}\theta_A = \frac{S_{AC}}{\sum_A S}M$$

$$M_{AD} = S_{AD}\theta_A = \frac{S_{AD}}{\sum_A S}M$$

令 $$\mu_{AB} = \frac{S_{AB}}{\sum\limits_A S}, \mu_{AC} = \frac{S_{AC}}{\sum\limits_A S}, \mu_{AD} = \frac{S_{AD}}{\sum\limits_A S}$$

μ_{AB}、μ_{AC}、μ_{AD} 分别称为 AB、AC、AD 杆 A 端的**分配系数**。

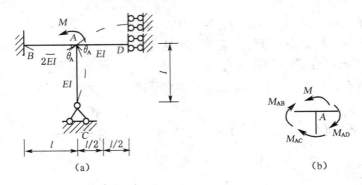

图 14-19

$\sum\mu_{Aj} = \mu_{AB} + \mu_{AC} + \mu_{AD} = 1$，即汇交于同一结点的各杆端的分配系数之和等于1。这好比将作用于结点 A 的外力偶矩 M 按照一定的比例分配给各杆的近端，得到的弯矩称为**分配弯矩**，用 M^μ 表示。如杆件 AB 近端 A 处分配弯矩用 M^μ_{AB} 表示，其计算公式为 $M^\mu_{AB} = \mu_{AB}(-M_A)$，即近端的分配弯矩等于近端的不平衡力矩（反号）与其分配系数的乘积。

3）传递系数

各杆远端弯矩与近端弯矩之比称为**传递系数**，用 C 表示。如远端为固定端时，传递到远端 B 的 $\dfrac{M_{BA}}{M_{AB}} = C_{AB} = \dfrac{1}{2}$。

远端弯矩又称为**传递弯矩**，传递弯矩通常用符号 M^C 表示。例如杆件 AB 由近端 A 传递到远端 B 的传递弯矩用 M^C_{BA} 表示，其计算公式为 $M^C_{BA} = C_{AB}M^\mu_{AB}$，即远端的传递弯矩等于近端的分配弯矩与其传递系数的乘积。

当远端为不同支承时，其转动刚度 S 和传递系数 C 的值列入表 14-2。

表 14-2 等截面直杆的转动刚度和传递系数

远端支承情况	转动刚度 S	传递系数 C
固定	$4i$	0.5
铰支	$3i$	0
滑动	i	-1
自由或轴向支杆	0	

14.5 应用举例

14.5.1 力法应用举例

1）超静定梁的计算

【**例 14-2**】 已知 EI 为常数，用力法计算如图 14-20 所示连续梁，并绘制其弯矩图。

解法一：(1) 经分析可知原结构为一次超静定结构。

(2) 选取力法基本结构如图 14-21(a) 所示，建立如图 14-21(b) 所示的基本体系。

(3) 列出力法方程：$\delta_{11}X_1 + \Delta_{1P} = 0$。

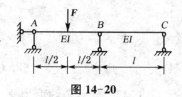

图 14-20

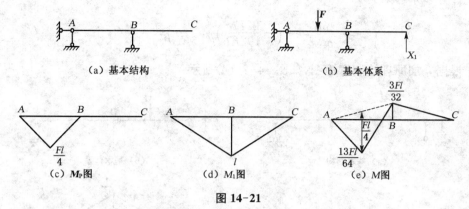

图 14-21

(4) 计算系数和自由项。绘制出基本结构在荷载作用下的弯矩图 M_P 图（如图 14-21(c)），绘出基本结构在单位力 $X_1=1$ 作用下的弯矩图 M_1 图（如图 14-21(d)），利用图乘法计算 δ_{11} 和 Δ_{1P} 的值：

$$\delta_{11} = \sum \frac{Ay_C}{EI} = \frac{2}{EI}\left(\frac{l}{2} \times l \times \frac{2l}{3}\right) = \frac{2l^3}{3EI}$$

$$\Delta_{1P} = \sum \frac{Ay_C}{EI} = \frac{1}{EI}\left(\frac{1}{2} \times \frac{Fl}{4} \times l \times \frac{l}{2}\right) = \frac{Fl^3}{16EI}$$

(5) 计算多余约束力

$$X_1 = -\frac{\Delta_{1P}}{\delta_{11}} = -\left(\frac{Fl^3}{16EI}\right) \bigg/ \left(\frac{2l^3}{3EI}\right) = -\frac{3F}{32}(\downarrow)$$

(6) 根据叠加原理可绘制原结构的弯矩图（如图 14-21(e)），$M = M_P + M_1 X_1$。

解法二：(1) 经分析可知原结构为一次超静定结构。

(2) 选取力法基本结构如图 14-22(a) 所示，建立基本体系如图 14-22(b) 所示。

(3) 列出力法方程：$\delta_{11}X_1 + \Delta_{1P} = 0$。

(4) 计算系数和自由项：绘制出基本结构在荷载作用下的弯矩图 M_P 图（如图 14-22(c)），绘出基本结构在单位力 $X_1=1$ 作用下的弯矩图 M_1 图（如图 14-22(d)），利用图乘法计算 δ_{11} 和 Δ_{1P} 的值。

$$\delta_{11} = \sum \frac{Ay_C}{EI} = \frac{2}{EI} \times \left(\frac{1}{2} \times l \times \frac{l}{2} \times \frac{2}{3} \times \frac{l}{2}\right) = \frac{l^3}{6EI}$$

$$\Delta_{1P} = \sum \frac{Ay_C}{EI}$$

$$= -\frac{1}{EI}\left(\frac{1}{2} \times \frac{l}{2} \times \frac{3Fl}{8} \times \frac{2}{3} \times \frac{l}{4} + \frac{l}{2} \times \frac{Fl}{4} \times \frac{1}{2} \times \frac{3l}{4} + \frac{1}{2} \times \frac{Fl}{8}\right.$$

$$\times \frac{l}{2} \times \frac{l}{3} + \frac{1}{2} \times l \times \frac{Fl}{4} \times \frac{2}{3} \times \frac{l}{2}\bigg)$$
$$= -\frac{22Fl^3}{192EI}$$

(5) 计算多余约束力 X_1

$$X_1 = -\frac{\Delta_{1P}}{\delta_{11}} = -\left(-\frac{22Fl^3}{192EI}\right)\bigg/\left(\frac{l^3}{6EI}\right) = \frac{11F}{16}(\downarrow)$$

(6) 根据叠加原理绘制弯矩图,如图 14-21(e)所示。

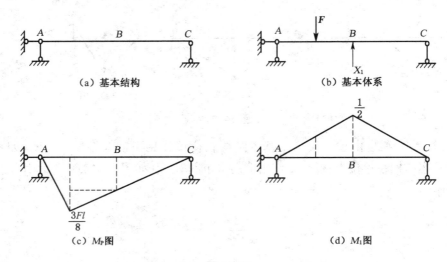

图 14-22

14.5.2 位移法的应用

【例 14-3】 用位移法计算如图 14-23 所示的连续梁的内力,$EI = $ 常数。

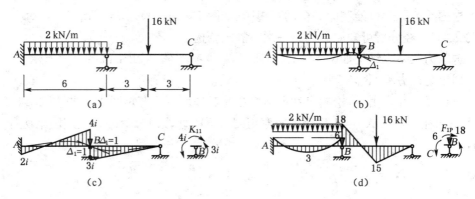

图 14-23

(1) 基本未知量只有结点 B 的角位移 θ_B,记为 Δ_1。

(2) 在 B 点施加抵抗转动的约束,得到如图 14-23(b)所示的基本体系。建立位移法方程

$k_{11}\Delta_1 + F_{1P} = 0$。

(3) 计算系数 k_{11}。令 $i = \dfrac{EI}{6}$，查表列出各杆在结点 B 有单位转角作用下附加约束中的约束力矩：

$$M_{AB} = 2i \quad M_{BA} = 4i \quad M_{BC} = 3i$$

由结点 B 的平衡条件图 14-23(d)可得

$$\sum M_B = 0 \quad k_{11} = 4i + 3i = 7i$$

(4) 计算基本结构在荷载作用下在附加约束的约束力矩。此时结点 B 处于锁住状态，查表得各杆固端弯矩，作弯矩图如图 14-23(d)所示。

$$-M_{AB}^F = M_{BA}^F = \dfrac{ql^2}{12} = 6 \text{ kN} \cdot \text{m}$$

$$M_{BC}^F = -\dfrac{3Pl}{16} = -18 \text{ kN} \cdot \text{m}$$

利用结点 B 的平衡条件得

$$\sum M_B = 0 \quad F_{1P} = -12 \text{ kN} \cdot \text{m}$$

代入位移法基本方程可得

$$7i\theta_B + 6 = 0 \quad \theta_B = -\dfrac{6}{7i}$$

(5) 利用叠加公式 $M = M_1 X_1 + M_P$ 计算各杆杆端弯矩

$$M_{AB} = -2.57 \text{ kN} \cdot \text{m} \quad M_{BA} = 12.86 \text{ kN} \cdot \text{m} \quad M_{BC} = -12.86 \text{ kN} \cdot \text{m}$$

最后画出弯矩图(图 14-24)。画图时注意弯矩画在受拉一侧。

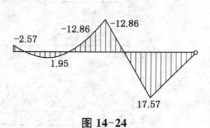

图 14-24

一般来说，每一个刚结点有一个结点转角——基本未知量，与此相对应，在每一个刚结点处又可写一个力矩平衡方程——基本方程。而刚架的各结点(不包括支座)只有角位移而没有线位移。

14.5.3　力矩分配法计算举例

用力矩分配法计算单结点的连续梁和无侧移刚架的步骤为：

(1) 固定结点。即在刚结点上附加刚臂，将结构转化为若干个单跨梁，然后依据表 14-1 计算出各杆的固端弯矩，进而计算出该结点的不平衡力矩。

(2) 放松结点。为了消除附加刚臂的影响，在结点上取消刚臂，并加上与不平衡力矩相反的力偶矩，先根据分配系数计算出各杆的分配弯矩，再根据传递系数计算出其传递弯矩。

(3) 将同一杆端下的固端弯矩、分配弯矩或传递弯矩相叠加即得最终的杆端弯矩,最后绘制出弯矩图。

下面通过求解只有一个刚结点的连续梁来说明具体的计算过程。

【例 14-4】 试绘制如图 14-25(a)所示连续梁的弯矩图。

【解】 (1) 计算杆端分配系数

令 $\dfrac{EI}{12} = i$,$i_{BA} = \dfrac{2EI}{6} = 4i$,$i_{BC} = \dfrac{EI}{12} = i$

$$\mu_{BA} = \dfrac{S_{BA}}{S_{BA} + S_{BC}} = \dfrac{4 \times 4i}{4 \times 4i + 3i} = \dfrac{16}{19} = 0.842$$

$$\mu_{BC} = \dfrac{S_{BC}}{S_{BA} + S_{BC}} = \dfrac{3i}{4 \times 4i + 3i} = \dfrac{3}{19} = 0.158$$

校核:$\sum \mu_{Bj} = \mu_{BA} + \mu_{BC} = 1$

(2) 分配与传递

① 计算各杆端固端弯矩及结点不平衡力矩

经分析,该连续梁只有一个刚结点 B,附加刚臂如图 14-25(b)所示,查表 14-1 得

$$M^F_{AB} = -\dfrac{100 \times 6}{8} = -75 \text{ kN} \cdot \text{m}, \quad M^F_{BA} = \dfrac{100 \times 6}{8} = 75 \text{ kN} \cdot \text{m}$$

$$M^F_{BC} = -\dfrac{15 \times 12^2}{8} = -270 \text{ kN} \cdot \text{m}, \quad M^F_{CB} = 0$$

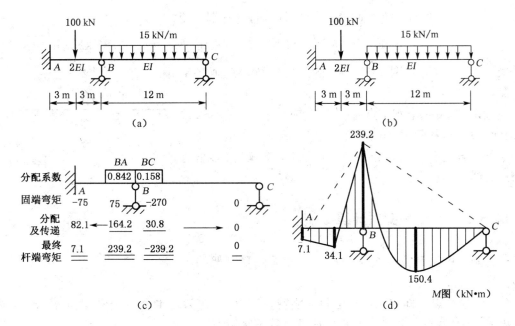

图 14-25

结点 B 产生的不平衡力矩

$$\sum M_{Bj}^F = M_{BA}^F + M_{BC}^F = 75 - 270 = -195 \text{ kN·m}$$

② 计算分配弯矩

$$M_{BA}^\mu = 0.842 \times 195 = 164.2 \text{ kN·m}$$

$$M_{BC}^\mu = 0.158 \times 195 = 30.8 \text{ kN·m}$$

③ 计算传递弯矩

$$M_{AB}^C = \frac{1}{2} \times 164.2 = 82.1 \text{ kN·m}$$

$$M_{CB}^C = 0 \times 30.8 = 0$$

(3) 计算最终杆端弯矩，绘制弯矩图

最后将各杆端固端弯矩和分配弯矩或传递弯矩叠加，即得各杆端的最终弯矩

$$M_{AB} = M_{AB}^F + M_{AB}^C = -75 + 82.1 = 7.1 \text{ kN·m}$$

$$M_{BA} = M_{BA}^F + M_{BA}^\mu = 75 + 164.2 = 239.2 \text{ kN·m}$$

$$M_{BC} = M_{BC}^F + M_{BC}^\mu = -270 + 30.8 = -239.2 \text{ kN·m}$$

$$M_{CB} = 0$$

整个计算过程如图 14-25(c)所示，依据最终弯矩绘制出弯矩图如图 14-25(d)所示。

关于力矩分配法的两条重要说明：

(1) 在运用力矩分配法解题的过程中，变形过程被想象成两个阶段。第一阶段是固定结点，加载，得到的是固端弯矩；第二阶段是放松结点，产生的力矩是分配弯矩与传递弯矩。

(2) 在对结点不平衡力矩进行分配之前，必须明确被分配的力矩有多大，是正值还是负值，认定无误之后再进行分配。

结点的不平衡力矩等于刚结点上各杆固端弯矩的代数和，它有正、负之分。进行分配时，先将不平衡力矩变号，然后乘以各杆近端的分配系数，这样得到的便是相应杆的分配弯矩；然后由近端向远端传递，得到传递弯矩。

小 结

本章介绍了求解超静定结构的几种典型方法：力法、位移法、弯矩分配法。力法是以多余约束力为基本未知量，以去掉多余约束后得到的静定结构作为基本结构，利用基本体系在荷载和多余约束力共同作用下的变形条件建立力法方程，从而求解多余未知力。求得多余未知力后，超静定问题就转化为静定问题，可用平衡条件求解所有未知力。位移法是以结点位移作为基本未知量，利用结点力矩平衡方程或截面平衡方程进行求解。力矩分配法是一种渐近解法，主要用于计算连续梁和无结点线位移的刚架，通过固定刚结点、放松刚结点两个步骤对结点不平衡弯矩进行分配，不需建立和求解联立方程，直接得到杆端弯矩。

思考题

1. 什么是超静定结构？什么是超静定次数，如何确定？
2. 用力法求解超静定结构的思路是什么？什么是力法的基本体系和基本未知量？
3. 用位移法求解超静定结构的思路是什么？什么是位移法的基本体系和基本未知量？
4. 试从物理意义说明：为什么主系数必大于零，而副系数可为正值、负值或为零？
5. 为什么静定结构的内力状态与 EI 无关，而超静定结构的内力状态与 DI 有关？为什么在荷载作用下超静定梁和刚架的内力与各杆 EI 的相对值有关，而与其绝对值无关？
6. 独立结点线位移的数目是如何确定的？确定的基本假设是什么？为什么可以用铰结体系自由度的数目确定？
7. 什么叫转动刚度？什么叫分配系数？什么叫传递系数？
8. 用力矩分配法计算连续梁和无侧移刚架时，为什么结点的约束力矩会趋近于零，即为什么计算过程是收敛的？

习 题

14-1 判断题

( )(1) 去掉一个固定端支座或切开一根梁式杆，相当于解除去了三个约束。
( )(2) 力法的基本结构是唯一的。
( )(3) 力法典型方程中的主系数取值可正、可负、可为零。
( )(4) 超静定结构的内力大小与 EI 无关。
( )(5) "没有荷载就没有内力"适用于所有结构。
( )(6) 力法的基本结构必须是静定结构。
( )(7) 力法的基本未知量是多余约束力。

14-2 填空题

(1) 从几何组成角度看，超静定次数等于_____个数。
(2) 力法的基本未知量为_____，位移法的基本未知量为_____。
(3) 力法的基本结构不是唯一的，但必须是_____结构。
(4) 一次超静定结构在外荷载作用时的力法基本方程为_____。
(5) 作用在对称结构上的一般荷载都可分解为两组荷载的叠加，一组是_____，另一组是_____。
(6) 力法典型方程中，主系数的取值为_____位移法典型方程中主系数取值为_____。
(7) 力矩分配法中的传递弯矩为_____。
(8) 如题 14-2(8)图所示，连续梁中力矩分配系数 μ_{BC} 和 μ_{CB} 分别为_____和_____。
(9) 在力矩分配法中，转动刚度表示杆端对_____的抵抗能力。

题 14-2(8)图

14-3 选择题

(1) 力法的基本未知量是( )，位移法的基本未知量是( )。

A. 结点位移　　　　B. 约束反力　　　　C. 多余约束力　　　　D. 内力

(2) 力法典型方程的系数和自由项中,取值可正、可负、可为零的是(　　)。

A. 主系数和副系数　　B. 主系数和自由项　　C. 副系数和自由项　　D. 主系数

(3) 如题 14-3(3)图所示,超静定结构的超静定次数为(　　)。

A. 2　　　　　　B. 3　　　　　　C. 4　　　　　　D. 5

(4) 如题 14-3(4)图所示,超静定结构的超静定次数为(　　)。

A. 4　　　　　　B. 3　　　　　　C. 2　　　　　　D. 1

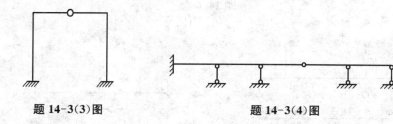

题 14-3(3)图　　　　　　　题 14-3(4)图

14-4　用力法计算如题 14-4 图所示连续梁,并绘制其弯矩图,EI 为常数。

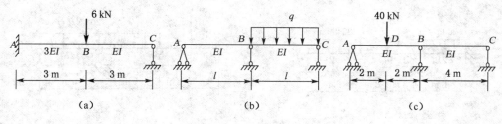

题 14-4 图

14-5　用力法计算如题 14-5 图所示超静定刚架,并绘制其内力图。

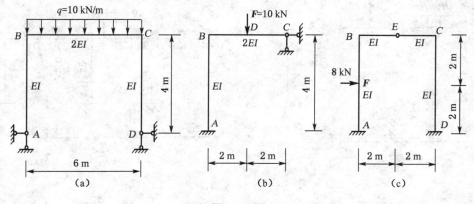

题 14-5 图

14-6　用位移法计算题 14-6 图结构并作 M 图,各杆线刚度均为 i,各杆长均为 l。

14-7　用力矩分配法计算题 14-7 图示各梁,EI 为常数,并绘制弯矩图。

14-8　用力矩分配法计算题 14-8 图所示各刚架,EI 为常数,并绘制弯矩图。

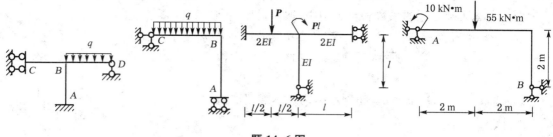

题 14-6 图

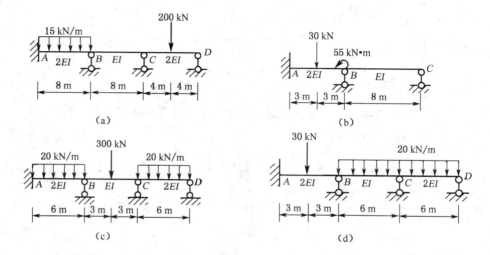

题 14-7 图

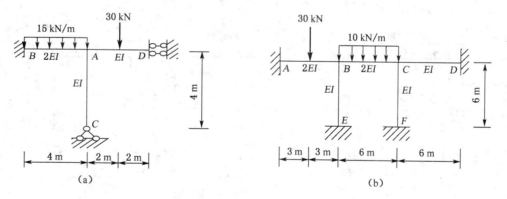

题 14-8 图

附录 I 截面图形的几何性质

在日常生活和工程实际中,我们发现,相同的材料、相同的横截面面积,由于杆件的放置方式不同或者是杆件的横截面形状尺寸不同,杆件的承载能力就会有明显的差异。例如,把一块砖平着放时就容易折断,立着放时就不容易折断。把一张纸两端支承在粉笔上,我们看到这张纸在自重作用下就发生了明显的弯曲变形,更不要指望让它去承载其他重物了;如果我们把这张纸折叠成波浪状,此时再把这张纸两端支承在粉笔上,我们看到这张纸不仅在自重作用下不再发生明显的弯曲变形了,而且还可以再承载一些粉笔等物件了。上述案例说明杆件的承载能力与杆件横截面的几何数据有着很大的直接关系。

材料力学中把与杆件横截面形状、尺寸有关的几何量统称为**截面的几何性质**(因为杆件的横截面都是具有一定形状的平面图形,所以截面的几何性质又称为平面图形的几何性质)。截面的几何性质指的是根据杆件的横截面形状尺寸经过一系列运算所得到的几何数据,如面积、形心、静矩、惯性矩等。

截面的几何性质计算纯粹是一个几何问题,但它是计算杆件强度、刚度、稳定性等问题中必不可少的几何参数。截面的几何性质是影响杆件承载能力的重要因素,杆件的应力和变形不仅与杆件的内力有关,而且还与杆件截面的横截面面积、静矩、惯性矩、抗弯截面模量、极惯性矩等截面的几何性质密切相关。研究截面的几何性质的目的就是要解决如何用最少的材料制作出能够承担较大荷载的杆件的问题,即合理解决安全与经济这一矛盾。

I.1 静矩和形心

I.1.1 静矩

任意平面图形如图 I-1 所示,其面积为 A,在图形平面内建立直角坐标系 yOz,围绕点 (z,y) 任取一微面积 dA,定义

$$S_z = \int_A y\,dA, \quad S_y = \int_A z\,dA \tag{I-1}$$

分别为图形对 z 轴和 y 轴的静矩。由静矩的定义可知,静矩是一个与图形、坐标轴有关的几何量,其取值范围是一切实数,其常用单位是 mm^3。

对于面积和形心位置均已知的简单图形,则有

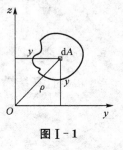

图 I-1

$$S_z = Ay_C, \quad S_y = Az_C \qquad (\text{I}-2)$$

即平面图形对 z 轴(或 y 轴)的静矩等于图形面积 A 与形心坐标 y_C(或 z_C)的乘积。显然,当坐标轴通过图形的形心时,其静矩等于零;反之,若图形对某轴的静矩等于零,则该轴一定通过图形的形心。

Ⅰ.1.2 组合图形的形心

可以划分为若干个简单图形的图形称为组合图形,常见的组合图形有 I 字形、L 形、T 字形、箱型等。

由静矩的定义可知组合图形的静矩为

$$S_z = \sum_{i=1}^{n} S_z^i = \sum (A_i y_{Ci}), \quad S_y = \sum_{i=1}^{n} S_y^i = \sum (A_i z_{Ci}) \qquad (\text{I}-3)$$

组合图形的形心坐标计算公式为

$$y_C = \frac{S_z}{A} = \frac{\sum (A_i y_{Ci})}{\sum A_i}, \quad z_C = \frac{S_y}{A} = \frac{\sum (A_i z_{Ci})}{\sum A_i} \qquad (\text{I}-4)$$

【例Ⅰ-1】 已知某组合图形如图Ⅰ-2所示,试分别计算该组合图形对 z、y 轴的静矩,并确定该组合图形的形心位置。

【解】 以图形的下边界为 z 轴、左边界为 y 轴建立坐标系,将该组合图形划分成两个矩形,如图Ⅰ-2所示。

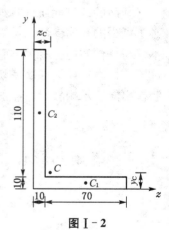

图 Ⅰ-2

由公式(Ⅰ-3)可知该组合图形对 z、y 轴的静矩分别为

$$S_z = \sum_{i=1}^{n} S_z^i = \sum (A_i y_{Ci}) = A_1 \cdot y_{C1} + A_2 \cdot y_{C2}$$
$$= 10 \times 70 \times 5 + 10 \times 120 \times 60 = 75\,500 \text{ mm}^3$$

$$S_y = \sum_{i=1}^{n} S_y^i = \sum (A_i z_{Ci}) = A_1 \cdot z_{C1} + A_2 \cdot z_{C2}$$
$$= 10 \times 70 \times 45 + 10 \times 120 \times 5 = 37\,500 \text{ mm}^3$$

由公式(Ⅰ-4)可得该组合图形的形心坐标分别为

$$y_C = \frac{\sum (A_i y_{Ci})}{\sum A_i} = \frac{10 \times 70 \times 5 + 10 \times 120 \times 60}{10 \times 70 + 10 \times 120} = 39.74 \text{ mm}$$

$$z_C = \frac{\sum (A_i z_{Ci})}{\sum A_i} = \frac{10 \times 70 \times 45 + 10 \times 120 \times 5}{10 \times 70 + 10 \times 120} = 19.74 \text{ mm}$$

根据计算结果在图中标出组合图形的形心位置如图Ⅰ-2所示。

Ⅰ.2 惯性矩、惯性积和惯性半径

Ⅰ.2.1 定义

任意平面图形如图Ⅰ-1所示,定义

图形对 z 轴的惯性矩
$$I_z = \int_A y^2 \mathrm{d}A \tag{Ⅰ-5}$$

图形对 y 轴的惯性矩
$$I_y = \int_A z^2 \mathrm{d}A \tag{Ⅰ-6}$$

极惯性矩
$$I_\mathrm{p} = \int_A \rho^2 \mathrm{d}A \tag{Ⅰ-7}$$

由图Ⅰ-1看到 $\rho^2 = y^2 + z^2$,所以有

$$I_\mathrm{p} = \int_A \rho^2 \mathrm{d}A = \int_A (y^2 + z^2) \mathrm{d}A = \int_A y^2 \mathrm{d}A + \int_A z^2 \mathrm{d}A$$

即
$$I_\mathrm{p} = I_y + I_z \tag{Ⅰ-8}$$

式(Ⅰ-8)说明截面对任一对正交轴的惯性矩之和恒等于它对该两轴交点的极惯性矩。

在任一截面图形中(图Ⅰ-1),取微面积 $\mathrm{d}A$ 与它的坐标 z、y 值的乘积,沿整个截面积分,定义此积分为截面图形对 y、z 轴的**惯性积**,简称**惯积**。表达式为

$$I_{yz} = \int_A yz \mathrm{d}A \tag{Ⅰ-9}$$

惯性矩、极惯性矩与惯性积的量纲均为长度的四次方。I_y、I_z、I_p 的计算式中只含坐标值的平方项,故恒为正值。而惯性积 I_{yz} 中含有坐标乘积 yz,所以其值可能为正,可能为负,也可能为零,它取决于截面图形在坐标系中的位置。若选取的坐标系中有一轴是截面的对称轴,则截面图形对此轴的惯性积必等于零。如图Ⅰ-3所示 z 轴为此图形的对称轴,在对称轴两侧对称的位置各取一微小面积 $\mathrm{d}A$,则它们的坐标乘积 yz 符号相反,所以这两个微面积的惯性积在积分中相互抵消,故 $I_{yz} = \int_A yz \mathrm{d}A = 0$。

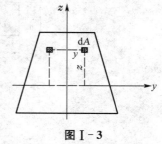

图Ⅰ-3

工程应用中(如压杆稳定中),有时将惯性矩表示成截面面积与某一长度平方的乘积,即

$$I_y = A \cdot i_y^2, \quad I_z = A \cdot i_z^2$$

或写成

$$i_y = \sqrt{\frac{I_y}{A}}, \ i_z = \sqrt{\frac{I_z}{A}} \qquad (\text{I}-10)$$

式中，i_y、i_z 分别称为截面图形对 y 轴、z 轴的惯性半径，其量纲为长度的一次方。

Ⅰ.2.2　常用的惯性矩和极惯性矩的计算

(1) 如图Ⅰ-4(a)所示的矩形截面图形对其形心轴 z_C 和 y_C 的惯性矩分别为

$$I_{z_C} = \frac{bh^3}{12}, \ I_{y_C} = \frac{hb^3}{12} \qquad (\text{I}-11)$$

(2) 如图Ⅰ-4(b)所示的圆形截面图形对其形心轴 z_C 和 y_C 的惯性矩分别为

$$I_{z_C} = I_{y_C} = \frac{\pi d^4}{64} \qquad (\text{I}-12)$$

极惯性矩为

$$I_p = I_y + I_z = \frac{\pi d^4}{32} \qquad (\text{I}-13)$$

(3) 对于外径为 D、内径为 d 的圆环形截面的极惯性矩为

$$I_p = \frac{\pi D^4}{32}(1-\alpha^4) \qquad (\text{I}-14)$$

$$W_p = \frac{\pi D^3}{16}(1-\alpha^4) \qquad (\text{I}-15)$$

其中，$\alpha = d/D$。

(4) 在建筑工程中，常用图形的惯性矩可在有关计算手册中查到，型钢截面的惯性矩可在型钢表中查找。

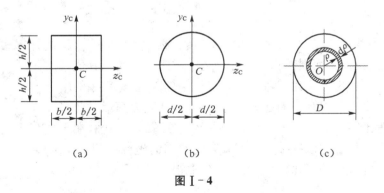

图Ⅰ-4

Ⅰ.2.3　惯性矩的平行移轴公式

如图Ⅰ-5所示，C 为任意平面图形的形心，z_C 轴和 y_C 轴是通过形心的坐标轴，z 轴与 z_C 轴平行，其间距为 a；y 轴与 x 轴平行，其间距为 b。图形对这两对平行的坐标轴的惯性矩之间

的关系是

$$\begin{cases} I_z = I_{z_C} + a^2 A, \\ I_y = I_{y_C} + b^2 A \end{cases} \quad (\text{I}-16)$$

式(I-16)就是惯性矩的平行移轴公式。该式表明：在一系列互相平行的坐标轴中，平面图形对形心轴的惯性矩最小；图形对任一轴的惯性矩，等于图形对与该轴平行的形心轴的惯性矩，再加上图形面积与两平行轴间距离平方的乘积。

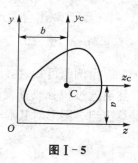

图 I-5

I.2.4 组合图形的惯性矩计算

由惯性矩的定义可知，组合图形对某轴的惯性矩等于组成它的各个简单图形对同一轴惯性矩之和，即

$$I_z = \sum_{i=1}^{n} I_z^i, \quad I_y = \sum_{i=1}^{n} I_y^i \quad (\text{I}-17)$$

【例 I-2】 已知某组合图形如图 I-6 所示，试计算该组合图形对 z 轴的惯性矩。

【解】 图形分块：以图形的下边界为 z 轴、左边界为 y 轴建立坐标系，将该组合图形划分成两个矩形，如图 I-6 所示。

(1) 分别计算各简单图形对自身形心轴的惯性矩

第一块简单图形对自身形心轴 z_{C1} 轴的惯性矩为

$$I_{z_{C1}}^1 = \frac{b_1 h_1^3}{12} = \frac{70 \times 10^3}{12} = \frac{7 \times 10^4}{12} = 5.83 \times 10^3 \text{ mm}^4$$

第二块简单图形对自身形心轴 z_{C2} 轴的惯性矩为

$$I_{z_{C2}}^2 = \frac{b_2 h_2^3}{12} = \frac{10 \times 120^3}{12} = 144 \times 10^4 \text{ mm}^4$$

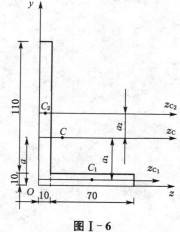

图 I-6

(2) 分别计算各简单图形对组合图形形心轴 z_C 轴的惯性矩

第一块简单图形对组合图形形心轴 z_C 轴的惯性矩为

$$I_{z_C}^1 = I_{z_{C1}}^1 + A_1 \cdot a_1^2 = \frac{70 \times 10^3}{12} + (70 \times 10) \times (39.74 - 5)^2 \approx 85.1 \times 10^3 \text{ mm}^4$$

第二块简单图形对组合图形形心轴 z_C 轴的惯性矩为

$$I_{z_C}^2 = I_{z_{C2}}^2 + A_2 \cdot a_2^2 = \frac{10 \times 120^3}{12} + (10 \times 120) \times (60 - 39.74)^2 \approx 1\,932.6 \times 10^3 \text{ mm}^4$$

(3) 计算组合图形对组合图形形心轴 z_C 轴的惯性矩

$$I_{z_C} = \sum_{i=1}^{n} I_{z_C}^i = I_{z_C}^1 + I_{z_C}^2 = 85.1 \times 10^3 + 1\,932.6 \times 10^3 = 2\,017.7 \times 10^3 \text{ mm}^4$$

(4) 计算组合图形对 z 轴的惯性矩

$$I_z = I_{z_C} + A \cdot a^2 = 2\ 017.7 \times 10^3 + (10 \times 70 + 10 \times 120) \times 39.74^2 \approx 5\ 018.3 \times 10^3 \text{ mm}^4$$

由例题可知,在计算组合图形对其形心轴的惯性矩时,首先应确定组合图形的形心位置,然后通过积分或查表计算出各简单图形对自身形心轴的惯性矩,再利用平行移轴公式就可计算出组合图形对其形心轴的惯性矩。

小 结

截面的几何性质是一个几何问题,各种几何性质本身并无力学和物理意义,但在力学中这些几何量与构件的承载能力之间有着密切的关系。对这些几何性质的力学意义和计算方法要深刻领会和熟练掌握。

1. 杆件变形时,如果截面只作相对平移(如拉伸和压缩),则应力均匀分布,应力、应变只与截面面积有关;如果截面作相对转动(如扭转和弯曲),则应力将不均匀分布,应力、变形与截面的极惯性矩、惯性矩、静矩等有关。

2. 本章的主要计算公式

静矩
$$\begin{cases} S_z = \int_A y \mathrm{d}A = A \cdot y_C \\ S_y = \int_A z \mathrm{d}A = A \cdot z_C \end{cases}$$

形心坐标
$$\begin{cases} z_C = \dfrac{\int_A z \mathrm{d}A}{A} = \dfrac{S_y}{A} \\ y_C = \dfrac{\int_A y \mathrm{d}A}{A} = \dfrac{S_z}{A} \end{cases}$$

惯性矩
$$\begin{cases} I_z = \int_A y^2 \mathrm{d}A = A \cdot i_z^2 \\ I_y = \int_A z^2 \mathrm{d}A = A \cdot i_y^2 \end{cases}$$

极惯性矩
$$I_p = \int_A \rho^2 \mathrm{d}A = I_z + I_y$$

惯性积
$$I_{yz} = \int_A yz \mathrm{d}A$$

平行移轴公式
$$\begin{cases} I_z = I_{z_C} + A \cdot a^2 \\ I_y = I_{y_C} + A \cdot b^2 \\ I_{yz} = I_{y_C z_C} + abA \end{cases}$$

3. 惯性矩、极惯性矩的值永远为正,静矩、惯性积的值可为正,可为负,也可为零,这与截面在坐标系中的位置有关。当轴通过截面形心时,静矩一定为零;当轴为对称轴时,惯性积一定为零。

4. 平行移轴公式在计算惯性矩时经常使用,要注意其应用条件是二轴平行,并有一轴通过图形的形心。

5. 组合图形对某轴的静矩、惯性矩分别等于各简单图形对同一轴的静矩、惯性矩之和。

思考题

1. 静矩、惯性矩、惯性积、极惯性矩是怎样定义的?它们的量纲是什么?为什么它们的值有的恒为正,有的可正、可负,还可为零?

2. 矩形截面宽为 b,高为 $h=2b$,问宽度增加一倍时、高度增加一倍时、高度与宽度互换时,图形对形心轴 z 的惯性矩 I_z 各是原来的多少倍?

3. 在应用平行移轴公式时有什么条件限制?如图 I-7 所示三角形截面,已知其对 z 轴的惯性矩为 $I_z = \dfrac{bh^3}{12}$,则根据平行移轴公式求得截面对 z_1 轴的惯性矩为

$$I_{z_1} = I_z + a^2 A = \frac{bh^3}{12} + \frac{1}{2}bh\left(\frac{2}{3}h\right)^2 = \frac{11}{36}bh^3$$

图 I-7

对吗?为什么?

习 题

I-1 试求下列各图形对 y 轴的静矩,并求图形的形心坐标值 z_C。

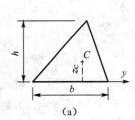

(a)　　　　(b)

题 I-1 图

I-2 试求如题 I-2 图所示各截面的阴影线面积对 x 轴的静矩。

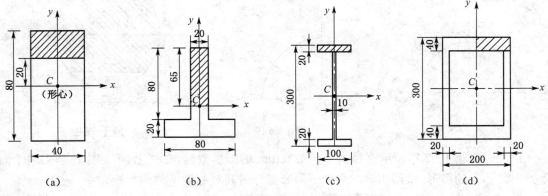

(a)　　　(b)　　　(c)　　　(d)

题 I-2 图

Ⅰ-3 试确定题Ⅰ-3图中各截面图形对水平形心轴 y 的惯性矩 I_y。

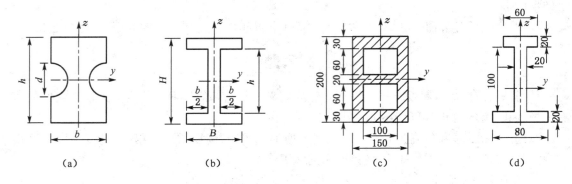

题Ⅰ-3图

Ⅰ-4 试从型钢表中查出或计算出题Ⅰ-4图中各型钢的形心位置、截面面积和对形心轴的惯性矩。

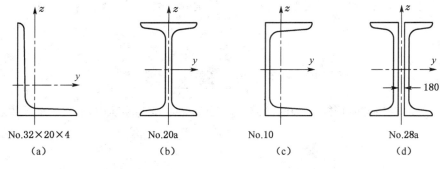

题Ⅰ-4图

Ⅰ-5 试用积分法求题Ⅰ-5图所示半圆形截面对 x 轴的静矩,并确定其形心的坐标。

Ⅰ-6 试求题Ⅰ-6图所示四分之一圆形截面对于 x 轴和 y 轴的惯性矩 I_x、I_y 和惯性积 I_{xy}。

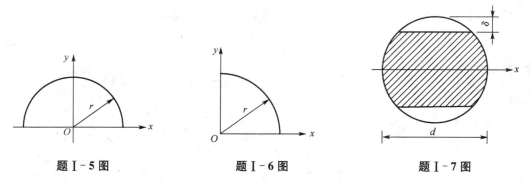

题Ⅰ-5图   题Ⅰ-6图   题Ⅰ-7图

Ⅰ-7 如题Ⅰ-7图所示直径为 $d = 200$ mm 的圆形截面,在其上、下对称地切去两个高为 $\delta = 20$ mm 的弓形,试用积分法求余下阴影部分对其对称轴 x 的惯性矩。

Ⅰ-8 试求如题Ⅰ-8图所示正方形对其对角线的惯性矩。

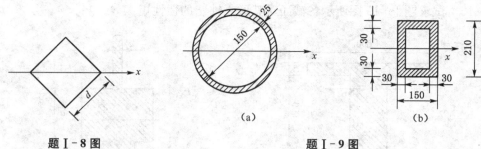

题Ⅰ-8图   题Ⅰ-9图

Ⅰ-9 试分别求题Ⅰ-9图所示环形和箱形截面对其对称轴 x 的惯性矩。

Ⅰ-10 试求题Ⅰ-10图所示三角形截面对通过顶点 A 并平行于底边 BC 的 x 轴的惯性矩。

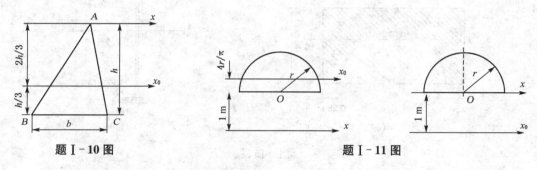

题Ⅰ-10图   题Ⅰ-11图

Ⅰ-11 试求题Ⅰ-11图所示 $r=1\,\text{m}$ 的半圆形截面对于轴 x 的惯性矩,其中轴 x 与半圆形的底边平行,相距 $1\,\text{m}$。

Ⅰ-12 试求题Ⅰ-12图所示组合截面对于形心轴 x 的惯性矩。

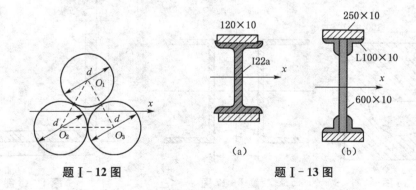

题Ⅰ-12图   题Ⅰ-13图

Ⅰ-13 试求题Ⅰ-13图所示各组合截面对其对称轴 x 的惯性矩。

Ⅰ-14 试求题Ⅰ-14图所示截面对其水平形心轴 x 的惯性矩。

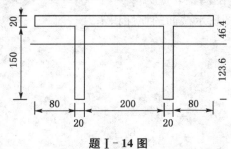

题Ⅰ-14图

Ⅰ-15 试求题Ⅰ-15图所示各截面对其形心轴 x 的惯性矩。

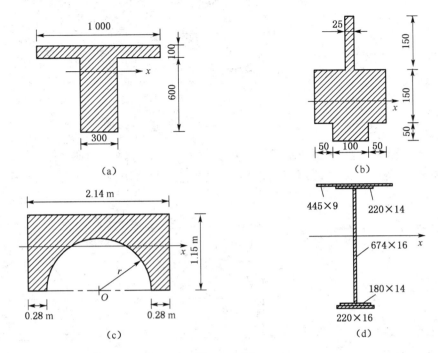

题Ⅰ-15 图

Ⅰ-16 正方形截面中开了一个直径为 $d=100\,\text{mm}$ 的半圆形孔,如题Ⅰ-16图所示。试确定截面的形心位置,并计算对水平形心轴和竖直形心轴的惯性矩。

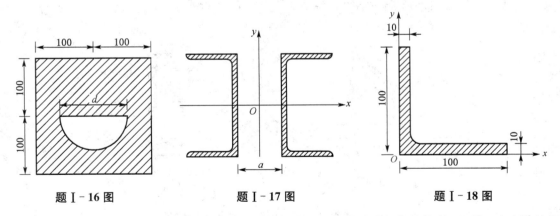

题Ⅰ-16 图　　　　题Ⅰ-17 图　　　　题Ⅰ-18 图

Ⅰ-17 题Ⅰ-17图所示由两个20a号槽钢组成的组合截面,若欲使截面对两对称轴的惯性矩 I_x 和 I_y 相等,则两槽钢的间距 a 应为多少?

Ⅰ-18 试求题Ⅰ-18图所示截面的惯性积 I_{xy}。

附录 Ⅱ 热轧型钢规格一览表（GB/T 706—2008）

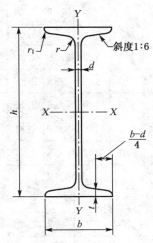

h—高度；
b—腿宽度；
d—腰厚度；
t—平均腿厚度；
r—内圆弧半径；
r_1—腿端圆弧半径

附录图 Ⅱ-1 工字钢截面图

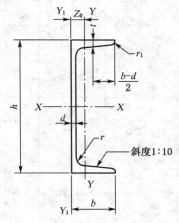

h—高度；
b—腿宽度；
d—腰厚度；
t—平均腿厚度；
r—内圆弧半径；
r_1—腿端圆弧半径。
Z_0—YY 轴与 Y_1Y_1 轴间距

附录图 Ⅱ-2 槽钢截面图

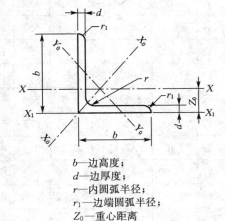

b—边高度；
d—边厚度；
r—内圆弧半径；
r_1—边端圆弧半径；
Z_0—重心距离

附录图 Ⅱ-3 等边角钢截面图

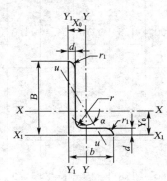

B—长边宽度；
b—短边宽度；
d—边厚度；
r—内圆弧半径；
r_1—边端圆弧半径；
X_0—重心距离；
Y_0—重心距离

附录图 Ⅱ-4 不等边角钢截面图

附录表 Ⅱ-1　工字钢截面尺寸、截面面积、理论重量及截面特性

型号	截面尺寸(mm)						截面面积 (cm^2)	理论重量 (kg/m)	惯性矩 (cm^4)		惯性半径 (cm)		截面模数 (cm^3)	
	h	b	d	t	r	r_1			I_x	I_y	i_x	i_y	W_x	W_y
10	100	58	4.5	7.6	6.5	3.3	14.345	11.261	245	33.0	4.14	1.52	49.0	9.72
12	120	74	5.0	8.4	7.0	3.5	17.818	13.987	436	46.9	4.95	1.62	72.7	12.7
12.6	126	74	5.0	8.4	7.0	3.5	18.118	14.223	488	46.9	5.20	1.61	77.5	12.7
14	140	80	5.5	9.1	7.5	3.8	21.516	16.890	712	64.4	5.76	1.73	102	16.1
16	160	88	6.0	9.9	8.0	4.0	26.131	20.513	1 130	93.1	6.58	1.89	141	21.2
18	180	94	6.5	10.7	8.5	4.3	30.756	24.143	1 660	122	7.36	2.00	185	26.0
20a	200	100	7.0	11.4	9.0	4.5	35.578	27.929	2 370	158	8.15	2.12	237	31.5
20b	200	102	9.0	11.4	9.0	4.5	39.578	31.069	2 500	169	7.96	2.06	250	33.1
22a	220	110	7.5	12.3	9.5	4.8	42.128	33.070	3 400	225	8.99	2.31	309	40.9
22b	220	112	9.5	12.3	9.5	4.8	46.528	36.524	3 570	239	8.78	2.27	325	42.7
24a	240	116	8.0	13.0	10.0	5.0	47.741	37.477	4 570	280	9.77	2.42	381	48.4
24b	240	118	10.0	13.0	10.0	5.0	52.541	41.245	4 800	297	9.57	2.38	400	50.4
25a	250	116	8.0	13.0	10.0	5.0	48.541	38.105	5 020	280	10.2	2.40	402	48.3
25b	250	118	10.0	13.0	10.0	5.0	53.541	42.030	5 280	309	9.94	2.40	423	52.4
27a	270	122	8.5	13.7	10.5	5.3	54.554	42.825	6 550	345	10.9	2.51	485	56.6
27b	270	124	10.5	13.7	10.5	5.3	59.954	47.064	6 870	366	10.7	2.47	509	58.9
28a	280	122	8.5	13.7	10.5	5.3	55.404	43.492	7 110	345	11.3	2.50	508	56.6
28b	280	124	10.5	13.7	10.5	5.3	61.004	47.888	7 480	379	11.1	2.49	534	61.2
30a	300	126	9.0	14.4	11.0	5.5	61.254	48.084	8 950	400	12.1	2.55	597	63.5
30b	300	128	11.0	14.4	11.0	5.5	67.254	52.794	9 400	422	11.8	2.50	627	65.9
30c	300	130	13.0	14.4	11.0	5.5	73.254	57.504	9 850	445	11.6	2.46	657	68.5
32a	320	130	9.5	15.0	11.5	5.8	67.156	52.717	11 100	460	12.8	2.62	692	70.8
32b	320	132	11.5	15.0	11.5	5.8	73.556	57.741	11 600	502	12.6	2.61	726	76.0
32c	320	134	13.5	15.0	11.5	5.8	79.956	62.765	12 200	544	12.3	2.61	760	81.2
36a	360	136	10.0	15.8	12.0	6.0	76.480	60.037	15 800	552	14.4	2.69	875	81.2
36b	360	138	12.0	15.8	12.0	6.0	83.680	65.689	16 500	582	14.1	2.64	919	84.3
36c	360	140	14.0	15.8	12.0	6.0	90.880	71.341	17 300	612	13.8	2.60	962	87.4
40a	400	142	10.5	16.5	12.5	6.3	86.112	67.598	21 700	660	15.9	2.77	1 090	93.2
40b	400	144	12.5	16.5	12.5	6.3	94.112	73.878	22 800	692	15.6	2.71	1 140	96.2
40c	400	146	14.5	16.5	12.5	6.3	102.112	80.158	23 900	727	15.2	2.65	1 190	99.6

附录Ⅱ 热轧型钢规格一览表(GB/T 706—2008)

续附录表Ⅱ-1

型号	截面尺寸(mm)						截面面积 (cm^2)	理论重量 (kg/m)	惯性矩 (cm^4)		惯性半径 (cm)		截面模数 (cm^3)	
	h	b	d	t	r	r_1			I_x	I_y	i_x	i_y	W_x	W_y
45a	450	150	11.5	18.0	13.5	6.8	102.446	80.420	32 200	855	17.7	2.89	1 430	114
45b		152	13.5				111.446	87.485	33 800	894	17.4	2.84	1 500	118
45c		154	15.5				120.446	94.550	35 300	938	17.1	2.79	1 570	122
50a	500	158	12.0	20.0	14.0	7.0	119.304	93.654	46 500	1 120	19.7	3.07	1 860	142
50b		160	14.0				129.304	101.504	48 600	1 170	19.4	3.01	1 940	146
50c		162	16.0				139.304	109.354	50 600	1 220	19.0	2.96	2 080	151
55a	550	166	12.5	21.0	14.5	7.3	134.185	105.335	62 900	1 370	21.6	3.19	2 290	164
55b		168	14.5				145.185	113.970	65 600	1 420	21.2	3.14	2 390	170
55c		170	16.5				156.185	122.605	68 400	1 480	20.9	3.08	2 490	175
56a	560	166	12.5	21.0	14.5	7.3	135.435	106.316	65 600	1 370	22.0	3.18	2 340	165
56b		168	14.5				146.635	115.108	68 500	1 490	21.6	3.16	2 450	174
56c		170	16.5				157.835	12.900	71 400	1 560	21.3	3.16	2 550	183
63a	630	176	13.0	22.0	15.0	7.5	154.658	121.407	93 900	1 700	24.5	3.31	2 980	193
63b		178	15.0				167.258	131.298	98 100	1 810	24.2	3.29	3 160	204
63c		180	17.0				179.858	141.189	102 000	1 920	23.8	3.27	3 300	214

注:表中r、r_1的数据用于孔型设计,不做交货条件。

附录表Ⅱ-2 槽钢截面尺寸、截面面积、理论重量及截面特性

型号	截面尺寸(mm)						截面面积 (cm^2)	理论重量 (kg/m)	惯性矩 (cm^4)			惯性半径 (cm)		截面模数 (cm^3)		重心距离 (cm)
	h	b	d	t	r	r_1			I_x	I_y	I_{y1}	i_z	i_y	W_x	W_y	Z_0
5	50	37	4.5	7.0	7.0	3.5	6.928	5.438	26.0	8.30	20.9	1.94	1.10	10.4	3.55	1.35
6.3	63	40	4.8	7.5	7.5	3.8	8.451	6.634	50.8	11.9	28.4	2.45	1.19	16.1	4.50	1.36
6.5	65	40	4.3	7.5	7.5	3.8	8.547	6.709	55.2	12.0	28.3	2.54	1.19	17.0	4.59	1.38
8	80	43	5.0	8.0	8.0	4.0	10.248	8.045	101	16.6	37.4	3.15	1.27	25.3	5.79	1.43
10	100	48	5.3	8.5	8.5	4.2	12.748	10.007	198	25.6	54.9	3.95	1.41	39.7	7.80	1.52
12	120	53	5.5	9.0	9.0	4.5	15.362	12.059	346	37.4	77.7	4.75	1.56	57.7	10.2	1.62
12.6	126	53	5.5	9.0	9.0	4.5	15.692	12.318	391	38.0	77.1	4.95	1.57	62.1	10.2	1.59
14a	140	58	6.0	9.5	9.5	4.8	18.516	14.535	564	53.2	107	5.52	1.70	80.5	13.0	1.71
14b		60	8.0				21.316	16.733	609	61.1	121	5.35	1.69	87.1	14.1	1.67
16a	160	63	6.5	10.0	10.0	5.0	21.962	17.24	866	73.3	144	6.28	1.83	108	16.3	1.80
16b		65	8.5				25.162	19.752	935	83.4	161	6.10	1.82	117	17.6	1.75

续附录表 II-2

型号	截面尺寸(mm)						截面面积 (cm^2)	理论重量 (kg/m)	惯性矩 (cm^4)			惯性半径 (cm)		截面模数 (cm^3)		重心距离 (cm)
	h	b	d	t	r	r_1			I_x	I_y	I_{y1}	i_z	i_y	W_x	W_y	Z_0
18a	180	68	7.0	10.5	10.5	5.2	25.699	20.174	1 270	98.6	190	7.04	1.96	141	20.0	1.88
18b		70	9.0				29.299	23.000	1 370	111	210	6.84	1.95	152	21.5	1.84
20a	200	73	7.0	11.0	11.0	5.5	28.837	22.637	1 780	128	244	7.86	2.11	178	24.2	2.01
20b		75	9.0				32.837	25.777	1 910	144	268	7.64	2.09	191	25.9	1.95
22a	220	77	7.0	11.5	11.5	5.8	31.846	24.999	2 390	158	298	8.67	2.23	218	28.2	2.10
22b		79	9.0				36.246	28.453	2 570	176	326	8.42	2.21	234	30.1	2.03
24a	240	78	7.0	12.0	12.0	6.0	34.217	26.860	3 050	174	325	9.45	2.25	254	30.5	2.10
24b		80	9.0				39.017	30.628	3 280	194	355	9.17	2.23	274	32.5	2.03
24c		82	11.0				43.817	34.396	3 510	213	388	8.96	2.21	293	34.4	2.00
25a	250	78	7.0				34.917	27.410	3 370	176	322	9.82	2.24	270	30.6	2.07
25b		80	9.0				39.917	31.335	3 530	196	353	9.41	2.22	282	32.7	1.98
25c		82	11.0				44.917	35.260	3 690	218	384	9.07	2.21	295	35.9	1.92
27a	270	82	7.5				39.284	30.838	4 360	216	393	10.5	2.34	323	35.5	2.13
27b		84	9.5				44.684	35.077	4 690	239	428	10.3	2.31	347	37.7	2.06
27c		86	11.5	12.5	12.5	6.2	50.084	39.316	5 020	261	467	10.1	2.28	372	39.8	2.03
28a	280	82	7.5				40.034	31.427	4 760	218	388	10.9	2.33	340	35.7	2.10
28b		84	9.5				45.634	35.823	5 130	242	428	10.6	2.30	366	37.9	2.02
28c		86	11.5				51.234	40.219	5 500	268	463	10.4	2.29	393	40.3	1.95
30a	300	85	7.5				43.902	34.463	6 050	260	467	11.7	2.43	403	41.1	2.17
30b		87	9.5	13.5	13.5	6.8	49.902	39.173	6 500	289	515	11.4	2.41	433	44.0	2.13
30c		89	11.5				55.902	43.883	6 950	316	560	11.2	2.38	463	46.4	2.09
32a	320	88	8.0				48.513	38.083	7 600	305	552	12.5	2.50	475	46.5	2.24
32b		90	10.0	14.0	14.0	7.0	54.913	43.107	8 140	336	593	12.2	2.47	509	49.2	2.16
32c		92	12.0				61.313	48.131	8 690	374	643	11.9	2.47	543	52.6	2.09
36a	360	96	9.0				60.910	47.814	11 900	455	818	14.0	2.73	660	63.5	2.44
36b		98	11.0	16.0	16.0	8.0	68.110	53.466	12 700	497	880	13.6	2.70	703	66.9	2.37
36c		100	13.0				75.310	59.118	13 400	536	948	13.4	2.67	746	70.0	2.34
40a	400	100	10.5				75.068	58.928	17 600	592	1 070	15.3	2.81	879	78.8	2.49
40b		102	12.5	18.0	18.0	9.0	83.068	65.208	18 600	640	1 140	15.0	2.78	932	82.5	2.44
40c		104	14.5				91.068	71.488	19 700	688	1 220	14.7	2.75	986	86.2	2.42

注：表中 r、r_1 的数据用于孔型设计，不做交货条件。

附录表 Ⅱ-3　等边角钢截面尺寸、截面面积、理论重量及截面特性

型号	截面尺寸 (mm)			截面面积 (cm²)	理论重量 (kg/m)	外表面积 (m²/m)	惯性矩 (cm⁴)				惯性半径 (cm)			截面模数 (cm³)			重心距离 (cm)
	b	d	r				I_x	I_{x1}	I_{x0}	I_{y0}	i_x	i_{x0}	i_{y0}	W_x	W_{x0}	W_{y0}	Z_0
2	20	3	3.5	1.132	0.889	0.078	0.40	0.81	0.63	0.17	0.59	0.75	0.39	0.29	0.45	0.20	0.60
		4		1.459	1.145	0.077	0.50	1.09	0.78	0.22	0.58	0.73	0.38	0.36	0.55	0.24	0.64
2.5	25	3		1.432	1.124	0.098	0.82	1.57	1.29	0.34	0.76	0.95	0.49	0.46	0.73	0.33	0.73
		4		1.859	1.459	0.097	1.03	2.11	1.62	0.43	0.74	0.93	0.48	0.59	0.92	0.40	0.76
3.0	30	3		1.749	1.373	0.117	1.46	2.71	2.31	0.61	0.91	1.15	0.59	0.68	1.09	0.51	0.85
		4		2.276	1.786	0.117	1.84	3.63	2.92	0.77	0.90	1.13	0.58	0.87	1.37	0.62	0.89
3.6	36	3	4.5	2.109	1.656	0.141	2.58	4.68	4.09	1.07	1.11	1.39	0.71	0.99	1.61	0.76	1.00
		4		2.756	2.163	0.141	3.29	6.25	5.22	1.37	1.09	1.38	0.70	1.28	2.05	0.93	1.04
		5		3.382	2.654	0.141	3.95	7.84	6.24	1.65	1.08	1.36	0.70	1.56	2.45	1.00	1.07
4	40	3	5	2.359	1.852	0.157	3.59	6.41	5.69	1.49	1.23	1.55	0.79	1.23	2.01	0.96	1.09
		4		3.086	2.422	0.157	4.60	8.56	7.29	1.91	1.22	1.54	0.79	1.60	2.58	1.19	1.13
		5		3.791	2.976	0.156	5.53	10.74	8.76	2.30	1.21	1.52	0.78	1.96	3.10	1.39	1.17
4.5	45	3	5	2.659	2.088	0.177	5.17	9.12	8.20	2.14	1.40	1.76	0.89	1.58	2.58	1.24	1.22
		4		3.486	2.736	0.177	6.65	12.18	10.56	2.75	1.38	1.74	0.89	2.05	3.32	1.54	1.26
		5		4.292	3.369	0.176	8.04	15.2	12.74	3.33	1.37	1.72	0.88	2.51	4.00	1.81	1.30
		6		5.076	3.985	0.176	9.33	18.36	14.76	3.89	1.36	1.70	0.8	2.95	4.64	2.06	1.33
5	50	3	5.5	2.971	2.332	0.197	7.18	12.5	11.37	2.98	1.55	1.96	1.00	1.96	3.22	1.57	1.34
		4		3.897	3.059	0.197	9.26	16.69	14.70	3.82	1.54	1.94	0.99	2.56	4.16	1.96	1.38
		5		4.803	3.770	0.196	11.21	20.90	17.79	4.64	1.53	1.92	0.98	3.13	5.03	2.31	1.42
		6		5.688	4.465	0.196	13.05	25.14	20.68	5.42	1.52	1.91	0.98	3.68	5.85	2.63	1.46
5.6	56	3	6	3.343	2.624	0.221	10.19	17.56	16.14	4.24	1.75	2.20	1.13	2.48	4.08	2.02	1.48
		4		4.390	3.446	0.220	13.18	23.43	20.92	5.46	1.73	2.18	1.11	3.24	5.28	2.52	1.53
		5		5.415	4.251	0.220	16.02	29.33	25.42	6.61	1.72	2.17	1.10	3.97	6.42	2.98	1.57
		6		6.420	5.040	0.220	18.69	35.26	29.66	7.73	1.71	2.15	1.10	4.68	7.49	3.40	1.61
		7		7.404	5.812	0.219	21.23	41.23	33.63	8.82	1.69	2.13	1.09	5.36	8.49	3.80	1.64
		8		8.367	6.568	0.219	23.63	47.24	37.37	9.89	1.68	2.11	1.09	6.03	9.44	4.16	1.68
6	60	5	6.5	5.829	4.576	0.236	19.89	36.05	31.57	8.21	1.85	2.33	1.19	4.59	7.44	3.48	1.67
		6		6.914	5.427	0.235	23.25	43.33	36.89	9.60	1.83	2.31	1.18	5.41	8.70	3.98	1.70
		7		7.977	6.262	0.235	26.44	50.65	41.92	10.96	1.82	2.29	1.17	6.21	9.88	4.45	1.74
		8		9.020	7.081	0.235	29.47	58.02	46.66	12.28	1.81	2.27	1.17	6.98	11.00	4.88	1.78

续附录表Ⅱ-3

型号	截面尺寸 (mm)			截面面积 (cm^2)	理论重量 (kg/m)	外表面积 (m^2/m)	惯性矩 (cm^4)				惯性半径 (cm)			截面模数 (cm^3)			重心距离 (cm)
	b	d	r				I_x	I_{x1}	I_{x0}	I_{y0}	i_x	i_{x0}	i_{y0}	W_x	W_{x0}	W_{y0}	Z_0
6.3	63	4	7	4.978	3.907	0.248	19.03	33.35	30.17	7.89	1.96	2.46	1.26	4.13	6.78	3.29	1.70
		5		6.143	4.822	0.248	23.17	41.73	36.77	9.57	1.94	2.45	1.25	5.08	8.25	3.90	1.74
		6		7.288	5.721	0.247	27.12	50.14	43.03	11.20	1.93	2.43	1.24	6.00	9.66	4.46	1.78
		7		8.412	6.603	0.247	30.87	58.60	48.96	12.79	1.92	2.41	1.23	6.88	10.99	4.98	1.82
		8		9.515	7.469	0.247	34.46	67.11	54.56	14.33	1.90	2.40	1.23	7.75	12.25	5.47	1.85
		10		11.657	9.151	0.246	41.09	84.31	64.85	17.33	1.88	2.36	1.22	9.39	14.56	6.36	1.93
7	70	4	8	5.570	4.372	0.275	26.39	45.74	41.80	10.99	2.18	2.74	1.40	5.14	8.44	4.17	1.86
		5		6.875	5.397	0.275	32.21	57.21	51.08	13.31	2.16	2.73	1.39	6.32	10.32	4.95	1.91
		6		8.160	6.406	0.275	37.77	68.73	59.93	15.61	2.15	2.71	1.38	7.48	12.11	5.67	1.95
		7		9.424	7.398	0.275	43.09	80.29	68.35	17.82	2.14	2.69	1.38	8.59	13.81	6.34	1.99
		8		10.667	8.373	0.274	48.17	91.92	76.37	19.98	2.12	2.68	1.37	9.68	15.43	6.98	2.03
7.5	75	5	9	7.412	5.818	0.295	39.97	70.56	63.30	16.63	2.33	2.92	1.50	7.32	11.94	5.77	2.04
		6		8.797	6.905	0.294	46.95	84.55	74.38	19.51	2.31	2.90	1.49	8.64	14.02	6.67	2.07
		7		10.160	7.976	0.294	53.57	98.71	84.96	22.18	2.30	2.89	1.48	9.93	16.02	7.44	2.11
		8		11.503	9.030	0.294	59.96	112.97	95.07	24.86	2.28	2.88	1.47	11.20	17.93	8.19	2.15
		9		12.825	10.068	0.294	66.10	127.30	104.71	27.48	2.27	2.86	1.46	12.43	19.75	8.89	2.18
		10		14.126	11.089	0.293	71.98	141.71	113.92	30.05	2.26	2.84	1.46	13.64	21.48	9.56	2.22
8	80	5	9	7.912	6.211	0.315	48.79	85.36	77.33	20.25	2.48	3.13	1.60	8.34	13.67	6.66	2.15
		6		9.397	7.376	0.314	57.35	102.50	90.98	23.72	2.47	3.11	1.59	9.87	16.08	7.65	2.19
		7		10.860	8.525	0.314	65.58	119.70	104.07	27.09	2.46	3.10	1.58	11.37	18.40	8.58	2.23
		8		12.303	9.658	0.314	73.49	136.97	116.60	30.39	2.44	3.08	1.57	12.83	20.61	9.46	2.27
		9		13.725	10.774	0.314	81.11	154.31	128.60	33.61	2.43	3.06	1.56	14.25	22.73	10.29	2.31
		10		15.126	11.874	0.313	88.43	171.74	140.09	36.77	2.42	3.04	1.56	15.64	24.76	11.08	2.35
9	90	6	10	10.637	8.350	0.354	82.77	145.87	131.26	34.28	2.79	3.51	1.80	12.61	20.63	9.95	2.44
		7		12.301	9.656	0.354	94.83	170.30	150.47	39.18	2.78	3.50	1.78	14.54	23.64	11.19	2.48
		8		13.944	10.946	0.353	106.47	194.80	168.97	43.97	2.76	3.48	1.78	16.42	26.55	12.35	2.52
		9		15.566	12.219	0.353	117.72	219.39	186.77	48.66	2.75	3.46	1.77	18.27	29.35	13.46	2.56
		10		17.167	13.476	0.353	128.58	244.07	203.90	53.26	2.74	3.45	1.76	20.07	32.04	14.52	2.59
		12		20.306	15.940	0.352	149.22	293.76	236.21	62.22	2.71	3.41	1.75	23.57	37.12	16.49	2.67

续附录表Ⅱ-3

型号	截面尺寸 (mm) b	截面尺寸 (mm) d	截面尺寸 (mm) r	截面面积 (cm^2)	理论重量 (kg/m)	外表面积 (m^2/m)	惯性矩 (cm^4) I_x	惯性矩 (cm^4) I_{x1}	惯性矩 (cm^4) I_{x0}	惯性矩 (cm^4) I_{y0}	惯性半径 (cm) i_x	惯性半径 (cm) i_{x0}	惯性半径 (cm) i_{y0}	截面模数 (cm^3) W_x	截面模数 (cm^3) W_{x0}	截面模数 (cm^3) W_{y0}	重心距离 (cm) Z_0
10	100	6	12	11.932	9.366	0.393	114.95	200.07	181.98	47.92	3.10	3.90	2.00	15.68	25.74	12.69	2.67
		7		13.796	10.830	0.393	131.86	233.54	208.97	54.74	3.09	3.89	1.99	18.10	29.55	14.26	2.71
		8		15.638	12.276	0.393	148.24	267.09	235.07	61.41	3.08	3.88	1.98	20.47	33.24	15.75	2.76
		9		17.462	13.708	0.392	164.12	300.73	260.30	67.95	3.07	3.86	1.97	22.79	36.81	17.18	2.80
		10		19.261	15.120	0.392	179.51	334.48	284.68	74.35	3.05	3.84	1.96	25.06	40.26	18.54	2.84
		12		22.800	17.898	0.391	208.90	402.34	330.95	86.84	3.03	3.81	1.95	29.48	46.80	21.08	2.91
		14		26.256	20.611	0.391	236.53	470.75	374.06	99.00	3.00	3.77	1.94	33.73	52.90	23.44	2.99
		16		29.627	23.257	0.390	262.53	539.80	414.16	110.89	2.98	3.74	1.94	37.82	58.57	25.63	3.06
11	110	7		15.196	11.928	0.433	177.16	310.64	280.94	73.38	3.41	4.30	2.20	22.05	36.12	17.51	2.96
		8		17.238	13.535	0.433	199.46	355.20	316.49	82.42	3.40	4.28	2.19	24.95	40.69	19.39	3.01
		10		21.261	16.690	0.432	242.19	444.65	384.39	99.98	3.38	4.25	2.17	30.60	49.42	22.91	3.09
		12		25.200	19.782	0.431	282.55	534.60	448.17	116.93	3.35	4.22	2.15	36.05	57.62	26.15	3.16
		14		29.056	22.809	0.431	320.71	625.16	508.01	133.40	3.32	4.18	2.14	41.31	65.31	29.14	3.24
12.5	125	8		19.750	15.504	0.492	297.03	521.01	470.89	123.16	3.88	4.88	2.50	32.52	53.28	25.86	3.37
		10		24.373	19.133	0.491	361.67	651.93	573.89	149.46	3.85	4.85	2.48	39.97	64.93	30.62	3.45
		12		28.912	22.696	0.491	423.16	783.42	671.44	174.88	3.83	4.82	2.46	41.17	75.96	35.03	3.53
		14		33.367	26.193	0.490	481.65	915.61	763.73	199.57	3.80	4.78	2.45	54.16	86.41	39.13	3.61
		16		37.739	29.625	0.489	537.31	1 048.62	850.98	223.65	3.77	4.75	2.43	60.93	96.28	42.96	3.68
14	140	10	14	27.373	21.488	0.551	514.65	915.11	817.27	212.04	4.34	5.46	2.78	50.58	82.56	39.20	3.82
		12		32.512	25.522	0.551	603.68	1 099.28	958.79	248.57	4.31	5.43	2.76	59.80	96.85	45.02	3.90
		14		37.567	29.490	0.550	688.81	1 284.22	1 093.56	284.06	4.28	5.40	2.75	68.75	110.47	50.45	3.98
		16		42.539	33.393	0.549	770.24	1 470.07	1 221.81	318.67	4.26	5.36	2.74	77.46	132.42	55.55	4.06
15	150	8		23.750	18.644	0.592	521.37	899.55	827.49	215.25	4.69	5.90	3.01	47.36	78.02	38.14	3.99
		10		29.373	23.058	0.591	637.50	1 125.09	1 012.79	262.21	4.66	5.87	2.99	58.35	95.49	45.51	4.08
		12		34.912	27.406	0.591	748.85	1 351.26	1 189.97	307.73	4.63	5.84	2.97	69.04	112.19	52.38	4.15
		14		40.367	31.688	0.590	855.64	1 578.25	1 359.30	351.98	4.60	5.80	2.95	79.45	128.16	58.83	4.23
		15		43.063	33.804	0.590	907.39	1 692.10	1 441.09	373.69	4.59	5.78	2.95	84.56	135.87	61.90	4.27
		16		45.739	35.905	0.589	958.08	1 806.21	1 521.02	395.14	4.58	5.77	2.94	89.59	143.40	64.89	4.31

续附录表Ⅱ-3

型号	截面尺寸 (mm)			截面面积 (cm^2)	理论重量 (kg/m)	外表面积 (m^2/m)	惯性矩 (cm^4)				惯性半径 (cm)			截面模数 (cm^3)			重心距离 (cm)
	b	d	r				I_x	I_{x1}	I_{x0}	I_{y0}	i_x	i_{x0}	i_{y0}	W_x	W_{x0}	W_{y0}	Z_0
16	160	10	16	31.502	24.729	0.630	779.53	1 365.33	1 237.30	321.76	4.98	6.27	3.20	66.70	109.36	52.76	4.31
		12		37.441	29.391	0.630	916.58	1 639.57	1 455.68	377.49	4.95	6.24	3.18	78.98	128.67	60.74	4.39
		14		43.296	33.987	0.629	1 048.36	1 914.68	1 665.02	431.70	4.92	6.20	3.16	90.95	147.17	68.24	4.47
		16		49.067	38.518	0.629	1 175.08	2 190.82	1 865.57	484.59	4.89	6.17	3.14	102.63	164.89	75.31	4.55
18	180	12	16	42.241	33.159	0.710	1 321.35	2 332.80	2 100.10	542.61	5.59	7.05	3.58	100.82	165.00	78.41	4.89
		14		48.896	38.383	0.709	1 514.48	2 723.48	2 407.42	621.53	5.56	7.02	3.56	116.25	189.14	88.38	4.97
		16		55.467	43.542	0.709	1 700.99	3 115.29	2 703.37	698.60	5.54	6.98	3.55	131.13	212.40	97.83	5.05
		18		61.055	48.634	0.708	1 875.12	3 502.43	2 988.24	762.01	5.50	6.94	3.51	145.64	234.78	105.14	5.13
20	200	14	18	54.642	42.894	0.788	2 103.55	3 734.10	3 343.26	863.83	6.20	7.82	3.98	144.70	236.40	111.82	5.46
		16		62.013	48.680	0.788	2 366.15	4 270.39	3 760.89	971.41	6.18	7.79	3.96	163.65	265.93	123.96	5.54
		18		69.301	54.401	0.787	2 620.64	4 808.13	4 164.54	1 076.74	6.15	7.75	3.94	182.22	294.48	135.52	5.62
		20		76.505	60.056	0.787	2 867.30	5 347.51	4 554.55	1 180.04	6.12	7.72	3.93	200.42	322.06	146.55	5.69
		24		90.661	71.168	0.785	3 338.25	6 457.16	5 294.97	1 381.53	6.07	7.64	3.90	236.17	374.41	166.65	5.87
22	220	16	21	68.664	53.901	0.866	3 187.36	5 681.62	5 063.73	1 310.99	6.81	8.59	4.37	199.55	325.51	153.81	6.03
		18		76.752	60.250	0.866	3 534.30	6 365.93	5 615.32	1 453.27	6.79	8.55	4.35	222.37	360.97	168.29	6.11
		20		84.756	66.533	0.865	3 871.49	7 112.04	6 150.08	1 592.90	6.76	8.52	4.34	244.77	395.34	182.16	6.18
		22		92.676	72.751	0.865	4 199.23	7 830.19	6 668.37	1 730.10	6.73	8.48	4.32	266.78	428.66	195.45	6.26
		24		100.512	78.902	0.864	4 517.83	8 550.57	7 170.55	1 865.11	6.70	8.45	4.31	288.39	460.94	208.21	6.33
		26		108.264	84.987	0.864	4 827.58	9 273.39	7 656.98	1 998.17	6.68	8.41	4.30	309.62	492.21	220.49	6.41
25	250	18	24	87.842	68.956	0.985	5 268.22	9 379.11	8 369.04	2 167.41	7.74	9.76	4.97	290.12	473.42	224.03	6.84
		20		97.045	76.180	0.984	5 779.34	10 426.97	9 181.94	2 376.74	7.72	9.73	4.95	319.66	519.41	242.85	6.92
		24		115.201	90.433	0.983	6 763.93	12 529.74	10 742.67	2 785.19	7.66	9.66	4.92	377.34	607.70	278.38	7.07
		26		124.154	97.461	0.982	7 238.08	13 585.18	11 491.33	2 984.84	7.63	9.62	4.90	405.50	650.05	295.19	7.15
		28		133.022	104.422	0.982	7 700.60	14 643.62	12 219.39	3 181.81	7.61	9.58	4.89	433.22	691.23	311.42	7.22
		30		141.807	111.318	0.981	8 151.80	15 705.30	12 927.26	3 376.34	7.58	9.55	4.88	460.51	731.28	327.12	7.30
		32		150.508	118.149	0.981	8 592.01	16 770.41	13 615.32	3 568.71	7.56	9.51	4.87	487.39	770.20	342.33	7.37
		35		163.402	128.271	0.980	9 232.44	18 374.95	14 611.16	3 853.72	7.52	9.46	4.86	526.97	826.53	364.30	7.48

注:截面图中的 $r_1=1/3d$ 及表中 r 的数据用于孔型设计,不做交货条件。

附录Ⅱ 热轧型钢规格一览表（GB/T 706—2008）

附录表Ⅱ-4 不等边角钢截面尺寸、截面面积、理论重量及截面特性

型号	截面尺寸 (mm)				截面面积 (cm²)	理论重量 (kg/m)	外表面积 (m²/m)	惯性矩 (cm⁴)					惯性半径 (cm)			截面模数 (cm³)			$tg\alpha$	重心距离 (cm)	
	B	b	d	r				I_x	I_{x1}	I_y	I_{y1}	I_u	i_x	i_y	i_u	W_x	W_y	W_u		X_0	Y_0
2.5/1.6	25	16	3	3.5	1.162	0.912	0.080	0.70	1.56	0.22	0.43	0.14	0.78	0.44	0.34	0.43	0.19	0.16	0.392	0.42	0.86
			4		1.499	1.176	0.079	0.88	2.09	0.27	0.59	0.17	0.77	0.43	0.34	0.55	0.24	0.20	0.381	0.46	1.86
3.2/2	32	20	3		1.492	1.171	0.102	1.53	3.27	0.46	0.82	0.28	1.01	0.55	0.43	0.72	0.30	0.25	0.382	0.49	0.90
			4		1.939	1.522	0.101	1.93	4.37	0.57	1.12	0.35	1.00	0.54	0.42	0.93	0.39	0.32	0.374	0.53	1.08
4/2.5	40	25	3	4	1.890	1.484	0.127	3.08	5.39	0.93	1.59	0.56	1.28	0.70	0.54	1.15	0.49	0.40	0.385	0.59	1.12
			4		2.467	1.936	0.127	3.93	8.53	1.18	2.14	0.71	1.36	0.69	0.54	1.49	0.63	0.52	0.381	0.63	1.32
4.5/2.8	45	28	3	5	2.149	1.687	0.143	4.45	9.10	1.34	2.23	0.80	1.44	0.79	0.61	1.47	0.62	0.51	0.383	0.64	1.37
			4		2.806	2.203	0.143	5.69	12.13	1.70	3.00	1.02	1.42	0.78	0.60	1.91	0.80	0.66	0.380	0.68	1.47
5/3.2	50	32	3	5.5	2.431	1.908	0.161	6.24	12.49	2.02	3.31	1.20	1.60	0.91	0.70	1.84	0.82	0.68	0.404	0.73	1.51
			4		3.177	2.494	0.160	8.02	16.65	2.58	4.45	1.53	1.59	0.90	0.69	2.39	1.06	0.87	0.402	0.77	1.60
5.6/3.6	56	36	3	6	2.743	2.153	0.181	8.88	17.54	2.92	4.70	1.73	1.80	1.03	0.79	2.32	1.05	0.87	0.408	0.80	1.65
			4		3.590	2.818	0.180	11.45	23.39	3.76	6.33	2.23	1.79	1.02	0.79	3.03	1.37	1.13	0.408	0.85	1.78
			5		4.415	3.466	0.180	13.86	29.25	4.49	7.94	2.67	1.77	1.01	0.78	3.71	1.65	1.36	0.404	0.88	1.82
6.3/4	63	40	4	7	4.058	3.185	0.202	16.49	33.30	5.23	8.63	3.12	2.02	1.14	0.88	3.87	1.70	1.40	0.398	0.92	1.87
			5		4.993	3.920	0.202	20.02	41.63	6.31	10.86	3.76	2.00	1.12	0.87	4.74	2.07	1.71	0.396	0.95	2.04
			6		5.908	4.638	0.201	23.36	49.98	7.29	13.12	4.34	1.96	1.11	0.86	5.59	2.43	1.99	0.393	0.99	2.08
			7		6.802	5.339	0.201	26.53	58.07	8.24	15.47	4.97	1.98	1.10	0.86	6.40	2.78	2.29	0.389	1.03	2.12
7/4.5	70	45	4	7.5	4.547	3.570	0.226	23.17	45.92	7.55	12.26	4.40	2.26	1.29	0.98	4.86	2.17	1.77	0.410	1.02	2.15
			5		5.609	4.403	0.225	27.95	57.10	9.13	15.39	5.40	2.23	1.28	0.98	5.92	2.65	2.19	0.407	1.06	2.24
			6		6.647	5.218	0.225	32.54	68.35	10.62	18.58	6.35	2.21	1.26	0.98	6.95	3.12	2.59	0.404	1.09	2.28
			7		7.657	6.011	0.225	37.22	79.99	12.01	21.84	7.16	2.20	1.25	0.97	8.03	3.57	2.94	0.402	1.13	2.32

续附录 II - 4

型号	截面尺寸 (mm)				截面面积 (cm²)	理论重量 (kg/m)	外表面积 (m²/m)	惯性矩 (cm⁴)					惯性半径 (cm)			截面模数 (cm³)			tgα	重心距离 (cm)	
	B	b	d	r				I_x	I_{x1}	I_y	I_{y1}	I_u	i_x	i_y	i_u	W_x	W_y	W_u		X_0	Y_0
7.5/5	75	50	5	8	6.125	4.808	0.245	34.86	70.00	12.61	21.04	7.41	2.39	1.44	1.10	6.83	3.30	2.74	0.435	1.17	2.36
			6		7.260	5.699	0.245	41.12	84.30	14.70	25.37	8.54	2.38	1.42	1.08	8.12	3.88	3.19	0.435	1.21	2.40
			8		9.467	7.431	0.244	52.39	112.50	18.53	34.23	10.87	2.35	1.40	1.07	10.52	4.99	4.10	0.429	1.29	2.44
			10		11.590	9.098	0.244	62.71	140.80	21.96	43.43	13.10	2.33	1.38	1.06	12.79	6.04	4.99	0.423	1.36	2.52
8/5	80	50	5	8	6.375	5.005	0.255	41.96	85.21	12.82	21.06	7.66	2.56	1.42	1.10	7.78	3.32	2.74	0.388	1.14	2.60
			6		7.560	5.935	0.255	49.49	102.53	14.95	25.41	8.85	2.56	1.41	1.08	9.25	3.91	3.20	0.387	1.18	2.65
			7		8.724	6.848	0.255	56.16	119.33	46.96	29.82	10.18	2.54	1.39	1.08	10.58	4.48	3.70	0.384	1.21	2.69
			8		9.867	7.745	0.254	62.83	136.41	18.85	34.32	11.38	2.52	1.38	1.07	11.92	5.03	4.16	0.381	1.25	2.73
9/5.6	90	56	5	9	7.212	5.661	0.287	60.45	121.32	18.32	29.53	10.98	2.90	1.59	1.23	9.92	4.21	3.49	0.385	1.25	2.91
			6		8.557	6.717	0.286	71.03	145.59	21.42	35.58	12.90	2.88	1.58	1.23	11.74	4.96	4.13	0.384	1.29	2.95
			7		9.880	7.756	0.286	81.01	169.60	24.36	41.71	14.67	2.86	1.57	1.22	13.49	5.70	4.72	0.382	1.33	3.00
			8		11.183	8.779	0.286	91.03	194.17	27.15	47.93	16.34	2.85	1.56	1.21	15.27	6.41	5.29	0.380	1.36	3.04
10/6.3	100	63	6	10	9.617	7.550	0.320	99.06	199.71	30.94	50.50	18.42	3.21	1.79	1.38	14.64	6.35	5.25	0.394	1.43	3.24
			7		11.111	8.722	0.320	113.45	233.00	35.26	59.14	21.00	3.20	1.78	1.38	16.88	7.29	6.02	0.394	1.47	3.28
			8		12.534	9.878	0.319	127.37	266.32	39.39	67.86	23.50	3.18	1.77	1.37	19.08	8.21	6.78	0.391	1.50	3.32
			10		15.467	12.142	0.319	153.81	333.06	47.12	85.73	28.33	3.15	1.74	1.35	23.32	9.98	8.24	0.387	1.58	3.40
10/8	100	80	6	10	10.637	8.350	0.354	107.04	199.83	61.24	102.68	31.65	3.17	2.40	1.72	15.19	10.16	8.37	0.627	1.97	2.95
			7		12.301	9.656	0.354	122.73	233.20	70.08	119.98	36.17	3.16	2.39	1.72	17.52	11.71	9.60	0.626	2.01	3.0
			8		13.944	10.946	0.353	137.92	266.61	78.58	137.37	40.58	3.14	2.37	1.71	19.81	13.21	10.80	0.625	2.05	3.04
			10		17.167	13.476	0.353	166.87	333.63	94.65	172.48	49.10	3.12	2.35	1.69	24.24	16.12	13.12	0.622	2.13	3.12

附录Ⅱ 热轧型钢规格一览表（GB/T 706—2008）

续附录表Ⅱ-4

型号	截面尺寸(mm) B	b	d	r	截面面积(cm²)	理论重量(kg/m)	外表面积(m²/m)	惯性矩(cm⁴) I_x	I_{x1}	I_y	I_{y1}	I_u	惯性半径(cm) i_x	i_y	i_u	截面模数(cm³) W_x	W_y	W_u	tgα	重心距离(cm) X_0	Y_0
11/7	110	70	6	10	10.637	8.350	0.354	133.37	265.78	42.92	69.08	25.36	3.54	2.01	1.54	17.85	7.90	6.53	0.403	1.57	3.53
			7		12.301	9.656	0.354	153.00	310.07	49.01	80.82	28.95	3.53	2.00	1.53	20.60	9.09	7.50	0.402	1.61	3.57
			8		13.944	10.946	0.353	172.04	354.39	54.87	92.70	32.45	3.51	1.98	1.53	23.30	10.25	8.45	0.401	1.65	3.62
			10		17.167	13.476	0.353	208.39	443.13	65.88	116.83	39.20	3.48	1.96	1.51	28.54	12.48	10.29	0.397	1.72	3.70
12.5/8	125	80	7	11	14.096	11.066	0.403	227.98	454.99	74.42	120.32	43.81	4.02	2.30	1.76	26.86	12.01	9.92	0.408	1.80	4.01
			8		15.989	12.551	0.403	256.77	519.99	83.49	137.85	49.15	4.01	2.28	1.75	30.41	13.56	11.18	0.407	1.84	4.06
			10		19.712	15.474	0.402	312.04	650.09	100.67	173.40	59.45	3.98	2.26	1.74	37.33	16.56	13.64	0.404	1.92	4.14
			12		23.351	18.330	0.402	364.41	780.39	116.67	209.67	69.35	3.95	2.24	1.72	44.01	19.43	16.01	0.400	2.00	4.22
14/9	140	90	8	12	18.038	14.160	0.453	365.64	730.53	120.69	195.79	70.83	4.50	2.59	1.98	38.48	17.34	14.31	0.411	2.04	4.50
			10		22.261	17.475	0.452	445.50	913.20	140.03	245.92	85.82	4.47	2.56	1.96	47.31	21.22	17.48	0.409	2.12	4.58
			12		26.400	20.724	0.451	521.59	1 096.09	169.79	296.89	100.21	4.44	2.54	1.95	55.87	24.95	20.54	0.406	2.19	4.66
			14		30.456	23.908	0.451	594.10	1 279.26	192.10	348.82	114.13	4.42	2.51	1.94	64.18	28.54	23.52	0.403	2.27	4.74
15/9	150	90	8	12	18.839	14.788	0.473	442.05	898.35	122.80	195.96	74.14	4.84	2.55	1.98	43.86	17.47	14.48	0.364	1.97	4.92
			10		23.261	18.260	0.472	539.24	1 122.85	148.62	246.26	89.86	4.81	2.53	1.97	53.97	21.38	17.69	0.362	2.05	5.01
			12		27.600	21.666	0.471	632.08	1 347.50	172.85	297.46	104.95	4.79	2.50	1.95	63.79	25.14	20.80	0.359	2.12	5.09
			14		31.856	25.007	0.471	720.77	1 572.38	195.62	349.74	119.53	4.76	2.48	1.94	73.33	28.77	23.84	0.356	2.20	5.17
			15		33.952	26.652	0.471	763.62	1 684.93	206.50	376.33	126.67	4.74	2.47	1.93	77.99	30.53	25.33	0.354	2.24	5.21
			16		36.027	28.281	0.470	805.51	1 797.55	217.07	403.24	133.72	4.73	2.45	1.93	82.60	32.27	26.82	0.352	2.27	5.25

续附录表 Ⅱ-4

型号	截面尺寸 (mm)				截面面积 (cm²)	理论重量 (kg/m)	外表面积 (m²/m)	惯性矩 (cm⁴)					惯性半径 (cm)			截面模数 (cm³)			tgα	重心距离 (cm)	
	B	b	d	r				I_x	I_{x1}	I_y	I_{y1}	I_u	i_x	i_y	i_u	W_x	W_y	W_u		X_0	Y_0
16/10	160	100	10	13	25.315	19.872	0.512	668.69	1 362.89	205.03	336.59	121.74	5.14	2.85	2.19	62.13	26.56	21.92	0.390	2.28	5.24
			12		30.054	23.592	0.511	784.91	1 635.56	239.06	405.94	142.33	5.11	2.82	2.17	73.49	31.28	25.79	0.388	2.36	5.32
			14		34.709	27.247	0.510	896.30	1 908.50	271.20	476.42	162.33	5.08	2.80	2.16	84.56	35.83	29.56	0.385	0.43	5.40
			16		29.281	30.835	0.510	1 003.04	2 181.79	301.60	548.22	182.57	5.05	2.77	2.16	95.33	40.24	33.44	0.382	2.51	5.48
18/11	180	110	10	14	28.373	22.273	0.571	956.25	1 940.40	278.11	447.22	166.50	5.80	3.13	2.42	78.96	32.49	26.88	0.376	2.44	5.89
			12		33.712	26.440	0.571	1 124.72	2 328.38	325.03	538.94	194.87	5.78	3.10	2.40	93.53	38.32	31.66	0.374	2.52	5.98
			14		38.967	30.589	0.570	1 286.91	2 716.60	369.55	631.95	222.30	5.75	3.08	2.39	107.76	43.97	36.32	0.372	2.59	6.06
			16		44.139	34.649	0.569	1 443.06	3 105.15	411.85	726.46	248.94	5.72	3.06	2.38	121.64	49.44	40.87	0.369	2.67	6.14
20/12.5	200	125	12	14	37.912	29.761	0.641	1 570.90	3 193.85	483.16	787.74	285.79	6.44	3.57	2.74	116.73	49.99	41.23	0.392	2.83	6.54
			14		43.687	34.436	0.640	1 800.97	3 726.17	550.83	922.47	326.58	6.41	3.54	2.73	134.65	57.44	47.34	0.390	2.91	6.62
			16		49.739	39.045	0.639	2 023.35	4 258.88	615.44	1 058.86	366.21	6.38	3.52	2.71	152.18	64.89	53.32	0.388	2.99	6.70
			18		55.526	43.588	0.639	2 238.30	4 792.00	677.19	1 197.13	404.83	6.35	3.49	2.70	169.33	71.74	59.18	0.385	3.06	6.78

注：截面图中的 $r_1 = 1/3d$ 及表中 r 的数据用于孔型设计，不做交货条件。

参考答案

第 2 章

2-1 $F_R = 2.85$ kN $\angle(F_R, X) = 63.07°$

2-2 (a) $F_A = F_B = \dfrac{M}{l}$ (b) $F_A = F_B = \dfrac{M}{l}$ (c) $F_A = F_B = \dfrac{M}{l\cos\theta}$

2-3 (a) $m_0(\boldsymbol{P}) = 0$ (b) $m_0(\boldsymbol{P}) = -Pb$ (c) $m_0(\boldsymbol{P}) = P\sqrt{l^2+b^2}\sin\beta$ (d) $m_0(\boldsymbol{P}) = P(l+r)$

2-4 $M_A(\boldsymbol{F}) = -Fb\cos\theta$ $M_B(\boldsymbol{F}) = F(a\sin\theta - b\cos)$

2-5 $F_R = 161.25$ kN $\angle(F_R, X) = 60.25°$

2-6 (a) $F_{CA} = \dfrac{2W}{\sqrt{3}}$(压) $F_{AB} = \dfrac{W}{\sqrt{3}}$(拉) (b) $F_{CA} = F_{AB} = \dfrac{W}{\sqrt{3}}$(拉)

2-7 $F_{DC} = F_A = 400$ N

2-8 $F_{BC} = -74.64$ N $F_{BA} = 54.64$ N

2-9 $F_A = \dfrac{\sqrt{2}M}{l}$

2-10 $F_A = 80$ kN

2-11 $F_{O_1} = F_{O_2} = \dfrac{M_1}{r_1\cos\theta}$,方向沿 mm,齿轮 I 受 O_1 轴受齿轮的力向上,O_2 轴受齿轮的力向下,$M_2 = \dfrac{r_2}{r_1}M_1$

2-12 $F_{AB} = 2.732$ kN,$F_{AC} = 1.319$ kN

2-13 $M = Fa\tan 2\theta$

2-14 $\dfrac{F_A}{F_B} = 0.6124$

2-15 $m_2 = 3$ N·m,$S = 5$ N

2-16 (1) 当 $G_B = G_A$ 时,$\alpha = 30°$ (2) 当 $\alpha = 0°$ 时,$G_B = G_A/3$

2-17 $F_{AD} = F_{BD} = 7.61$ kN $F_{CD} = 4.17$ kN

第 3 章

3-1 $F_{Ax} = 2\,400$ N, $F_{Ay} = 1\,200$ N, $F_{BC} = 848.5$ N

3-2 $F_{EF} = 4\sqrt{2}\,W$

3-3 $F_{Ax} = 191$ kN, $F_{Ay} = 1\,785$ kN, $F_{Bx} = 191$ kN(方向向左), $F_{By} = 415$ kN

3-4 $F_{Ax} = 0, F_{Ay} = 15$ kN(方向向下), $N_B = 40$ kN, $N_D = 15$ kN, $F_{Cx} = 0, F_{Cy} = 5$ kN

3-5 $F_{Ax} = 0, F_{Ay} = 6$ kN, $M_A = 12$ kN·m

3-6 $F_{Ax} = F_{Dx} = F_{Bx} = 0, F_{Ay} = \dfrac{M}{2a}$(方向向下), $F_{By} = \dfrac{M}{2a}$(方向向下), $F_{Dy} = \dfrac{M}{a}$(方向向下)

3-7　$F_{Ax} = 400$ kN, $F_{Ay} = 150$ kN, $S_B = 250$ kN, $S_C = 250$ kN

3-8　$M = 70.36$ N·m

3-9　$F_{Ax} = -58$ N(方向向左), $F_{Ay} = 56$ N, $F_{Dx} = 62.8$ N, $F_{Dy} = 56$ N(方向向下)

3-10　$M = \dfrac{P \cdot r_1}{r_2}$

3-11　(1) $F_{Ax} = \dfrac{3}{2}F_1$, $F_{Ay} = F_2 + \dfrac{1}{2}F_1$, $M_A = -\left(F_2 + \dfrac{1}{2}F_1\right)a$(方向顺时针)

　　　(2) $F_{BAx} = \dfrac{3}{2}F_1$(方向向左), $F_{BAy} = F_2 + \dfrac{1}{2}F_1$(方向向下), $F_{TBx} = \dfrac{3}{2}F_1$(方向向左),

　　　　$F_{TBy} = \dfrac{1}{2}F_1$(方向向下)

3-12　$F_E = \sqrt{2}F$, $F_{Ax} = F - 6qa$, $F_{Ay} = 2F$, $M_A = 5aF + 18qa^2$

3-13　$F_{NB} = \dfrac{Fa}{2L}$, $F_{NC} = F - \dfrac{Fa}{2L}$, $F_T = \dfrac{Fa\cos\theta}{2h}$

3-14　$F_{Ax} = 250$ N, $F_{Ay} = \dfrac{200}{3}$ N, $F_{Dx} = 450$ N, $F_{Dy} = 266.7$ N, $F_{Ex} = 250$ N, $F_{Ey} = 266.7$ N(方向向下)

3-15　$F_{Ax} = 267$ N, $F_{Ay} = 87.5$ N, $F_B = 550$ N, $F_{Cx} = 209$ N, $F_{Cy} = 187.5$ N

3-16　$F_{Dx} = qa$, $F_{Dy} = \dfrac{1}{2}qa$

3-17　$F_{AD} = 158$ kN(受压), $F_{EF} = 8.167$ kN(受拉)

3-18　$F_{CD} = 0.866F$(压)

3-19　$F_{Ex} = P$, $F_{Ey} = \dfrac{1}{3}P$(方向向下)

3-20　$S_1 = \dfrac{4}{9}F$(压), $S_2 = \dfrac{2}{3}F$(压), $S_3 = 0$

3-21　$F_1 = F$, $F_4 = \dfrac{1}{2}F$(压), $F_8 = \dfrac{\sqrt{2}}{2}F$(压)

第 4 章

4-1　主矢 $F_R = 426$ N, $F_R = (-345\boldsymbol{i} + 250\boldsymbol{j} + 10.6\boldsymbol{k})$N

　　　主矩 $M_O = 122$ N·m, $M_O = (-51.8\boldsymbol{i} - 36.6\boldsymbol{j} + 104\boldsymbol{k})$N·m

4-2　$F = 2.4$ kN, $F_A = 1.04$ kN, $F_B = 1.8$ kN

4-3　$F_A = F_B = -26.4$ kN(压), $F_C = 33.5$ kN(拉)

4-4　$F_D = 5.8$ kN, $F_B = 7.78$ kN, $F_A = 4.42$ kN

4-5　$F_{Ax} = \dfrac{M_2}{a}$, $F_{Ay} = \dfrac{M_3}{a}$, $F_{Dy} = -\dfrac{M_3}{a}$, $F_{Dz} = -\dfrac{M_2}{a}$, $M_1 = \dfrac{c}{a}M_3 + \dfrac{b}{a}M_2$

4-6　$F = 12.67$ kN, $F_{Bz} = -2.87$ kN, $F_{Bx} = 7.89$ kN, $F_{Ax} = 4.02$ kN, $F_{Az} = -1.46$ kN

4-7　$F_1 = F_D$, $F_6 = F_D$, $F_3 = -\sqrt{2}F_D$, $F_4 = -\sqrt{6}F_D$, $F_2 = -\sqrt{2}F_D$, $F_5 = -F - \sqrt{2}F_D$

4-8　$F_{Ay} = F_{By} = 0$, $F_{Az} = 423.92$ N, $F_{Bz} = 183.92$ N, $F_1 = 207.84$ N

4-9　$x_C = 2.1$ cm, $y_C = 18.47$ cm

4-10　$x = 49.4$ mm, $y = 46.5$ mm

第 5 章

5-1　(a) $N_1 = 50$ kN, $N_2 = 10$ kN, $N_3 = -20$ kN　(b) $N_1 = 0$ kN, $N_2 = 4P$, $N_3 = 3P$

5-2　$N_1 = -20$ kN, $N_2 = -10$ kN, $N_3 = 10$ kN, $\sigma_1 = -100$ MPa, $\sigma_2 = -33.3$ MPa, $\sigma_3 = 24$ MPa

5-3 $N_1 = -20$ kN, $N_2 = 40$ kN, $\Delta l = 0.075$ mm

5-4   最大拉应力在 1-1 截面上，$\sigma_{max} = 67.86$ MPa

5-5 $[F_P] = 6$ kN

5-6   强度符合要求

5-7   CD 杆安全　(1) $[P] = 33.5$ kN　(2) $d_{CD} = 24.4$ mm

5-8 $[P] = 188.4$ N

5-9 $\Delta l_1 = 9.5$ mm

5-10 $F_{N1} = \dfrac{2\sqrt{2}F}{8\sqrt{2}+1}$, $F_{N2} = \dfrac{8\sqrt{2}F}{8\sqrt{2}+1}$

5-11 $\sigma = 76.4$ MPa

5-12 $\sigma_1 = 127$ MPa, $\sigma_2 = 63.7$ MPa

5-13 $b \geqslant 116.4$ mm, $h = 1.4b \geqslant 162.9$ mm

5-14 $d_{AB} = d_{BC} = d_{BD} = 17.2$ mm

5-15 $[P] = 40.4$ kN

5-16 (1) $d_{max} = 17.84$ mm　(2) $A_{CD} \geqslant 833$ mm²　(3) $N_{max} = 15.71$ kN

5-17 $x = \dfrac{l_1 E_2 A_2}{l_1 E_2 A_2 + l_2 E_1 A_1} l$

5-18 $l = \dfrac{[\sigma]A - P}{\rho g A}$, $\Delta l = \dfrac{[\sigma]^2 A^2 - P^2}{2EA^2 \rho g}$

5-19 当 $h = l/5$ 时, $N_{AC} = 0$, $N_{BC} = 15$ kN; 当 $h = 4l/5$ 时, $N_{AC} = 7$ kN, $N_{BC} = 22$ kN

5-20 $N_1 = \dfrac{5}{6}P$, $N_2 = \dfrac{1}{3}P$, $N_3 = -\dfrac{1}{6}P$

5-21 $\sigma_1 = -66.7$ MPa, $\sigma_2 = -33.3$ MPa

5-22 $\Delta l = 1.367$ mm, $N_1 = N_2 = \dfrac{\delta E_1 A_1 E_3 A_3 \cos^2\alpha}{l(2E_1 A_1 \cos^3\alpha + E_3 A_3)}$

5-23 $N_3 = \dfrac{2\delta E_1 A_1 E_3 A_3 \cos^3\alpha}{l(2E_1 A_1 \cos^3\alpha + E_3 A_3)}$, $N_1 = N_2 = \dfrac{\delta E_1 A_1 E_3 A_3 \cos^2\alpha}{l(2E_1 A_1 \cos^3\alpha + E_3 A_3)}$

5-24 (1) $\sigma_1 = \sigma_3 = 35$ MPa(压), $\sigma_2 = 70$ MPa(拉)　(2) $\sigma_1 = \sigma_2 = \sigma_3 = 50$ MPa(拉)
　　　(3) $\sigma_1 = \sigma_3 = 15$ MPa(拉), $\sigma_2 = 120$ MPa(拉)

5-25 $N_1 = N_2 = \dfrac{P}{4} + (\delta - \alpha \Delta T l)\dfrac{EA}{2l}$

5-26 $\tan\theta = \sqrt{2}$, $\theta = 54.7°$

5-27 剪切强度不足; $d = 32.5$ mm

5-28 $P = 771$ kN

5-29 安全

5-30 $d = 14$ mm

5-31 $d \geqslant 50$ mm, $b \geqslant 100$ mm, 可取螺栓直径 $d = 50$ mm, 拉杆宽度 $b = 100$ mm

5-32 剪切应力 $\tau = 0.952$ MPa, 挤压应力 $\sigma_{bs} = 7.41$ MPa

第 6 章

6-3   强度符合要求

6-4 $P = 18.47$ kW

6-5   (1) $\tau_{max} = 69.8$ MPa　(2) $\alpha_{AC} = 2°$

6-6   (1) $\tau_{max} = 71.4$ MPa, $\varphi = 1.02°$　(2) $\tau_A = \tau_B = 71.4$ MPa, $\tau_C = 35.7$ MPa

6-7 (1) $M_{max} = 1\,144.9$ N·m   (2) $l_1 = 298.4$ mm, $l_2 = 211.6$ mm

6-8 $d_空 = 41.9$ cm, $G_空/G_实 = 0.7024$

6-9 (1) $d_1 \geqslant 38.5$ mm, $d_2 \geqslant 43.7$ mm, $d_3 \geqslant 34.8$ mm   (2) $D = 4.17$ m

6-10 (1) $M = 9.75$ N·m/m   (2) $\tau_{max} = 17.76$ MPa $< [\tau]$,强度满足要求

(3) $\varphi_{AB} = 0.14$ rad

6-11 $\varphi = \dfrac{32ml}{3\pi G}\left(\dfrac{d_1^2 + d_1 d_2 + d_2^2}{d_1^3 d_2^3}\right)$

6-12 $d_1 = \dfrac{d_2}{2} \geqslant \sqrt[3]{\dfrac{16T_1}{\pi[\tau]}} = \sqrt[3]{\dfrac{16M}{9\pi[\tau]}}$

6-13 (1) $M_A = M_B = M$ (2) $M_A = 1/3M, M_B = 1/3M$(转向与 M_A 相反)

(3) $M_A = M_B = 1/2M$ (4) $M_A = 3/4ma, M_B = 1/4ma$

6-14 $d \geqslant 57.7$ mm

6-15 该轴满足强度与刚度要求

第7章

7-1 (a) $Q_1 = -P, M_1 = Pa; Q_2 = 0, M_2 = Pa; Q_3 = 0, M_3 = Pa$

(b) $Q_1 = Q_2 = \dfrac{2}{9}ql, M_1 = M_2 = \dfrac{2}{27}ql^2$

(c) $Q_1 = Q_2 = Q_3 = -qa, M_1 = M_2 = -\dfrac{1}{2}qa^2, M_3 = -\dfrac{3}{2}qa^2$

(d) $Q_1 = \dfrac{1}{4}qa, M_1 = -\dfrac{1}{2}qa^2; Q_2 = -qa, M_2 = -\dfrac{1}{2}qa^2; Q_3 = 0, M_3 = 0$

(e) $Q_1 = \dfrac{2}{3}P, M_1 = \dfrac{2}{9}Pl; Q_2 = -\dfrac{1}{3}P, M_2 = \dfrac{2}{9}Pl; Q_3 = \dfrac{2}{3}P, M_3 = 0$

(f) $Q_1 = -qa, M_1 = -\dfrac{1}{2}qa^2; Q_2 = -\dfrac{3}{2}qa, M_2 = -2qa^2$

(g) $Q_1 = -\dfrac{m}{l}, M_1 = -\dfrac{a}{l}m; Q_2 = -\dfrac{m}{l}, M_2 = \dfrac{b}{l}m$

(h) $Q_1 = -P, M_1 = -\dfrac{2}{3}Pl; Q_2 = -P, M_2 = \dfrac{1}{3}Pl; Q_3 = -P, M_3 = 0$

7-2 (a) $|Q|_{max} = P, |M|_{max} = Pl$;   (b) $|Q|_{max} = P, |M|_{max} = Pa$

(c) $|Q|_{max} = 2qa, |M|_{max} = qa^2$;   (d) $|Q|_{max} = qa, |M|_{max} = \dfrac{3}{2}qa^2$

(e) $|Q|_{max} = \dfrac{3}{2}P, |M|_{max} = \dfrac{1}{3}Pa$;   (f) $|Q|_{max} = P, |M|_{max} = Pa$

(g) $|Q|_{max} = \dfrac{5}{4}qa, |M|_{max} = \dfrac{1}{2}qa^2$;   (h) $|Q|_{max} = \dfrac{7}{2}P, |M|_{max} = \dfrac{5}{2}Pa$

7-7 $a = \dfrac{\sqrt{2}-1}{2}l$

7-8 (1) $\eta = \dfrac{2l-d}{4}$ 或 $\eta = \dfrac{2l-3d}{4}$ 时,梁的最大弯矩值最大,$M_{max} = \dfrac{F}{8l}(2l-d)^2$

(2) $\eta = 0$ 或 $\eta = l-d$ 时,梁的最大剪力值最大,$F_{max} = \dfrac{F}{l}(2l-d)$

7-9 (1) 略   (2) 略   (3) $Q_{amax} = 2P, M_{amax} = Pa; Q_{bmax} = \dfrac{5}{3}P, M_{bmax} = \dfrac{5}{3}Pa$

7-13 $|Q|_{max} = d(P_1 h_1 + P_2 h_2), |M|_{max} = \dfrac{1}{2}dP_1 h_1^2 + dP_2 h_2\left(h_1 + \dfrac{h_2}{2}\right)$

7-16 $\dfrac{\mathrm{d}M}{\mathrm{d}x} = F_s + m, \dfrac{\mathrm{d}F_s}{\mathrm{d}x} = 0$

第8章

8-1 $\sigma_{\max} = 105$ MPa

8-3 竖放：$\sigma_{\max} = 14.84$ MPa；横放：$\sigma_{\max} = 130.7$ MPa

8-4 $\sigma_A = 111.1$ MPa，$\sigma_B = -111.1$ MPa，$\sigma_C = 0$，$\sigma_D = -74.1$ MPa

8-5 竖放：$\sigma_{\max} = 29.3$ MPa；横放：$\sigma_{\max} = 87.9$ MPa

8-6 实心截面：$\sigma_{\max} = 159$ MPa；空心截面：$\sigma_{\max} = 93.6$ MPa。空心截面梁比实心截面梁最大正应力减少了41%

8-7 安全

8-8 $b \geqslant 28.6$ mm

8-9 安全

8-10 $[P] = 56.9$ kN

8-11 №16

8-12 安全；截面倒置不合理

8-13 $[P] = 907.4$ kN

8-14 $M = 108.8$ kN·m

8-15 $[P] = 57$ kN

8-16 $d \geqslant 73$ mm

8-17 $\sigma_{\max} = 3.69$ MPa

8-18 $\sigma_{\max} = 60$ MPa，$\tau_{\max} = 3$ MPa

8-19 $h = 0.216$ m，$b = 0.144$ m

8-20 $b = 510$ mm

8-21 正应力强度满足要求

8-22 第一种情况：$\sigma_{\max} = 10$ MPa；第二种情况：$\sigma_{\max} = 20$ MPa

8-23 $\tau_{\max} = 76.5$ MPa

8-24 可取25b工字钢，满足剪应力强度要求

8-25 $a = 1.385$ m

8-26 $\sigma^+_{C,\max} = 23.78$ MPa，$\sigma^-_{B,\max} = 17.84$ MPa，$\sigma^+_C = 1.40$ MPa

8-27 （1）铆钉的强度满足要求　（2）$[l] = 18.035$ m

8-28 $[P] = 3.75$ kN

8-29 $a = 0.207l$

8-30 $[P] = 44.2$ kN

第9章

9-3 $m_1 = \dfrac{1}{2} m_2$

9-4 (a) $w_c = 0, \theta_B = -\dfrac{M_e a}{12EI}$　(b) $w_c = -\dfrac{5qa^4}{48EI}, \theta_B = \dfrac{7qa^3}{48EI}$

9-5 (a) $w_{\max} = -\dfrac{7Pa^3}{2EI}, \theta_A = \dfrac{5Pa^2}{2EI}, w_c = -\dfrac{7Pa^3}{6EI}$　(b) $w_{\max} = -\dfrac{41ql^4}{384EI}, \theta_B = -\dfrac{7ql^3}{48EI}, w_c = -\dfrac{7ql^4}{192EI}$

9-6 $w_B = -\dfrac{Pa^2}{2EI}, \theta_B = -\dfrac{Pa^2}{6EI}(3l - a)$

9-7　$w_{\max}=-\dfrac{3Pl^3}{16EI},\theta_{\max}=-\dfrac{5Pl^2}{15EI}$

9-8　(a) $w_A=-\dfrac{Pl^3}{6EI},\theta_B=-\dfrac{9Pl^2}{8EI}$　(b) $w_A=-\dfrac{ql^4}{36EI},\theta_B=\dfrac{67ql^2}{648EI}$

9-9　(a) $w_c=\dfrac{Fl^3}{48EI}+\dfrac{M_e l^2}{16EI},\theta_B=\dfrac{Fl^2}{16EI}+\dfrac{M_e l}{3EI}$　(b) $w_c=\dfrac{11Fl^3}{48EI},\theta_B=\dfrac{Fl^2}{4EI}$

(c) $w_c=\dfrac{qa}{24EI}(b^3-4a^2b-3a^3),\theta_B=\dfrac{qb}{24EI}(b^2-4a^2)$　(d) $w_c=-\dfrac{5q_0 l^4}{768EI},\theta_B=\dfrac{q_0 l^3}{45EI}$

9-10　$w_B=-\dfrac{5qa^4}{24EI},\theta_B=-\dfrac{qa^3}{4EI}$

9-11　梁刚度满足需求

9-12　$F=0.349\text{ N},a=0.8\text{ mm}$

9-13　$\Delta_x=\dfrac{Fah^2}{2EI}(\rightarrow),\Delta_y=\dfrac{Fa^2}{3EI}(a+3h)(\downarrow)$

9-14　(a) $w_{\max}=\dfrac{3Fa^3}{2EI_1}(\downarrow)$　(b) $w_{\max}=\dfrac{3Fa^3}{4EI_1}(\downarrow)$

9-15　$w_{端}=\dfrac{2.01ql^4}{Eb^4}$,方向与 z 轴成 $\theta=5.36°$

9-16　$\delta_B=8.22\text{ mm}(\downarrow)$

9-17　$y(x)=-v(x)=\dfrac{Px^2(l-x)^2}{3EIl}$

9-18　$w_D=-\dfrac{Pa^3}{3EI}$

9-19　$\theta_A=\dfrac{ml}{3EI}$

9-20　$M_{\max}=\dfrac{3EI\delta}{l^2}$

9-21　$w_B=-\dfrac{Fl^3}{3EI}(\downarrow),\sigma_{\max}=\dfrac{M_{\max}}{I}\cdot\dfrac{\delta}{2}\leqslant\dfrac{E\delta}{2R}$

9-22　(a) $F_{Ay}=\dfrac{3M_e}{2l}(\uparrow),F_{Cy}=\dfrac{3M_e}{2l}(\downarrow),M_A=\dfrac{M_e}{4},M_C=\dfrac{M_e}{4}$

(b) $F_{Ay}=\dfrac{13qa}{16}(\uparrow),F_{Cy}=\dfrac{3qa}{16}(\uparrow),M_A=\dfrac{5qa^2}{16},M_C=\dfrac{3qa^2}{16}$

9-24　$b=\sqrt{2}a$

9-25　$\Delta=\dfrac{9F^4}{2\,048EIq^3}$

9-27　(1) $[q]=\dfrac{8W_z[\sigma]}{l^2}$　(2) $[q']=11.66\dfrac{W_z[\sigma]}{l^2}$

9-28　$\Delta=\dfrac{Fl^3}{2Eb\delta^3}$

9-29　$d\geqslant 23.9\text{ mm}$

9-30　$\sigma_{\max}=156\text{ MPa}$

9-31　$R_B=82.6\text{ N}$

9-32　$M_{\max}=\dfrac{3\alpha\Delta TEIAl}{3I+Al^2}$

第 10 章

10-1　(a) $\sigma_{30°}=20.2\text{ MPa},\tau_{30°}=31.7\text{ MPa},\sigma_1=57\text{ MPa},\sigma_3=-7\text{ MPa},\alpha_0=-19.33°,\tau_{\max}=32\text{ MPa}$

(b) $\sigma_{210°} = 53.32 \text{ MPa}, \tau_{210°} = -18.66 \text{ MPa}, \sigma_1 = 62.36 \text{ MPa}, \sigma_2 = 17.64 \text{ MPa}, \sigma_3 = 0, \alpha_0 = -31.72°,$
$\tau_{max} = 31.2 \text{ MPa}$

(c) $\sigma_{30°} = 34.8 \text{ MPa}, \tau_{30°} = 11.65 \text{ MPa}, \sigma_1 = 37 \text{ MPa}, \sigma_3 = -27 \text{ MPa}, \alpha_0 = -19.33°, \tau_{max} = 32 \text{ MPa}$

(d) $\sigma_{20°} = -17.08 \text{ MPa}, \tau_{20°} = -1.98 \text{ MPa}, \sigma_1 = 0, \sigma_2 = -17 \text{ MPa}, \sigma_3 = -53 \text{ MPa}, \alpha_0 = 16.85°, \tau_{max} =$
26.5 MPa

(e) $\sigma_{30°} = -25.98 \text{ MPa}, \tau_{30°} = 15 \text{ MPa}, \sigma_1 = -\sigma_3 = 30 \text{ MPa}, \alpha_0 = 45°, \tau_{max} = 30 \text{ MPa}$

(f) $\sigma_{45°} = 40 \text{ MPa}, \tau_{45°} = 10 \text{ MPa}, \sigma_1 = 41 \text{ MPa}, \sigma_3 = -6 \text{ MPa}, \alpha_0 = 39.35°, \tau_{max} = 51 \text{ MPa}$

10-3 (a) $\sigma_1 = 50 \text{ MPa}, \sigma_2 = 50 \text{ MPa}, \sigma_3 = -50 \text{ MPa}, \tau_{max} = 50 \text{ MPa}$

(b) $\sigma_1 = 52.2 \text{ MPa}, \sigma_2 = 50 \text{ MPa}, \sigma_3 = -42.2 \text{ MPa}, \tau_{max} = 47.2 \text{ MPa}$

(c) $\sigma_1 = 130 \text{ MPa}, \sigma_2 = 30 \text{ MPa}, \sigma_3 = -30 \text{ MPa}, \tau_{max} = 80 \text{ MPa}$

10-4 (a) $\sigma_\alpha = 40 \text{ MPa}, \tau_\alpha = 10 \text{ MPa}$ (b) $\sigma_\alpha = -38.3 \text{ MPa}, \tau_\alpha = 0$ (c) $\sigma_\alpha = 0.49 \text{ MPa}, \tau_\alpha = -20.5 \text{ MPa}$

10-6 (1) $\sigma_1 = 150 \text{ MPa}, \sigma_2 = 75 \text{ MPa}, \sigma_3 = 0, \tau_{max} = 75 \text{ MPa}$

(2) $\sigma_\alpha = 131.3 \text{ MPa}, \tau_\alpha = -32.5 \text{ MPa}$

10-7 (1) $\sigma_{120°} = -45.2 \text{ MPa}, \tau_{120°} = 7.7 \text{ MPa}$

(2) $\sigma_1 = 109.3 \text{ MPa}, \sigma_2 = 0, \sigma_3 = -45.6 \text{ MPa}, \alpha_0 = 32.9°, \tau_{max} = 32 \text{ MPa}$

10-8 (1) $\alpha = 60°, \sigma_\alpha = 2.13 \text{ MPa}, \tau_\alpha = 24.25 \text{ MPa}$

(2) $\sigma_1 = 84.7 \text{ MPa}, \sigma_2 = 0, \sigma_3 = -5 \text{ MPa}, \alpha_0 = -13.6°$

10-9 A 点:$\sigma_1 = 60 \text{ MPa}, \sigma_2 = \sigma_3 = 0, \alpha_0 = 0°$

B 点:$\sigma_1 = 30.2 \text{ MPa}, \sigma_2 = 0, \sigma_3 = -0.1678 \text{ MPa}, \alpha_0 = -4.27°$

C 点:$\sigma_1 = 3 \text{ MPa}, \sigma_2 = 0, \sigma_3 = -3 \text{ MPa}, \alpha_0 = -45°$

10-10 $|\tau_{xy}| < 120 \text{ MPa}$

10-11 $\Delta r = 0.336 \text{ mm}$

10-12 $\sigma_y = -41 \text{ MPa}, \sigma_1 = 40.3 \text{ MPa}, \sigma_3 = -41.3 \text{ MPa}, \alpha_0 = -3.52°$

10-13 (1) $\varepsilon_x = -135 \times 10^{-6}$ (2) $\varepsilon_1 = 212 \times 10^{-6}, \varepsilon_3 = -178 \times 10^{-6}$ (3) $\gamma_{max} = 390 \times 10^{-6}$

10-14 $\sigma_x = 80 \text{ MPa}, \sigma_y = 0$

10-15 $P = 64 \text{ kN}$

10-16 $\sigma_1 = \sigma_1 = -29.6 \text{ MPa}, \sigma_3 = -60 \text{ MPa}, \varepsilon_1 = \varepsilon_2 = 0, \varepsilon_3 = -5.78 \times 10^4$

10-17 $\Delta l = 9.29 \times 10^{-3} \text{ mm}$

10-18 $\sigma_{r1} = 197.4 \text{ MPa} < [\sigma]$

10-19 $m = 8.9822 \text{ kN} \cdot \text{m}$

10-20 不可靠

10-21 (1) $[P] = 9.81 \text{ kN}$ (2) $[P] = 2.07 \text{ kN}$

10-22 $\sigma_{r3} = 850 \text{ MPa}, \sigma_{r4} = 813 \text{ MPa}$

10-23 $\sigma_{r1} = 22.7 \text{ MPa}, \sigma_{r2} = 26.1 \text{ MPa}$,强度足够

10-24 $t_2 = 9.97 \text{ mm}$

第 11 章

11-1 $\sigma_{max} = 153.4 \text{ MPa} < [\sigma]$,安全

11-2 $\sigma_{max} = 94.4 \text{ MPa}$

11-3 $\sigma_{max} = 79.1 \text{ MPa}$

11-4 $\sigma_{max} = 6.69 \text{ MPa}$,安全

11-5 $\sigma_{max} = 11.974 \text{ MPa}$,强度安全,$w_{max} = 0.0267 \text{ m}$,刚度安全

11-6 $[F] = 11.763 \text{ kN}$

11-7　$\sigma_{tmax} = 5.097 \text{ MPa}, \sigma_{cmax} = -5.297 \text{ MPa}$

11-8　(1) $\sigma_{max}^- = \sigma_A = -11.29 \text{ MPa}$　(2) $\sigma_{max}^+ = \sigma_B = 6.50 \text{ MPa}$　(3) $\sigma_{max}^- = \sigma_A = -11.29 \text{ MPa}$

11-9　40c 号工字钢

11-10　$\sigma_{11} : \sigma_{22} : \sigma_{33} = 1 : 8 : 1.33$

11-11　$\sigma_{max} = 6 \text{ MPa}$

11-12　$\sigma_{max}^+ = 6.75 \text{ MPa}, \sigma_{max}^- = 6.99 \text{ MPa}$

11-13　$d = 111.7 \text{ mm}$

11-14　$\sigma_{r3} = 58.3 \text{ MPa} < [\sigma]$,安全

11-15　$\sigma_{r3} = 60.4 \text{ MPa} < [\sigma]$,安全

11-16　$d = 23 \text{ mm}$

11-18　不计轴力时,$\sigma_{r3} = 141.5 \text{ MPa} < [\sigma]$,安全;考虑轴力时,$\sigma_{r3} = 141.8 \text{ MPa} < [\sigma]$,安全

11-19　$\sigma_{cmax} = 94.9 \text{ MPa}$

11-20　(1) 截面为矩形:$b \geqslant 35.6 \text{ mm}, h \geqslant 71.2 \text{ mm}$　(2) 截面为圆形:$d \leqslant 52.4 \text{ mm}$

11-21　$D = 4.17 \text{ m}$

11-22　$b = 67.356 \text{ mm}$

11-23　$\sigma_{rmax} = \sigma_A = 0.572 \dfrac{F}{a^2}$

11-24　$|\sigma_{max}^-| = 263.14 \text{ kPa} \leqslant [\sigma]$,满足要求

11-25　$x = 5.25 \text{ mm}$

11-26　$a_y = \dfrac{1}{63.9} \text{ m} = 15.6 \text{ mm}, a_z = \dfrac{1}{29.9} \text{ m} = 33.4 \text{ mm}$

11-27　$\sigma_A = -0.189 \text{ MPa} < [\sigma], \sigma_B = -0.0153 \text{ MPa} < [\sigma]$,砌体强度足够

11-28　$\sigma_1 = 33.45 \text{ MPa}, \sigma_2 = 0, \sigma_3 = -9.97 \text{ MPa}, \tau_{max} = 21.71 \text{ MPa}$

11-29　$t = 2.644 \text{ mm}$

11-30　$P_{max} = 0.618 P$

11-31　$\sigma_{r3} = \dfrac{\sqrt{M^2 + T^2}}{W_z} \leqslant [\sigma]$

其中:$M = -\dfrac{M_e}{2\left(\dfrac{a}{l}\right) + \dfrac{4}{3}\left(\dfrac{l}{a}\right) \cdot \dfrac{E}{G}}, T = \dfrac{M_e}{2 + 3 \cdot \left(\dfrac{a}{l}\right)^2 \cdot \dfrac{E}{G}}, W_z = \dfrac{1}{32} \pi d^3$

11-32　$\sigma_{r3} = 89.2 \text{ MPa} < [\sigma]$,安全

11-33　$d \geqslant 49.3 \text{ mm}$

第 12 章

12-1　(a) $P_{cr} = 2620 \text{ kN}$　(b) $P_{cr} = 2730 \text{ kN}$　(c) $P_{cr} = 3250 \text{ kN}$

12-2　$P_{cr} = 259 \text{ kN}$

12-3　(1) $Q_{cr} = 119 \text{ kN}$　(2) $n_w = 1.7 < n_{st}$,不安全

12-4　$P \leqslant 237 \text{ kN}$

12-5　$n_w = 2.1 > n_{st}$,稳定;选用 №10 或 №12.6 工字钢

12-6　(1) $[P] = 172 \text{ kN}$　(2) $[P] = 69 \text{ kN}$

12-7　(1) $[P] = 60.6 \text{ kN}$　(2) $[P] = 157.7 \text{ kN}$

12-8　$T_2 = 59.4 ℃$

12-9　$P_{cr} = 415.2 \text{ kN}, n_{st} = 3.66$

12-10　$[P] = 180.3 \text{ kN}$

12-11 $[P] = 51.5$ kN

12-12 $[F] = 15.5$ kN

12-13 $d = 0.19$ m

12-14 $P_{cr} = \dfrac{\pi^3 E d^4}{128 l^2}$

12-15 $F_{cr} = \dfrac{4k}{l}$

12-16 $F_{cr} = \dfrac{3EI}{al}$

12-17 $d = \sqrt[4]{\dfrac{32 a l F_{cr}}{\pi G}} = 30$ mm

12-18 (a) $l_{eq} = a, F_{cr} = \dfrac{\pi^2 EI}{a^2}$ (b) $l_{eq} = l, F_{cr} = \dfrac{\pi^2 EI}{l^2}$

12-19 (1) $F_{cr} = \dfrac{\pi^2 EI}{2l^2}$ (2) $F_{cr} = \dfrac{\sqrt{2}\pi^2 EI}{l^2}$

12-22 $q = 20$ N/mm 时,$w_B = 0.386$ mm;$q = 26$ N/mm 时,$w_B = 0.797$ mm

12-23 (a) $F_{cr} = 5.53$ kN (b) $F_{cr} = 22.1$ kN (c) $F_{cr} = 69.0$ kN

12-24 $\dfrac{h}{b} = \dfrac{1}{0.7} = 1.429$

12-25 F 比$[F_{st}]$大 15.7%,该千斤顶丝杠稳定性不够

12-26 $F_{cr} = \dfrac{3.65 \pi^2 EI}{l^2}$

12-27 $[F] = 6.20$ kN

12-28 $a = 187.4$ mm

12-29 选用 No12.6 槽钢

第 13 章*

13-1 (a)、(b)、(e)、(g) 有一个多余约束的几何不变体系,(c)、(f) 无多余约束的几何不变体系,(d) 几何可变体系

13-5 (a) $V_{AB} = V_{BA} = V_{BC} = -0.5$ kN, $V_{CB} = -4.5$ kN, $V_{CD} = 6$ kN, $V_{DC} = V_{DG} = V_{GD} = 4$ kN
 $V_{GE} = V_{EG} = -4$ kN; $M_{AB} = 1.5$ kN·m, $M_{BA} = M_{BC} = 0$, $M_{CB} = M_{CD} = -5$ kN·m, $M_{DC} = M_{DG}$
 $= 0, M_{GD} = M_{GE} = 6$ kN·m, $M_{EG} = 0$

(b) $V_{AH} = V_{HA} = 8.5$ kN, $V_{HE} = V_{EH} = -1.5$ kN, $V_{EI} = V_{IE} = V_{IG} = V_{GI} = -7$ kN, $V_{GD} = 7$ kN
 $V_{DG} = 7$ kN; $M_{AH} = 0, M_{HA} = M_{HE} = 17$ kN·m, $M_{EH} = M_{EI} = 14$ kN·m,
 $M_{IE} = -10.5$ kN·m, $M_{IG} = 10.5$ kN·m, $M_{GI} = M_{GD} = -14$ kN·m, $M_{DG} = 0$

(c) $N_{AB} = -20$ kN, $N_{BC} = 0; V_{AD} = V_{DA} = 40$ kN, $V_{DB} = V_{BD} = 0, V_{BC} = V_{CB} = 20$ kN;
 $M_{AD} = 140$ kN·m(左侧受拉), $M_{DA} = 60$ kN·m(左侧受拉), $M_{DB} = M_{BD} = 60$ kN·m(左侧受拉),
 $M_{BC} = 60$ kN·m(上侧受拉), $M_{CB} = 0$

(d) $N_{AD} = 7$ kN, $N_{DC} = 0, N_{CB} = -13$ kN; $V_{AE} = V_{EA} = 15$ kN, $V_{ED} = V_{DE} = 0, V_{DC} = -7$ kN, V_{CD}
 $= -13$ kN, $V_{CB} = V_{BC} = 0; M_{AE} = 0, M_{EA} = 30$ kN·m(右侧受拉), $M_{ED} = M_{DE} = 30$ kN·m(右
 侧受拉), $M_{DC} = 30$ kN·m(下侧受拉), $M_{CD} = M_{CB} = M_{BC} = 0$

(e) $N_{AD} = -15$ kN, $N_{DC} = -5.5$ kN, $N_{CB} = -5$ kN; $V_{AD} = V_{DA} = -5.5$ kN, $V_{DE} = V_{ED} = 15$ kN, V_{EC}
 $= V_{CE} = -5$ kN, $V_{CB} = V_{BC} = 5.5$ kN, $V_{BC} = -0.5$ kN;

13-6 (a) $N_a = -\dfrac{140}{3}$ kN(压), $N_b = -30$ kN(压), $N_c = 50$ kN(拉), $N_d = \dfrac{20}{3}$ kN(拉)

(b) $N_a = -30$ kN(压), $N_b = 15\sqrt{13} - \frac{75}{4}\sqrt{5}$ kN(拉), $N_c = \frac{75}{4}\sqrt{5}$ kN(拉)

13-7 $\bar{F}_{Ay} = 1, \bar{M}_A = -x; \bar{M}_C = 0(0 \leqslant x \leqslant a), \bar{M}_C = -(x-a)(a \leqslant x \leqslant l); \bar{V}_C = 0(0 \leqslant x \leqslant a), \bar{V}_C = 1(a \leqslant x \leqslant l);$

13-8 $\bar{F}_{Ay} = 1(A\text{点的值}), \bar{F}_{By} = 1(B\text{点的值}), \bar{M}_C = 2.4\text{ m}(\bar{V}_C = -0.6(C\text{左的值)}\text{ 点的值}), \bar{V}_C = -0.6(C$ 左的值$), \bar{M}_A = -2\text{ m}(D\text{点的值}), \bar{V}_{A左} = -1(A\text{左的值}), \bar{V}_{A右} = +1(A\text{右的值})。

13-9 (a) $M_D = 29.75$ kN·m, $V_D = 12.15$ kN; (b) $M_D = 100$ kN·m, $V_D = 8$ kN
$M_E = 56$ kN·m $V_E = 28$ kN (c) $M_C = 60$ kN·m, $V_C = 5$ kN

13-10 (a)$\Delta_{CV} = \frac{68}{3EI}(\downarrow)$ (b) $\varphi_D = \frac{40}{EI}(逆)$ (c) $\varphi_D = \frac{45}{EI}(顺)$ (d) $\Delta_{CH} = \frac{1133}{16EI}(\rightarrow)$

第 14 章

14-1 (1) √ (2) × (3) × (4) × (5) × (6) √ (7) √

14-2 (1) 多余约束 (2) 多余约束力,结点位移 (3) 静定 (4) $\delta_{11}X_1 + \Delta_{1P} = 0$ (5) 正对称荷载,反对称荷载 (6) 正值,正值 (7) 不平衡弯矩 (8) 0.5 3/7 (9) 转动

14-3 (1) (C A) (2) (C) (3) (A) (4) (B)

14-4 (a) $M_{AB} = 6.75$ kN·m(上侧), $M_{BA} = M_{BC} = 5.6$ kN·m(下侧), $M_{CB} = 0$
(b) $M_{AB} = 0, M_{BA} = M_{BC} = \frac{ql^2}{16}$(上侧), $M_{CB} = 0$
(c) $M_{AD} = 0, M_{DB} = 47.5$ kN·m(下侧), $M_{BD} = M_{BC} = 15$ kN·m(上侧), $M_{CB} = 0$

14-5 (a) $M_{AB} = 0, M_{BA} = M_{BC} = 24.4$ kN·m(外侧), $M_{CB} = M_{CD} = 24.4$ kN·m(外侧), $M_{DC} = 0$
(b) $M_{AB} = 128$ kN·m(外侧), $M_{BA} = M_{BD} = 75.2$ kN·m(内侧),
(c) $M_{AF} = 8$ kN·m(外侧), $M_{FA} = 4$ kN·m(内侧), $M_{BF} = M_{FE} = 16$ kN·m(内侧), $M_{EB} = M_{EC} = 0$ kN·m, $M_{CE} = M_{CD} = 8$ kN·m(外侧)

14-6 (1) $M_{BD} = 5$, $M_{BA} = 4(\times ql^2/64)$ (2) $M_{BC} = M_{BA} = \frac{1}{32}ql^2$ (3) $M_{BA} = 15/104, M_{AB} = 69/10$
(4) $M_{BA} = 14/104(\times Pl)$

14-7 (a) $M_{BA} = M_{BC} = 16.5$ kN·m $M_{CB} = M_{CD} = 106$ kN·m
(b) $M_{BA} = 25.3$ kN·m $M_{BC} = 7.5$ kN·m
(c) $M_{BA} = M_{BC} = 197.8$ kN·m $M_{CB} = M_{CD} = 188.7$ kN·m
(d) $M_{BA} = M_{BC} = 71$ kN·m $M_{CB} = M_{CD} = 6.08$ kN·m

14-8 (a) $M_{AB} = 366$ kN·m(上) $M_{AD} = 43$ kN·m $M_{AC} = 6.3$ kN·m(左)
(b) $M_{BA} = 28.8$ kN·m(上) $M_{BC} = 31.9$ kN·m(上) $M_{BE} = 3.2$ kN·m(左)
$M_{CD} = 8.3$ kN·m(上) $M_{CF} = 8.3$ kN·m(右)

附录 I

I-1 (a) $S_y = \frac{bh^2}{6}, z_C = \frac{h}{3}$ (b) $S_y = \frac{R^3}{3}, z_C = \frac{4R}{3\pi}$

I-2 (a) $S_x = 24\,000$ mm³ (b) $S_x = 42\,250$ mm³ (c) $S_x = 280\,000$ mm³ (d) $S_x = 520\,000$ mm³

I-3 (a) $I_y = \frac{bh^3}{12} - \frac{\pi d^4}{64}$ (b) $I_y = \frac{1}{12}(BH^3 - bh^3)$ (c) $I_y = 77.2 \times 10^6$ mm⁴
(d) $I_y = 1\,172$ cm⁴

I-4 (a) $y_C = 0.53$ cm, $z_C = 1.12$ cm, $A = 1.939$ cm², $I_y = 1.93$ cm⁴, $I_z = 0.57$ cm⁴

参考答案

(b) $y_C = 5$ cm, $z_C = 10$ cm, $A = 35.5$ cm^2, $I_y = 2\,370$ cm^4, $I_z = 158$ cm^4

(c) $y_C = 1.52$ cm, $z_C = 5$ cm, $A = 12.74$ cm^2, $I_y = 198.3$ cm^4, $I_z = 25.6$ cm^4

(d) $y_C = 17.2$ cm, $z_C = 14$ cm, $A = 80.04$ cm^2, $I_y = 9\,529$ cm^4, $I_z = 10\,292$ cm^4

Ⅰ-5 $S_x = \dfrac{2r^3}{3}$, $y_C = \dfrac{4r}{3\pi}$

Ⅰ-6 $I_y = I_x = \dfrac{\pi \cdot r^4}{16}$, $I_{xy} = \dfrac{r^4}{8}$

Ⅰ-7 $I_x = 3.963 \times 10^7$ mm^4

Ⅰ-8 $I = \dfrac{a^4}{12}$

Ⅰ-9 (a) $I_x = 21\,177\,368$ mm^4 (b) $I_x = 90\,449\,999$ mm^4

Ⅰ-10 $I_x = \dfrac{bh^3}{4}$

Ⅰ-11 $I_x = \dfrac{\pi r^4}{8} + \dfrac{4r^3}{3} + \dfrac{\pi r^2}{2} = 3.3$ m^4

Ⅰ-12 $I_x = \dfrac{11\pi d^4}{64}$

Ⅰ-13 (a) $I = 65\,760\,000$ mm^4 (b) $I = 1\,220\,644\,645$ mm^4

Ⅰ-14 $I_x = 3.63 \times 10^7$ mm^4

Ⅰ-15 (a) $I = 13\,358\,333\,333$ mm^4 (b) $I = 198\,597\,110$ mm^4 (c) $I = 134\,393\,476\,159$ mm^4

(d) $I = 2\,023\,302\,914$ mm

Ⅰ-16 形心位置:(0,102) 对水平形心轴的惯性矩:$I_x = 130\,686\,455$ mm^4 对竖直形心轴的惯性矩:$I_y = 130\,878\,966$ mm^4

Ⅰ-17 $a = 111$ mm

Ⅰ-18 $I_{xy} = 497\,500$ mm^4

参考文献

[1] 姬慧,何莉霞,金舜卿. 土木工程力学[M]. 北京:化学工业出版社,2010.
[2] 哈尔滨工业大学理论力学教研室. 理论力学[M]. 北京:高等教育出版社,2009.
[3] 李前程,安学敏,赵彤. 建筑力学[M]. 北京:高等教育出版社,2013.
[4] 李卓球. 理论力学[M]. 武汉:武汉理工大学出版社,2011.
[5] 黎明发,张开银. 材料力学[M]. 北京:科学出版社,2012.
[6] 张毅. 建筑力学[M]. 北京:清华大学出版社,2006.
[7] 邹德奎,李颖. 土木工程力学[M]. 北京:人民交通出版社,2007.
[8] 周凯龙,陈小刚. 建筑力学[M]. 上海:上海交通大学出版社,2008.
[9] 杨力彬,赵萍. 建筑力学[M]. 北京:机械工业出版社,2008.
[10] 李春亭,张庆霞. 建筑力学与结构[M]. 北京:人民交通出版社,2007.
[11] 张庆霞,金舜卿. 建筑力学[M]. 武汉:华中科技大学出版社,2010.
[12] 李廉锟. 结构力学(上册)[M]. 5版. 北京:高等教育出版社,2010.
[13] 包世华. 结构力学(下册)[M]. 4版. 武汉:武汉理工大学出版社,2012.
[14] 龙驭球,包世华. 结构力学教程(Ⅰ)[M]. 3版. 北京:高等教育出版社,2012.
[15] 于英. 建筑力学[M]. 2版. 北京:中国建筑工业出版社,2007.
[16] 吴国平. 建筑力学[M]. 北京:中央广播电视大学出版社,2006.
[17] 刘军. 建筑力学[M]. 北京:北京理工大学出版社,2009.
[18] 石立安. 建筑力学[M]. 北京:北京大学出版社,2010.
[19] 王胜明,李之祥. 应用建筑力学[M]. 昆明:云南大学出版社,2007.
[20] 金舜卿,赵浩. 建筑力学[M]. 武汉:武汉理工大学出版社,2011.
[21] 胡兴国,张流芳. 建筑力学[M]. 武汉:武汉理工大学出版社,2007.
[22] 夏锦红. 建筑力学. 郑州:郑州大学出版社,2007.